转子动力学导论

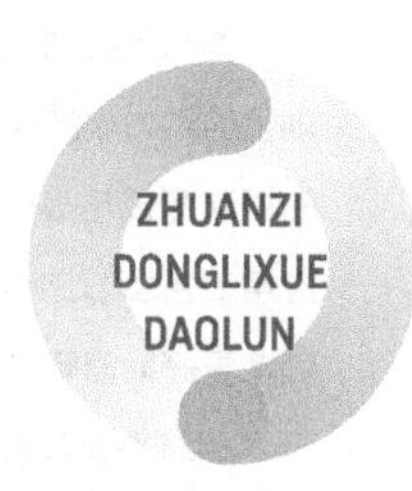

张超　唐贵基　编著

化学工业出版社
·北京·

内容简介

本书系统地论述了转子的动力学模型、转子的临界转速和不平衡响应计算、轴承的动力学特性、转子-支承系统的动力学特性、转子的平衡技术、旋转机械的振动测试与故障诊断等内容，力求清晰地呈现转子动力学的基础理论与工程应用。各章节注重基础理论的应用与公式推导，并配以实例进行讲解，以帮助读者更好地理解和掌握转子动力学所涉及的基本理论和基础知识。

本书的读者对象为力学、机械、电力、冶金、石化、交通、航空与航天等部门从事旋转机械设计、制造、运行、振动分析与故障诊断等工作的工程技术人员，亦可供高等院校师生、科研院所相关科技人员从事转子动力学课题研究使用。

图书在版编目（CIP）数据

转子动力学导论/张超，唐贵基编著. —北京：化学工业出版社，2023.7

ISBN 978-7-122-43238-4

Ⅰ. ①转… Ⅱ. ①张…②唐… Ⅲ. ①转子动力学-研究 Ⅳ. ①O347.6

中国国家版本馆 CIP 数据核字（2023）第 058723 号

责任编辑：金林茹
责任校对：李雨函
装帧设计：王晓宇

出版发行：化学工业出版社
（北京市东城区青年湖南街 13 号 邮政编码 100011）
印 装：北京科印技术咨询服务有限公司数码印刷分部
710mm×1000mm 1/16 印张 14¼ 字数 283 千字
2023 年 7 月北京第 1 版第 1 次印刷

购书咨询：010-64518888
售后服务：010-64518899
网 址：http://www.cip.com.cn
凡购买本书，如有缺损质量问题，本社销售中心负责调换。

定 价：89.00 元

前言 PREFACE

旋转机械是国民生产中应用最为广泛的机械设备，对于制造企业和国民经济具有重大的现实意义。大到重型工业的航空发动机、汽轮机、燃气轮机、水轮机、发电机、电动机、离心泵等，小到各种生活电器，如电风扇、滚筒洗衣机、空调压缩机，甚至电动剃须刀，都是典型的旋转机械。转子及其部件是旋转机械工作的核心，其动力学特性对旋转机械的设计制造、应用维护和故障诊断等都有极为重要的影响。转子动力学研究旋转机械中转子及其部件和结构相关的动力学特性，包括动态响应、振动、稳定性、可靠性、状态监测、故障诊断与控制等，应用领域广泛，故转子动力学的理论性和工程性都很强。

近年来，在国家自然科学基金、大学“双一流”建设等项目的支持和资助下，笔者所在团队开展了很多旋转机械设计与维护领域的研究工作，本书内容是对研究工作所取得的成果的归纳和总结，主要涵盖了转子的动力学建模方法、转子的临界转速和不平衡响应计算、轴承的动力学特性、转子-支承系统的动力学特性分析与计算、转子的平衡技术、旋转机械的振动测试技术及故障诊断方法等，着重突出数学、力学、振动理论、模态分析、测试技术、机械故障诊断等学科的基本原理和应用方法。本书在阐述过程中始终强调转子动力学基础理论的数学意义和物理意义之间的联系，目的是使读者在理解转子动力学的复杂理论和现象时，不但能“知其然”，还能“知其所以然”，从而系统地建立起转子动力学与现代测试技术、结构模态分析、机械故障诊断等理论的有机联系，形成以转子动力学为核心的完整的理论体系结构和知识链条。

本书主要由华北电力大学张超、唐贵基编写，张超负责统稿工作。华北电力大学周福成、研究生卞艺瑾参与绘制了书中的部分图表，王进峰对全书进行了审阅，并提出了宝贵意见，在此对上述同志谨表谢意。

本书的出版获得了华北电力大学“双一流”建设项目的支持，在此对华北电力大学的相关领导、工作人员表达诚挚的谢意！

限于笔者的水平，加之转子动力学是一门高速发展的学科，许多原理和方法尚在研究之中，本书难免存在不妥之处，敬请读者给予批评指正。

编者

目录
CONTENTS

第 1 章

绪论

转子动力学是一门研究旋转机械的转子及其部件动力学特性的学科，涉及转子系统的各种动力学现象与特性，是旋转机械动力学的核心内容，同时也是旋转机械设计制造、运行维护、故障诊断的动力学基础，有着极强的工程应用背景。

本章将简要介绍转子动力学的基本概念、研究内容和发展概况，最后结合领域的最新研究成果，对转子动力学的未来研究方向进行展望。

1.1 转子动力学的基本概念

1.1.1 旋转机械

旋转机械是指主要依靠转动部件的旋转动作来完成特定功能的机械装置，其主要构成部件包括转子、定子（或壳体）、支承转子的轴承、联轴器等。旋转机械是机械设备中最常见的类型，广泛地应用于电力、机械、石化、纺织、冶金、航海、航空等领域。典型的旋转机械如汽轮机、燃气轮机、水轮机、发电机、电动机、泵、离心式压缩机、航空发动机等，是各生产行业的关键设备，在国民经济发展中起着至关重要的作用。

随着人类科学技术的发展和工业水平的提高，旋转机械开始朝着大型化、高速化、精密化、自动化、大功率方向发展。由于对生产效率的要求不断提高，大型旋转机械的结构变得越来越复杂，各部件之间的耦合也更加紧密，一旦某个部件发生故障，就会导致整台设备失效。旋转机械在高速转动时经常产生振动问题，振动带来的危害主要是产生噪声、降低设备的生产效率，严重时还会导致机械零部件的破坏，不仅生产设备受损、生产停工会造成重大的经济损失，还可能带来人员伤亡，造成不可挽回的社会影响。因此，保证旋转机械安全可靠地运行是现代工业生产中极为重要的一项工作，也是研究转子动力学的主要目的。

1.1.2 转子

转子是旋转机械中由轴承支承的旋转体，是旋转机械最重要的工作部件，主要运动形式是绕其惯性中心轴线转动，例如发电机中的线圈铁芯和磁极、汽轮机中的叶轮等都是典型的转子。旋转机械中静止不动的各种部件则称为定子，例如发电机中的定子绕组和机座等。在旋转机械中，转子和定子缺一不可，二者必须相互配合，才能高效地实现旋转机械设备的预定功能。

转子是做高速旋转运动的部件，如果工作转速接近转子的临界转速，也就是转子的转速频率接近其横向振动的固有频率时，转轴就会因为发生共振而产生很大的挠曲变形，挠曲严重时甚至会导致机械结构的破坏，此时旋转机械就无法正常工作了。因此，任何类型的转子都不能工作在其临界转速附近。另外，转子横向振动的固有频率是多阶的，故其相应的临界转速也是多阶的，转子工作在任何一阶临界转速下都会引起上述共振问题。需要注意的是，转子临界转速与其工作转速无关，而是取决于转子的材质、结构形式、几何尺寸、支承特点等，其大小可以通过理论计算或实验的方法来得到。

理想的转子其各截面的质心连线和几何中心（即转轴中心）连线是重合的，但是由于制造或安装等原因，实际转子的质心多多少少都会偏离其转轴中心，这称为质量偏心，也称为质量不平衡。如果转子存在质量偏心，转子在高速旋转时就会存在离心力效应。离心力并不是一个真实存在的力，而是一种惯性力，但其效果相当于在转子上增加了一个外力，从而激发转子产生强迫振动，使转轴发生挠曲，同时引起轴承支反力的变化，这种现象称为转子不平衡。按转子不平衡的分布情况，可将不平衡分为静不平衡和偶不平衡。一般情况下转子同时存在静不平衡和偶不平衡，称为动不平衡，这是旋转机械最为常见的故障之一。早期的旋转机械转速较低，转子结构较简单，静不平衡是引起转子振动和挠曲的主要原因，采用适当的静平衡方法来消除转子的质量偏心，即可大大降低转子的振动。但是，随着旋转机械的不断发展，其工作转速越来越高，转子质量越来越大，结构也开始变得越来越复杂、外形越来越细长，转子往往存在动不平衡，采用静平衡的方法已不足以解决转子的振动问题，此时就需要采用动平衡的方法来降低转子的振动。

转子实际上是弹性体，当绕其惯性主轴旋转时，转子上的不平衡离心力会使转子产生挠曲变形，从而引起振动。按转子挠曲变形的大小，可将转子分为刚性转子和挠性转子。当转子的工作转速低于其一阶临界转速（即转子的一阶横向振动固有频率所对应的转速）时，由于工作转速较低，所引起的不平衡力较小，转子产生的挠曲变形也较小，转子整体显得比较“刚硬”，因此称之为刚性转子。而当转子的工作转速高于其一阶临界转速时，工作转速较高，由不平衡力造成的挠曲变形也较大，此时转子整体就显得比较“柔软”，故称之为挠性转子，也称为柔性转子。

早期的旋转机械工作转速较低，通常工作在其一阶临界转速之下，一般采用刚性转子的平衡方法就能够解决其振动问题。随着旋转机械工作转速越来越高，远超其一阶临界转速，此时就必须采用挠性转子的平衡方法。

1.1.3 转子的振动

如前所述，由于结构及零部件加工、安装等方面的缺陷，转子在运行时会发生振动，按照振动的方向可以分为径向振动、轴向振动和扭转振动三种类型。

径向振动和轴向振动合称为线振动。当转子发生径向振动时，转子上各质点的振动方向与转动轴线垂直，会引起转子在横截面半径方向上的挠曲变形，因此也称为横向振动；当转子发生轴向振动时，转子上各质点的振动方向与轴线平行，也称为纵向振动。径向振动会引起转子的挠曲，对转子的破坏性较强；轴向振动不会引起转子的挠曲，但会对转轴产生轴向的拉应力或压应力作用，严重时也会引起转轴的破坏。

扭转振动也称为角振动，是转子结构动力学行为的另一种表现形式，通常与其他振动同时出现。发生扭转振动时，转子部件沿着转轴的旋转方向产生往复的圆周振动。扭转振动对转轴的破坏作用主要是结构疲劳，严重时会导致轴系疲劳断裂，是一种危害性极大的振动故障。导致转子产生扭转振动的因素较多且比较复杂，像汽轮机组这种大型旋转机械发生扭转振动的原因通常是机组输入与输出转矩失去平衡，或者出现电气谐振频率与轴系的机械扭转固有频率重合而引起机电耦合共振。

本书重点考察由于机械结构方面的原因引起的转子动力学问题，尤其是破坏性相对较强的横向振动，关于扭转振动的相关理论和分析方法请参考有关专著，本书不再赘述。

1.1.4 转子动力学

动力学是固体力学的一个分支，主要研究物体受力与物体运动之间的关系，其基本内容包括质点动力学、质点系动力学、刚体动力学、达朗贝尔原理等，动量、动量矩和动能是描述质点、质点系和刚体运动的基本物理量。动力学以牛顿运动定律为基础，主要依据是质点系动力学的基本定理，包括动量定理、动量矩定理、动能定理以及由这三个基本定理推导出来的其他定理。动力学是很多工程学科的基础，与数学的关系极为密切，很多数学上的进展也常与解决动力学问题有关。以动力学为基础而发展出来的应用学科有天体力学、振动理论、运动稳定性理论、陀螺力学、外弹道学、变质量力学以及正在发展中的多刚体系统动力学等。

质点动力学有两类基本问题：一是已知质点的运动，求作用于质点上的力；二是已知作用于质点上的力，求质点的运动。求解第一类问题时是首先对质点的运动位移 x 取二阶导数，得到质点的加速度 a，再结合质点的质量 m，运用牛顿第二定律 $F=ma$ 即可求得作用在质点上的力 F；求解第二类问题时是把牛顿第二定律写为包含质点的运动坐标对时间的导数的方程，即质点的运动微分方程，然后再对运动微分方程进行求解，即可得到质点的运动规律。

顾名思义，转子动力学就是以转子为研究对象的一门动力学理论，采用动力学方法研究旋转机械的轴系（由转子-支承-基础组成的系统）在旋转状态下的振动、平衡和稳定性的问题，尤其是接近或超过临界转速运转状态下转子的横向振动问题，以及转子及其部件和结构有关的动力学特性，包括动态响应、疲劳、稳定性、振动测试、状态监测、故障诊断等理论。

1.2 转子动力学的研究内容

转子动力学研究所有与旋转机械转子及其部件和结构有关的动力学特性问题，主要研究内容包括转子的动力学建模与计算方法、转子的临界转速、转子的模态振型和不平衡响应、支承转子的各类轴承的动力学特性、转子的稳定性分析与控制技术、转子的动平衡技术、转子的动态响应特性与测试技术、转子的故障机理与诊断技术等。下面对部分研究内容进行简单介绍。

1.2.1 转子的动力学建模与计算

简单的转子在构建模型时，一般是将转子简化为由轴承支承的固结于一根均质弹性轴上的圆盘，然后对圆盘连带转轴一起进行受力分析，应用牛顿第二定律建立起转子的运动微分方程，最后再对运动微分方程进行求解。而对于结构比较复杂的转子或转子系统，由于自由度数目很大，如果依然采用上述方法，那么所建立的运动微分方程就会非常复杂，即使采用计算机编程来进行求解也会异常困难。因此，复杂转子的动力学建模多采用传递矩阵法和有限元法。传递矩阵法最突出的优点是传递矩阵的阶数不会随转子自由度数目的增加而变大，因此编程简单，求解速度快，不足之处是支承系统等周边结构的建模比较困难。有限元法的表达式简单、规范，当前已有成熟的商用有限元软件可供使用，如 ANSYS、ABAQUS 等，操作简单，分析功能强大，特别适用于复杂转子的建模和计算。但是有限元法对单元划分和约束设置的要求较高，划分自由度数目过高时仍然存在计算量大、耗时长的问题。

1.2.2 转子的临界转速计算

临界转速对转子的可靠运行有非常大的影响，如果运行在临界转速上，转子将发生剧烈振动，转轴的挠曲明显增大，长时间运行还会造成转轴的严重弯曲变形甚至断裂，危及机械设备的安全。

转子的临界转速是转子及其支承的固有振动频率所对应的转速，也就是说，临界转速与转子的刚度、阻尼以及质量分布等因素有关。实际转子各微元的质心不可能严格处于回转轴上，当转子转动时，由于质量偏心造成的离心力相当于对转子作用了外部激励（激励频率等于工作转速频率），从而引起转子的受迫振动（受迫振动的频率等于激励频率）。当转子的工作转速等于临界转速时，外部激励频率恰好等于系统的固有频率，这时转子的振动频率等于系统的固有频率，从而引起共振问题。计算临界转速的目的在于设计旋转机械时，务必使其工作转速避开临界转速，或采取特殊的防振措施，以免发生共振，从而保证转子能够正常工作。

转子的临界转速个数与该转子的自由度数目相关：具有有限个集中质量的离散转动系统，临界转速的个数等于集中质量的个数；而质量连续分布的弹性转动系统，可视为是由无限多的集中质量构成的，因此系统的临界转速会有无穷多个。对于简单的转子，临界转速可以通过简化模型的理论计算得到；而对于结构复杂的转子，计算临界转速则多采用近似方法。当精度要求不高时，采用瑞利法（Rayleigh）能够计算出一阶临界转速的近似值。计算大型转子的临界转速最常用的方法是传递矩阵法，该方法的要点是：先将转子分解为若干个轴段与圆盘的组合部件，将质量集中在圆盘上，然后逐段地进行挠度、转角、弯矩、剪力的传递运算，表达为一个假定转速的函数，满足转子两端所有边界条件的转速就是转子的临界转速。

1.2.3 转子的不平衡响应

转子的不平衡响应是由转子的质量不平衡引起的振动。如果转子存在质量不平衡，当转子转动时相当于对转子进行激励，所引起的响应属于强迫振动。不平衡响应会引起转子挠曲，尤其是当转子的工作转速接近转子的某阶临界转速时，由于发生共振，不平衡响应造成转子的振幅过大，会对转子及其支承系统产生很大影响，严重时会导致旋转机械发生故障甚至损坏。因此，在转子动力学的研究中，对转子不平衡响应的分析和计算是极其重要的。

研究转子的不平衡响应可以首先建立转子的动力学方程，通过求解运动微分方程来得到不平衡响应。但是，对结构复杂的转子建立运动微分方程往往是极为困难的，而且由于所建立的运动微分方程非常复杂，也很难通过直接求解的方法得到不平衡响应的解析解。

由于复杂转子的偏心分布可以按模态振型展开，任何一组不平衡质量都能激起各阶模态振型，因此可通过模态叠加法来求解转子的不平衡响应。转子不平衡响应是各阶模态不平衡响应的线性组合，只需求出各阶模态振型对转子不平衡响应的贡献，再利用线性求和的方法即可得到任意不平衡分布下转子的不平衡响应。

传递矩阵法同样可以用来求解转子的不平衡响应特性。计算时首先将转子分解为多个部件，再将各部件间的参数匹配条件组合为不平衡响应的求解方程。传递矩阵法求解转子的不平衡响应能够有效避免节点数过多时造成的数值溢出问题，对边界条件的处理比较灵活，对于复杂结构的转子也具有很强的处理能力，是目前广泛采用的方法之一。

1.2.4 轴承的动力学特性

轴承往往是转子阻尼的主要来源，轴承本身的刚度和阻尼又影响着转子的临界转速和稳定性。轴承的稳定性差会引发转子的油膜振荡故障，进而产生动静碰摩、转子热弯曲等严重事故。因此，在进行转子动力学研究时，必须考虑轴承的动力特性对转子特性的作用和影响。

轴承可分为滑动轴承和滚动轴承两大类，就工作特性和对转子的影响而言，滑动轴承比滚动轴承要复杂得多，因此在转子动力学中，通常研究滑动轴承的动力学特性。通过对滑动轴承的性能进行分析和计算，保证滑动轴承具有合适的结构形式和参数，从而使转子获得最佳的动力学特性。

轴承的工作特性主要依赖于流体的动力学特性。轴承中的油膜力与运动位移、速度之间是一种非常复杂的非线性函数关系，通常可将其简化为一个具有多个刚度和阻尼系数的弹性支承模型，以雷诺（Reynolds）方程的形式建立运动微分方程，来表示在小扰动情况下油膜的动态特性；然后对油膜力进行线性化处理，计算出油膜的动力特性系数，从而得到轴承支反力的线性方程；最后再进行求解，基本上就可以满足实际的工程需求。

1.2.5 转子的稳定性

高速旋转机械大大提高了设备的工作性能，但转子结构的轻量化也引发了很多不稳定问题，这使得转子的动力稳定性成为近代转子动力学的一个重要研究内容。

理论分析表明，在工作转速恒定时，由不平衡质量引起的转子强迫振动（即不平衡响应）的振幅大小是不变的，轴心运动的轨迹是以振幅为半径的圆。如果转轴受到外部冲击干扰，轴心将同时存在冲击造成的自由振动和不平衡造成的强迫振动。由于阻尼的影响，自由振动会逐渐地衰减至消失，转轴将恢复到振幅稳定的强迫振动状态。如果设计、加工或安装不当，在高速转动时，转子一旦受到偶然的微小扰动就会产生明显偏离正常状态的现象，即使扰动消失，这种偏离也仍然存在，使转子无法恢复到扰动发生前的定常运动状态，这种现象称为转子失稳。转子失稳往往具有突发性，失稳后转子的振动变得不稳定，严重时振幅会发散增大，这对转子的危害是非常大的，因此在运行过程中必须对转子稳定性问题予以重视，一旦发生转子失稳要及时进行处理。

引起转子失稳的因素有很多，例如转轴材料内阻、转轴与圆盘配合面的摩擦、滑动轴承的非线性油膜力等。上述各种因素都为转轴提供了一个位于轴心轨迹平面、与转轴径向垂直且与速度同向的侧向力作用而使转子偏离定常运动状态。转子失稳后轴心振动的幅值增至某一数值后将保持不变，轴心轨迹为一封闭的环，该闭环运动的频率明显低于转轴的自转频率，显然并非转轴的强迫振动，而是一种非线性自激振动。

转子稳定性问题的主要研究对象是滑动轴承。由于滑动轴承造成的转子失稳也有很多种情况，例如油膜失稳、密封失稳、摩擦失稳等。其中油膜对轴颈的作用力是导致轴颈乃至转子失稳的因素，该作用力可以采用轴承的动力学特性分析方法进行理论计算得到，也可以通过实验得出。

1.2.6 转子的平衡技术

由于设计、制造或安装等因素，实际转子的中心惯性主轴都或多或少地偏离其转动轴线。当转子转动时，转子上各微元质量的离心惯性力组成了一个不平衡力系，使转子受到激励而引起明显的振动或不稳定现象，导致轴承、轴封等零部件产生磨损，引发噪声，降低设备的生产效率，严重时会引发各种事故。

为改善转子的工作状况，需要采用转子平衡技术对转子不平衡予以消除。转子平衡技术可分为静平衡和动平衡两大类，其中动平衡又可分为刚性转子动平衡和挠性转子动平衡。当转子仅具有静不平衡时，采用相对比较简单的静平衡方法即可使转子达到平衡；而当转子存在动不平衡时，则必须采用动平衡方法。在动平衡技术中，对于刚性转子和挠性转子，平衡方法又有所不同。刚性转子结构比较简单，工作转速低，一般采用两校正平面的影响系数法即可实现动平衡；而挠性转子由于结构复杂，工作转速高，需要采用更加复杂的振型平衡法或多校正平面多平衡转速下的影响系数法来进行平衡。

总体而言，转子平衡的目标是从整体上减小转子的挠曲、振动和轴承的动反力，保证旋转机械平稳、安全、可靠地运行。

1.3 转子动力学的发展概况

人们对转子动力学特性的探索和认识历经了很长时间。1869 年，英国的郎肯（W. J. M. Rankine）发表了《论旋转轴的离心力》一文，研究了一根无阻尼的均质轴在其初始位置受到扰动后的平衡条件，得到的结论是：转轴在一阶临界转速以下运转时总是稳定的。这是人类历史上有记载的第一篇关于转子动力学的文献，反映了对转子运动特性的启蒙认识。1889 年，法国的拉瓦尔（C. G. P. de）开展了关于挠性轴的试验，他和郎肯被公认为是研究转子动力学问题的先导。

郎肯的结论使工程师们在很长一段时间里始终认为转子不可能运行在临界转速以上，这大大限制了旋转机械的发展。20 世纪初，随着蒸汽机的发展和推广，涡轮机的设计转速不断提高，学者们开始着力于研究如何使转子在高转速下保持良好的性能。1895 年，Fopple 第一次提出了转子模型——在两端刚性支承的无质量轴中间固定一个圆盘。1919 年，英国著名的动力学家 H. H. Jeffcott 提出了改进的转子模型：一根两端刚性铰支的无质量弹性轴，中央固定一个有质量的圆盘，圆盘存在不平衡，且受阻尼力作用，这一简化的转子模型被称为 Jeffcott 转子。Jeffcott 在研究中发现，圆盘质心在转动坐标系下的位置随转速而改变，转子在转速超过临界转速时依然能够稳定地运转，而且随着转子转速的升高，轴承的动载荷减小。Jeffcott 制造出了第一个超过临界转速的转子，并正确地解释了超临界转子的自动对心现象。从此以后，工程师们开始设计转子在超过临界转速的状态下工作，由此诞生了很多种质量较小、工作转速远超临界转速的旋转机械，大大促进了生产力的发展。转子动力学的研究也随之取得了蓬勃发展，转子临界转速的计算方法、转子的平衡理论和技术、转子的振动测试都得到了深入和广泛的研究。

旋转机械转速的提高也带来了新问题，特别是轴承和密封等的流固耦合力以及相关的稳定性问题，都对旋转机械的设计提出了更大的挑战。涡轮机开始朝着大功率、大推力方向迅速发展，这就要求增加涡轮级数，提高转子的转速，从而出现了双转子、三转子等，大多都工作在临界转速之上，这也给转子支承系统的设计提出了更加严格的要求。20 世纪 50 年代以来，随着工业的迅猛发展，旋转机械的转子变长了很多，但径向尺寸却未大幅度增加，这使得转子的结构越来越细长，常常工作在挠性状态下，工作转速甚至达到三四倍临界转速以上，高速转子在运行过程中发生了严重的振动问题。美国通用电气公司研究发现，当转子转速升高至某一定值（即失稳转速）时，转子就会产生非协调进动，从而引发剧烈的自激振动。Newkirk 研究后首先发现，转子的这种不稳定现象是油膜轴承造成的。此后，Newkirk 和 Lund 开始关注转子的稳定性问题，发表了有关油膜轴承稳定性的两篇重要文献，确定了稳定性在转子动力学中的重要地位，二人也成了转子动力学研究的里程碑人物。从 20 世纪 60 年代开始，很多学者开展了高性能旋转机械稳定性的研究，虽然取得了很多成果，但至今仍存在许多未能解决的问题。

1974 年，理论力学与应用力学国际联合会（IUTAM）在丹麦哥本哈根召开了转子动力学国际会议，第一次使用了“Rotor Dynamics”这个术语，将转子动力学从固体力学的振动理论中分化出来，这标志着转子动力学成了一门独立的学科。此后，英国机械工程师学会（IME）、国际机器与机构原理联合会（IFToMM）和美国机械工程师协会（ASME）等组织都开始定期举办关于转子动力学的学术会议，使转子动力学的研究不断蓬勃发展。

国内转子动力学的研究始于 20 世纪 60 年代，在研发国产汽轮机组、航空发动机、水轮机等大型旋转机械的需求的推动下，转子动力学的研究开始起步，初步形成了研究团队，并解决了一些工程实际问题。20 世纪 80 年代我国开始致力于航空领域旋转机械的稳定性和结构强度的研究，国内学者编写了很多转子动力学著作，同时翻译国外的转子动力学优秀文献，并积极参与国际学术交流，大大推动了转子动力学在我国的发展和应用。近半个世纪以来，国内转子动力学的研究受到国家层面的支持，解决了我国大型旋转机械设计和运行中的很多工程问题。但是，国内转子动力学的研究队伍尚待稳定和提高，在实验研究和工业应用方面也和国外存在较大的差距，具体表现在：一是转子动力学研究领域不全面，仅限于航空发动机、密封系统动力学和磁轴承方面，总体研究水平不高，个别领域甚至存在空白；二是转子动力学模型还较为简单，理论研究也不够深入，理论计算结果与工程实际尚有很大误差，实验设施与实验研究水平也亟待提高；三是转子动力学方面使用的分析和监测系统尚不完善，软硬件水平均不高，转子动力学理论的工程应用能力仍达不到国际水平。

1.4 转子动力学的研究现状与展望

转子动力学在国内外都是一门非常活跃的学科，近年来主要研究范围包括转子的动力学设计、动力学特性、平衡技术、振动噪声问题和参数识别、振动控制技术等。

1.4.1 转子的动力学设计

转子的动力学设计主要包括转子的性能设计、转子的优化设计、转子的动力学建模、转子动力学分析方法、失稳转子动力学特性以及新概念转子设计等。目前研究主要集中在：转子的先进制造工艺、转子结构模态分析的非线性优化技术、广义有限元瞬态分析模型、双转子多输入多输出系统和自适应无限脉冲响应模型、非线性转子的模型、基于神经网络方法的转子在线建模、失谐转子的可靠性和降低随机失谐的敏感性、新概念转子中的波转子和脉冲爆震转子等。

1.4.2 转子的动力学特性

转子动力学特性的研究主要包括动力学特性分析、机动飞行、非线性特性、裂纹转子和转子轴承系统动力学等内容。动力学特性分析方面的研究如转子涡环现象的涡动力学、转子和定子模态的相互作用导致的偶发动力学现象、转子启动过程中的动态行为、转子的横向和扭转振动特性等；在机动飞行方面主要研究机动飞行对发动机转子载荷的影响、机动飞行对转子的影响、转子在机动飞行中的动力学响应等；在非线性特性方面主要研究转子内部共振产生的混沌运动、转子的非线性振动及其分析方法、非线性的影响因素和转移矩阵、转子内部阻尼效应导致的动态稳定性问题、挠性转子受基础激励的动态特性和稳定性问题等；在裂纹转子研究方面主要有基于有限元法的裂纹转子识别、多自由度裂纹转子的建模、横向裂纹和斜裂纹对转轴刚度的影响、裂纹张开和关闭运行期间对动态响应的影响、转子裂纹的识别特征等。除此之外，斜裂纹、多裂纹、其他新故障以及轴承系统动力学方面的研究正在开展，还有一些针对转子在特殊状态的动力学响应问题，例如基础在非惯性参照系中的转子的动力学特性、低速飞行时倾斜航空发动机转子的动力学现象等研究也在兴起。

1.4.3 转子的平衡技术

转子的平衡技术目前朝研究新的转子平衡方法方向发展，同时对传统的转子平衡方法的弊端也进行了相关改进。例如，采用有限元分析的方法来模拟弹性转子轴承系统的平衡、采用主动平衡法来消除转子在加速时存在的不平衡、利用主动平衡系统传递函数提出自适应多平面转子主动平衡方法、采用影响系数法研究转子的主动平衡方法、采用检测质量不平衡和冲击不平衡从同步振动测量数据获取系统参数、通过不平衡响应估计转子轴承系统参数等。

1.4.4 转子振动噪声和参数识别

在转子振动噪声方面，主要研究滑动轴承转子的噪声、轴承参数的影响、噪声谱预测、声学主动控制、减振降噪隔离技术、噪声与谐波振动控制方法、转子轴承的参数识别、转子系统辨识、转子频率识别等，已经取得了相当可观的成效，并得到了广泛的应用。

1.4.5 转子的振动控制技术

转子振动控制方法主要有反馈和前馈控制、作动器控制、自适应控制等，目前主要的研究热点包括不平衡弹性转轴系统振动的主动控制、反馈和前馈法控制转子振动、主动复合轴承作动器对转子动力学特性的控制、自适应技术抑制转子振动等。这些转子振动控制方法大多是根据所检测到的转子振动信号，得到适当的系统状态或输出反馈，再通过执行器给控制系统施加外界影响，产生一定的控制作用（如极点配置、最优控制、自适应控制、鲁棒控制、智能控制以及遗传算法等）来主动改变被控制结构的动力特性，达到抑制或消除振动的目的。

1.4.6 转子动力学的发展方向

转子动力学是理论性强、应用方向广、研究难度大、发展速度快的学科，随着人们对转子动力学现象认识的不断深化，越来越多的复杂转子动力学问题都有待进一步深入探索。未来转子动力学的发展主要集中在以下几个方向：

① 多圆盘转子和新概念转子的动力学设计；

② 转子-轴承系统的动力学特性，尤其是非惯性系统中的转子动力学特性；

③ 大型和重型转子系统的非线性动力学设计及其相关动力学特性、高维非线性转子动力学的降维方法以及转子的稳定性判据；

④ 转子的瞬态响应、扭转振动及其动力学特性；

⑤ 转子振动噪声和动力学参数识别、状态监测与故障诊断；

⑥ 转子的主动抑振方法以及主、被动混合控制；

⑦ 高速和超高速转子的动力学；

⑧ 旋转电力机械的机电耦合；

⑨ 磁轴承、压电等新型执行器。

第2章

单圆盘转子的动力学建模与计算

单圆盘转子由一个具有质量的刚性薄圆盘和一根弹性转动轴组成，转动轴的两端由轴承及轴承座支承。单圆盘转子是转子动力学中最为基础的模型，它将转子简化为两端简支的转轴中央固定单个圆盘的形式，假设转轴是只有刚度没有质量的弹性体，刚性薄圆盘则只具有集中质量，从而构建了一个振动系统的力学模型，为力学、振动学、模态分析等理论的运用提供了便利。单圆盘转子模型虽然简单，但它的动力学特性能够深刻地揭示转子运动的本质，为多圆盘转子以及更加复杂的转子系统的动力学研究提供必要的理论基础。

本章将讲解单圆盘转子的动力学模型、运动微分方程及其求解方法，同时介绍转子动力学中非常重要的基础概念，包括涡动、进动、临界转速、不平衡响应、陀螺力矩、模态振型等，这对于理解、掌握和运用转子动力学的基本理论具有重要的意义。

2.1 单圆盘转子的模型与求解

2.1.1 刚性支承的单圆盘转子

如图 2-1 所示的跨度较小的旋转机械零部件（如小型电机、叶轮等），由于结构比较简单，往往可以直接简化为单圆盘转子刚体转动模型。

图 2-1 单圆盘转子实物图

将实际转子简化为具有质量但不计厚度的刚性薄圆盘，圆盘的圆心（即圆盘的转动中心）记为 o'，圆盘的集中质量 m 均匀分布于圆盘上，即圆盘的质心 c 与转动中心 o'重合；将转轴简化为只有弹性而没有质量的等截面均质轴（注：通常是将转轴的质量按一定的等效方法归并到圆盘上），其抗弯刚度为 k，长度为 l；转子水平架设，转轴两端由两个完全刚性的轴承支承，两个轴承的中心分别记为 A、B，圆盘安装在轴承中心连线 AB 的正中位置。由此可知，当转子静止时，o'点正好位于 AB 连线的中点 o，称 o 点为圆盘的固定中心，如图 2-2 所示。

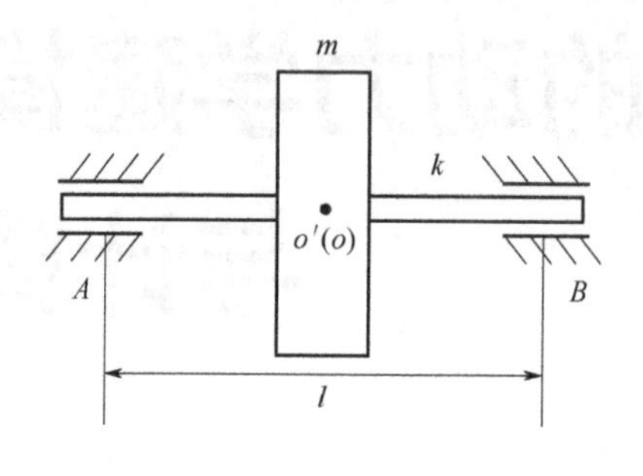

图 2-2　刚性支承的单圆盘转子模型

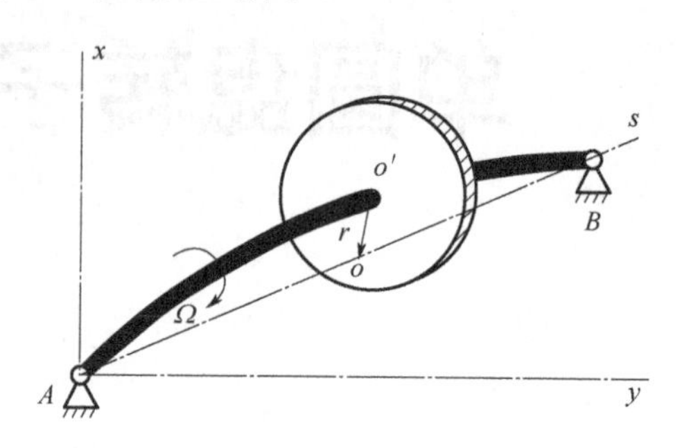

图 2-3　刚性支承的单圆盘转子坐标系

首先为单圆盘转子建立坐标系：以左端面轴承的中心 A 为原点，分别建立 s、x、y 三个坐标轴。其中，以两个轴承的中心 A、B 的连线为 s 轴，Asx 平面构成铅垂面，Asy 平面构成水平面，Axy 平面平行于圆盘的端面。另外，关于 x、y、s 三个坐标轴的正方向，应按照右手法则[1]来确定，即右手的食指指向 x 轴的正向，中指指向 y 轴的正向，则拇指的方向为 s 轴的正向，如图 2-3 所示。

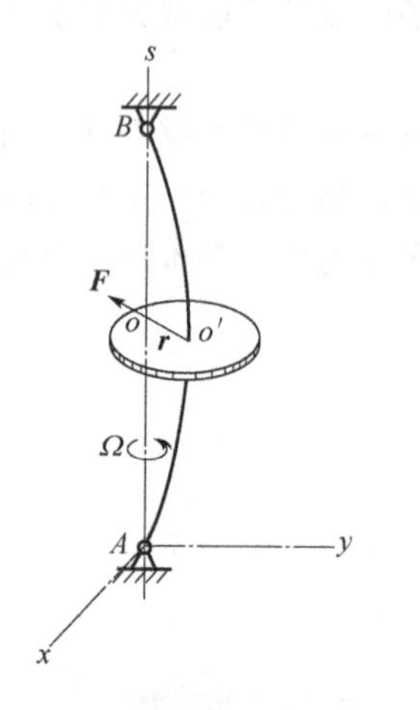

图 2-4　不考虑静变形的刚性支承单圆盘转子模型

为考察圆盘中心 o'的运动，将圆盘端面投影到 Axy 平面上，此时 o 点的投影与 A 点重合构成 oxy 平面坐标系，这种刚性支承单圆盘转子模型就称为 Jeffcott 转子模型。值得注意的是，当单圆盘转子水平架设时，由于圆盘的自重会使转轴发生弯曲变形，称之为静变形。静变形通常较小且保持不变，可以忽略不计。在进行动力学分析时，可以将单圆盘转子改为垂直架设，这样就能避免转轴静变形的影响，如图 2-4 所示。

[1] 此处的右手法则并非右手螺旋定则，而是用右手的拇指、食指和中指构成三个轴，各轴两两相互正交。右手法则常用于确定坐标系各轴的方向关系，也可用来判断向量叉积的方向，但按一定的规则应用时也等同于右手螺旋定则。

2.1.2 刚性支承的单圆盘转子的运动微分方程

设单圆盘转子以角速度 Ω 绕圆盘中心 o'点匀速转动，若不受外部扰动，转轴将保持直线。如果在圆盘的一侧施加一个水平方向的初始冲击作用，转轴因弹性而发生弯曲变形，o'点会偏离 o 点产生位移 $\boldsymbol{r}$，大小等于 o、o'两点间的距离。初始冲击去除后，转子将保持弯曲转动的状态，将 $\boldsymbol{r}$ 在 x 和 y 轴上的投影分别记为 x 和 y。

对圆盘进行受力分析可知，o'点受到转轴施加的弹性恢复力 $\boldsymbol{F}$ 作用，注意 $\boldsymbol{F}$ 的方向与 o'点的位移方向相反，故有

$$\boldsymbol{F}=-k\boldsymbol{r} \tag{2-1}$$

将弹性恢复力 $\boldsymbol{F}$ 分解到 x、y 轴方向上，则两个分力 $\boldsymbol{F}_x$、$\boldsymbol{F}_y$ 的大小分别为

$$\begin{cases} F_x=-F\dfrac{x}{r}=-kx \\ F_y=-F\dfrac{y}{r}=-ky \end{cases} \tag{2-2}$$

式中，F 为转轴弹性恢复力 $\boldsymbol{F}$ 的大小；负号表示与位移 x、y 的方向相反。

不考虑单圆盘转子在运动过程中的阻尼力作用，应用牛顿第二定律分别建立 o'点在 x、y 轴方向上的运动微分方程，有

$$\begin{cases} m\ddot{x}=F_x=-kx \\ m\ddot{y}=F_y=-ky \end{cases} \tag{2-3}$$

将式（2-3）两端同时除以 m，并令

$$\omega_{\mathrm{n}}^2=\frac{k}{m} \tag{2-4}$$

则式（2-3）可改写为

$$\begin{cases} \ddot{x}+\omega_{\mathrm{n}}^2x=0 \\ \ddot{y}+\omega_{\mathrm{n}}^2y=0 \end{cases} \tag{2-5}$$

式（2-5）是关于 o'点投影坐标 x、y 的二阶齐次微分方程。根据振动理论可知，圆盘中心 o'点作自由振动（即振动过程中系统不受外力作用），只需求得该微分方程的解，即可得到 o'点的运动规律。

2.1.3 运动微分方程的解法

二阶微分方程的一般形式如下

$$\ddot{y}+a\dot{y}+by=f(t) \tag{2-6}$$

式中，$f(t)$通常有以下三种形式

$$f(t)=\varphi(t)\mathrm{e}^{\alpha t}$$

$$f(t)=\varphi(t)\mathrm{e}^{\alpha t}\sin(\beta t) \tag{2-7}$$

$$f(t)=\varphi(t)\mathrm{e}^{\alpha t}\cos(\beta t)$$

式中，$\varphi(t)$为 m 次多项式，令 $\rho=\alpha+\mathrm{i}\beta$，则 $f(t)$可以统一为

$$f(t)=\varphi(t)\mathrm{e}^{\rho t} \tag{2-8}$$

当 $f(t)=0$ 时，式（2-6）成为齐次形式，即

$$\ddot{y}+a\dot{y}+by=0 \tag{2-9}$$

其特征方程为

$$\lambda^2+a\lambda+b=0 \tag{2-10}$$

设λ_1 和λ_2 是特征方程（2-10）的两个根，将它们称为微分方程的特征根或特征值，则齐次微分方程（2-9）的通解有三种情况：

① 如果λ_1 和λ_2 是两个不相等的实根，则有

$$y(t)=k_1\mathrm{e}^{\lambda_1 t}+k_2\mathrm{e}^{\lambda_2 t} \tag{2-11}$$

② 如果λ_1 和λ_2 是两个相等的实根λ，则有

$$y(t)=(k_1+k_2 t)\mathrm{e}^{\lambda t} \tag{2-12}$$

③ 如果λ_1 和λ_2 是一对共轭复数根 $p\pm\mathrm{i}q$，其中 p 和 q 为实数，分别为两个复数根的实部和虚部，则有

$$y(t)=\mathrm{e}^{pt}[k_1\cos(qt)+k_2\sin(qt)] \tag{2-13}$$

式（2-11）～式（2-13）中的 k_1、k_2 均为待定系数。如果是实系数微分方程，则 k_1、k_2 均为实数；如果是复系数微分方程，则 k_1、k_2 均为复数。

对于非齐次微分方程（2-6），其特解也有三种情况：

① 如果 ρ 不是特征方程（2-10）的特征根，则有

$$y(t)=s(t)\mathrm{e}^{\rho t} \tag{2-14}$$

② 如果 ρ 是特征方程（2-10）的特征根，则有

$$y(t)=ts(t)\mathrm{e}^{\rho t} \tag{2-15}$$

③ 如果 ρ 是特征方程（2-10）的二重特征根，则有

$$y(t)=t^2 s(t)\mathrm{e}^{\rho t} \tag{2-16}$$

式中，$s(t)$与 $\varphi(t)$同为 m 次多项式。

对于复数形式的微分方程

$$\ddot{y}+a\dot{y}+by=p(t)+\mathrm{i}q(t) \tag{2-17}$$

可将其按实部和虚部划分为两个实数形式的微分方程，即

$$\begin{cases}\ddot{y}+a\dot{y}+by=p(t)\\ \ddot{y}+a\dot{y}+by=q(t)\end{cases} \tag{2-18}$$

设 $u(t)$、$v(t)$为上述两个方程的特解，则方程的特解为

$$y(t)=u(t)+\mathrm{i}v(t) \tag{2-19}$$

2.1.4 单圆盘转子的动力学求解

在 2.1.2 节中已经得到了单圆盘转子的运动微分方程（2-5），则其特征方程为

$$\lambda^2+\omega_{\mathrm{n}}^2=0 \tag{2-20}$$

由此可求得特征根是两个共轭纯虚数，即有

$$\begin{cases}\lambda_1=\mathrm{i}\omega_{\mathrm{n}}\\ \lambda_2=-\mathrm{i}\omega_{\mathrm{n}}\end{cases} \tag{2-21}$$

根据式（2-13）可知，微分方程（2-5）的通解为

$$\begin{cases}x=X_1\cos(\omega_{\mathrm{n}}t)+X_2\sin(\omega_{\mathrm{n}}t)\\ y=Y_1\cos(\omega_{\mathrm{n}}t)+Y_2\sin(\omega_{\mathrm{n}}t)\end{cases} \tag{2-22}$$

式中，X_1、X_2、Y_1、Y_2 均为待定的实系数，其数值由单圆盘转子受到的初始冲击决定。

利用三角函数和角公式将式（2-22）中的两式改写为余弦和正弦形式，则微分方程的通解可表示为

$$\begin{cases}x=A_x\cos(\omega_{\mathrm{n}}t+\alpha_x)\\ y=A_y\sin(\omega_{\mathrm{n}}t+\alpha_y)\end{cases} \tag{2-23}$$

其中

$$\begin{cases}A_x=\sqrt{X_1^2+X_2^2},\ \alpha_x=-\arctan\dfrac{X_2}{X_1}\\ A_y=\sqrt{Y_1^2+Y_2^2},\ \alpha_y=\arctan\dfrac{Y_2}{Y_1}\end{cases} \tag{2-24}$$

同样地，A_x、A_y、α_x 和 α_y 均由单圆盘转子受到的初始冲击决定。

由式（2-23）可知，单圆盘转子的中心 o'在 x、y 轴方向上的运动都是简谐运动，运动频率（或角速度）均为单圆盘转子的横向振动固有频率 ω_{n}。如果将单圆盘转子视为一个单一集总质量的谐振系统[1]，那么该结果可以印证振动理论的一个结论，

[1] 可以将单圆盘转子等同于一个简支梁模型，该简支梁两端刚性支承，梁具有刚度而无质量，梁的正中装有一个集总质量。当垂直于梁的外力作用在集总质量上时，使其产生受力方向上的振动，是一个单自由度振动系统。

即振动系统在做无阻尼自由振动时，其振动频率等于该振动系统的固有频率。

2.2 单圆盘转子的涡动与进动

2.2.1 转子的涡动

由 2.1 节的结论可知，刚性支承的单圆盘转子在无阻尼的情况下，圆盘中心 o' 点在相互垂直的两个方向（x、y）上做角速度（也称角频率或圆频率，一般可简称为频率）同为 ω_n 的简谐运动。需要注意的是，由于初始冲击或外部扰动的随机性，两个简谐运动的幅值 A_x、A_y 及相位角 α_x、α_y 通常并不相等，因此式（2-23）是一个椭圆的参数方程（该椭圆的长、短半轴一般并不位于 x 轴或 y 轴上，这取决于相位角 α_x 和 α_y 的关系），即圆盘中心 o'点的运动轨迹是一个椭圆，如图 2-5（a）所示，将圆盘中心 o'点绕固定中心 o 点转动的这种运动称为涡动。

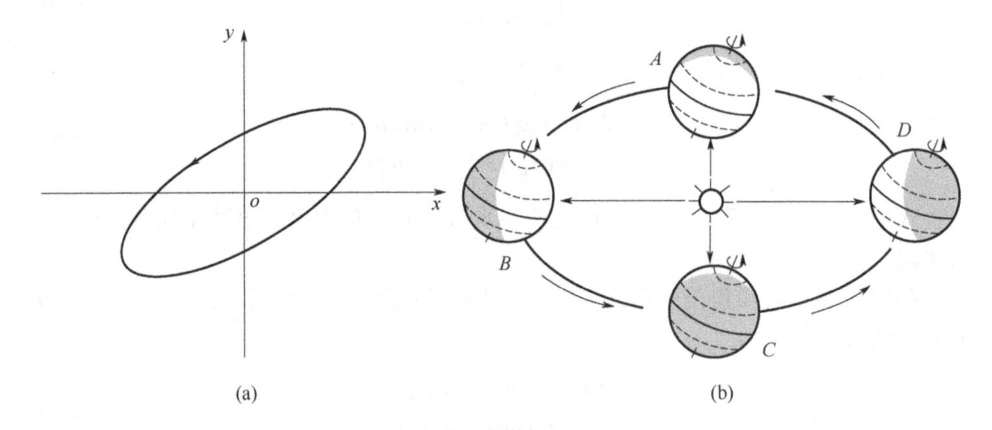

图 2-5　涡动现象及其轨迹

正如之前所述，可以将单圆盘转子视为一个集中质量为 m、刚度为 k 的无阻尼谐振系统，那么式（2-23）中的 ω_n 就是这个谐振系统的固有频率。在不考虑外部阻尼时，单圆盘转子的涡动是一种无阻尼自由振动，振动频率就是转轴做弯曲振动（也称横向振动）的固有频率。由此可知，转子在自转的同时还存在涡动，这类似于图 2-5（b）中地球（相当于圆盘中心 o'点）在自转的同时还围绕着太阳（相当于转动中心 o 点）公转。其中，地球的自转类似于转子绕圆盘中心 o'点的自转，地球的公转就类似于圆盘中心 o'点绕固定中心 o 的涡动。

值得注意的是，在求解单圆盘转子的运动微分方程（2-5）时，其特征方程（2-20）的特征根是一对共轭的纯虚数$\pm i\omega_n$。在式（2-22）中也可以用 $-\omega_n$ 替换 ω_n，得到的解并无本质的不同。由此可以得到一个结论：转子涡动的角速度（即角频率）就等于特征根的虚部。此处值得讨论的是关于$\pm\omega_n$ 的物理意义：从频率的定义来看，频率是反映周期运动快慢的物理量，理论上不应存在“负频率”的概念，那么对于频率为 $-\omega_n$ 的运动，其物理意义可以理解为：运动的频率也是 ω_n，但运动方向与转子的自转方向相反。

如图 2-6 所示，位于单位圆上以恒定角速度 Ω 做圆周运动的质点，通常规定绕原点 O 逆时针转动为正方向[1]，称质点的转动频率为正频率 Ω；如果质点以角速度 Ω 绕原点 O 顺时针转动，则称质点的转动频率为负频率 $-\Omega$。如无特殊说明，转子的自转方向均默认为逆时针方向。

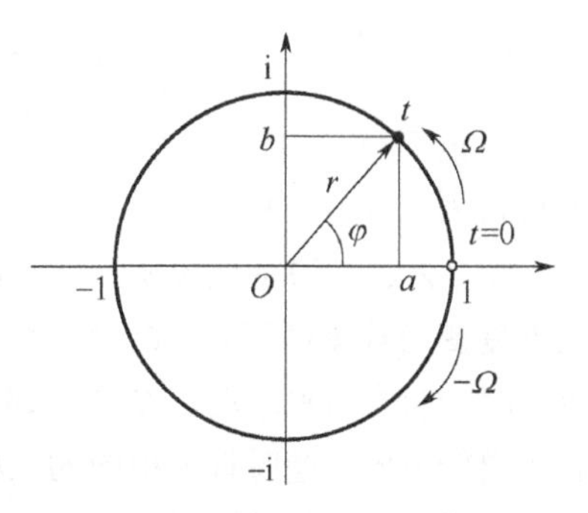

图 2-6　转动频率的物理意义

2.2.2　转子的进动

由以上讨论可知，从数学上来讲，转子的运动微分方程存在大小相等、符号相反的两个特征值，因此从物理上来看，转子也应当存在频率大小相等但运动方向相反的两个运动。为了更好地说明这个结论，下面采用复数形式的微分方程来进行求解。

在 oxy 平面上采用复数坐标 z 来表示圆盘中心 o'点的运动位移，即

$$z = x + \mathrm{i}y \tag{2-25}$$

对 z 求取二阶导数，有

$$\ddot{z} = \ddot{x} + \mathrm{i}\ddot{y} \tag{2-26}$$

将微分方程（2-5）中第二式的左右两端同时乘以虚数单位 i，然后与第一式相加，可得

$$\ddot{z} + \omega_n^2 z = 0 \tag{2-27}$$

式（2-27）是无阻尼时刚性支承的单圆盘转子的复数形式运动微分方程，其特征方程同样存在一对共轭复数根$\pm\mathrm{i}\omega_n$，易知微分方程有两个线性无关的复数特解

$$z_1 = \mathrm{e}^{\mathrm{i}\omega_n t},\ z_2 = \mathrm{e}^{-\mathrm{i}\omega_n t} \tag{2-28}$$

因此，微分方程的复数形式的通解为

$$z = C_1\mathrm{e}^{\mathrm{i}\omega_n t} + C_2\mathrm{e}^{-\mathrm{i}\omega_n t} \tag{2-29}$$

式中，C_1、C_2 为待定的复系数，其模和相位角均由单圆盘转子受到的初始冲击决定。此处，也可以根据式（2-13）分别求解 x、y 的通解（$p=0,q=\omega_n$），再按复数形式合并为 z，根据欧拉公式

[1] 转动正方向的判断可依据右手螺旋定则，即右手四指握向转动方向，大拇指指向转动轴的正向。

$$\begin{cases} e^{i\omega_n t} = \cos(\omega_n t) + i\sin(\omega_n t) \\ e^{-i\omega_n t} = \cos(\omega_n t) - i\sin(\omega_n t) \end{cases} \tag{2-30}$$

即可得到式（2-29）。

式（2-29）清楚地表明，转子的涡动 z 是由两个运动 $C_1e^{i\omega_n t}$ 和 $C_2e^{-i\omega_n t}$ 合成的。根据复变函数原理可知，$C_1e^{i\omega_n t}$ 和 $C_2e^{-i\omega_n t}$ 表示的是两个频率大小均为 ω_n、半径分别为$|C_1|$和$|C_2|$的圆周运动。结合上述对正、负频率物理意义的讨论可知，$C_1e^{i\omega_n t}$ 是与转子自转方向（逆时针）相同的正频率转动，称之为正进动；$C_2e^{-i\omega_n t}$ 是与转子自转方向（顺时针）相反的负频率转动，称之为反进动。

2.2.3　单圆盘转子的涡动特性

由于初始冲击作用不同，转子圆盘中心 o'点的运动轨迹可能出现以下几种不同的情况：

① $C_1\neq0$，$C_2=0$。此时圆盘中心的涡动只包含正进动 $C_1e^{i\omega_n t}$，轨迹是半径为$|C_1|$的圆，涡动方向与转子的自转方向相同。

② $C_1=0$，$C_2\neq0$。此时圆盘中心的涡动只包含反进动 $C_2e^{-i\omega_n t}$，轨迹是半径为$|C_2|$的圆，涡动方向与转子的自转方向相反。

③ $C_1=C_2=C$。由式（2-29）可知

$$z = C_1e^{i\omega_n t} + C_2e^{-i\omega_n t} = C\frac{e^{i\omega_n t}+e^{-i\omega_n t}}{2} \tag{2-31}$$

由欧拉公式（2-30）可知

$$\begin{cases} \cos(\omega_n t) = \dfrac{e^{i\omega_n t}+e^{-i\omega_n t}}{2} \\ \sin(\omega_n t) = i\dfrac{e^{i\omega_n t}+e^{-i\omega_n t}}{2} \end{cases} \tag{2-32}$$

式（2-31）成为

$$z = C_1e^{i\omega_n t} + C_2e^{-i\omega_n t} = 2C\cos(\omega_n t) \tag{2-33}$$

由式（2-33）可知，圆盘中心 o'点做简谐运动，轨迹是 oxy 平面上过原点 o 并关于 o 点对称的一条线段。该线段的长度由复系数 C 的模决定，与 x 轴的夹角则由复系数 C 的相位角决定。

④ $C_1\neq C_2$ 且均不为零。此时圆盘中心的涡动是正进动和反进动的合成，只需令

$$C_1 = X_1 + iY_1, C_2 = X_2 + iY_2, z = x + iy \tag{2-34}$$

将式（2-34）代入式（2-29）中，就可以得到式（2-22）。这再次说明了圆盘中

心涡动的轨迹是椭圆，其长轴和短轴的长度、长轴与 x 轴的夹角以及圆盘中心涡动的方向均由复系数 C_1 和 C_2 决定。通常情况下，转子的涡动都属于这种情况。

以上四种情况下转子圆盘中心的涡动轨迹如图 2-7(a)所示。不过，此处有一个非常令人疑惑的问题：根据理论分析可知，一般情况下单圆盘转子在运转时同时存在正进动和反进动，但是在正、反进动合成为涡动后，从物理上来讲转子显然只能是向某一个方向涡动，那么应该如何确定涡动的方向呢？实际上，单圆盘转子在转动时，圆盘中心的进动（不包含自转）有 x、y 两个自由度，均作简谐运动，合成运动的轨迹一般情况下是椭圆，运动方向可以是正向（逆时针）和反向（顺时针），分别对应于正、反进动。由于转轴材质均匀且圆截面各向同性，因此两个进动的角速度大小相等。在不同的初始条件下，x、y 方向上的简谐运动的相位关系决定了转子的涡动方向最终表现为正进动还是反进动的方向。

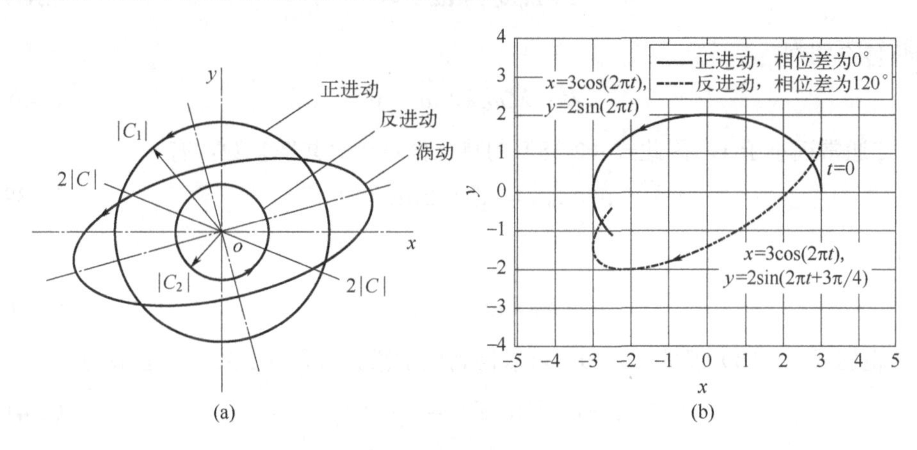

图 2-7　涡动的合成

考察如图 2-7（b）所示的两种情况：当转子正进动和反进动的相位差为 0°时，合成后涡动方向就是正进动的方向；如果两个进动的相位差为 120°，则合成后涡动方向就是反进动的方向。这说明，正、反进动的相位差影响着涡动的方向。实际上正常运转的转子，如果不存在故障，其涡动方向一般是正进动的方向，这是因为转子通常存在质量偏心，这对于转子而言是一个正频率的激励作用，此现象将在后续章节中进行详细讨论。

2.2.4　外部阻尼对转子涡动的影响

在建立运动微分方程（2-5）时并没有考虑转子受到的外部阻尼力，而实际转子在运转时，会受到外部阻尼如空气阻力的作用。为简单起见，可将转子受到的阻尼简化为黏性阻尼，即阻尼力的大小与转子的运动速度成正比，作用方向与转子的运动方向相反，则式（2-3）可改写为

$$\begin{cases} m\ddot{x} = -kx - c\dot{x} \\ m\ddot{y} = -ky - c\dot{y} \end{cases} \tag{2-35}$$

式中，c 为黏性阻尼系数；$-c\dot{x}$ 为转子受到的黏性阻尼力。

将式（2-35）改写为

$$\begin{cases} \ddot{x} + 2\zeta\omega_n\dot{x} + \omega_n^2 x = 0 \\ \ddot{y} + 2\zeta\omega_n\dot{y} + \omega_n^2 y = 0 \end{cases} \tag{2-36}$$

式中，$\zeta = \dfrac{c}{2\sqrt{km}}$ 称为阻尼比；$2\zeta\omega_n\dot{x}$ 称为阻尼项。

将式（2-36）改写为复数形式的微分方程，有

$$\ddot{z} + 2\zeta\omega_n\dot{z} + \omega_n^2 z = 0 \tag{2-37}$$

其特征方程为

$$\lambda^2 + 2\zeta\omega_n\lambda + \omega_n^2 = 0 \tag{2-38}$$

ζ 通常远小于 1，因此式（2-38）的特征根是一对共轭复数，有

$$\lambda_{1,2} = -\zeta\omega_n \pm \mathrm{i}\omega_d \tag{2-39}$$

其中

$$\omega_d = \omega_n\sqrt{1-\zeta^2} \tag{2-40}$$

根据式（2-13）及式（2-29）可以得到运动微分方程（2-37）的通解为

$$z = \mathrm{e}^{-\zeta\omega_n t}(C_1\mathrm{e}^{\mathrm{i}\omega_d t} + C_2\mathrm{e}^{-\mathrm{i}\omega_d t}) \tag{2-41}$$

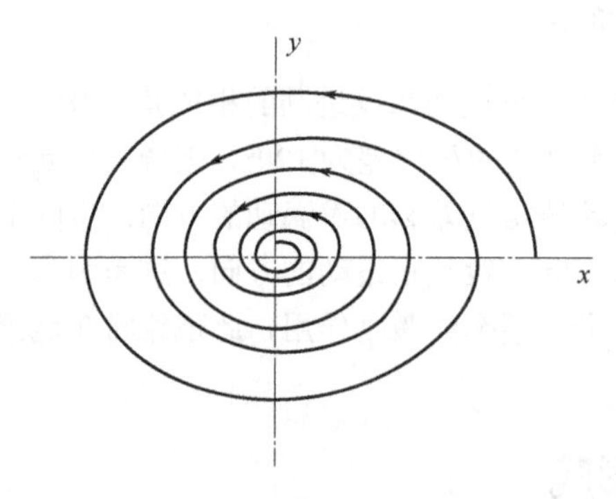

图 2-8　存在黏性阻尼时单圆盘转子的涡动轨迹

由式（2-41）可知，当存在外部黏性阻尼时，单圆盘转子的涡动仍然是正进动和反进动的合成。但不同的是，外部黏性阻尼的作用使单圆盘转子的进动频率不再是固有频率 ω_n，而是 ω_d，该频率称为单圆盘转子的有阻尼自由振动圆频率，也称阻尼固有频率。同时，由于衰减因子 $\mathrm{e}^{-\zeta\omega_n t}$ 的存在，涡动的幅值会随时间的推移而逐渐减小并趋向于零，圆盘中心的运动轨迹是围绕固定中心 o 并趋向 o 的漩涡状曲线，如图 2-8 所示。这是因为转子受到的初始冲击的能量由于外部阻尼的作用而不断被消耗，因此初始冲击作用引起的转子涡动是衰减的，o' 点将逐渐趋向于 o 点。

2.3 单圆盘转子的不平衡响应与临界转速

2.3.1 质量偏心转子的运动微分方程

实际转子由于制造或安装误差等，其质心 c 往往偏离转动中心 o'，称转子存在质量不平衡或质量偏心。当转子转动时，质心 c 将产生加速度而带来惯性力，该惯性力作为激励引起的转子运动，就称为转子的不平衡响应。

不妨设 t=0 时刻质心 c 位于 x 轴上，将 c 点与 o'点的距离 e 称为偏心距。如图 2-9 所示，设转子以自转角速度 Ω 逆时针自转，在 t 时刻考察质心 c 在 x、y 轴上的投影 x_c 和 y_c，有

$$\begin{cases} x_c = x + e\cos(\Omega t) \\ y_c = y + e\sin(\Omega t) \end{cases} \tag{2-42}$$

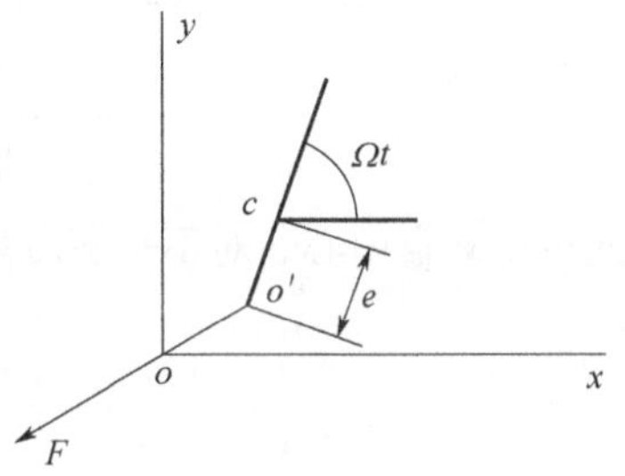

则质心 c 的加速度为

$$\begin{cases} \ddot{x}_c = \ddot{x} - e\Omega^2\cos(\Omega t) \\ \ddot{y}_c = \ddot{y} - e\Omega^2\sin(\Omega t) \end{cases} \tag{2-43}$$

图 2-9　圆盘质心与转轴中心的坐标关系

不考虑外部阻尼时，圆盘只受弹性恢复力 $\boldsymbol{F}$ 的作用，根据质心运动定理可建立圆盘质心 c 处的运动微分方程为

$$\begin{cases} m\ddot{x}_c = -kx \\ m\ddot{y}_c = -ky \end{cases} \tag{2-44}$$

将式（2-44）代入式（2-43）中，方程两端同时除以 m，并令 $\omega_{\mathrm{n}}^2 = k/m$，可得圆盘中心 o'的运动微分方程为

$$\begin{cases} \ddot{x} + \omega_{\mathrm{n}}^2 x = e\Omega^2\cos(\Omega t) \\ \ddot{y} + \omega_{\mathrm{n}}^2 y = e\Omega^2\sin(\Omega t) \end{cases} \tag{2-45}$$

式（2-45）是具有质量不平衡的无阻尼刚性支承单圆盘转子的运动微分方程，这是一个非齐次线性微分方程，表明转子所作的运动是受迫振动。将方程右端的 $me\Omega^2\cos(\Omega t)$ 称为不平衡激励，它实际上代表的是由于质量偏心所产生的惯性力，称为离心力[1]，方向是由圆盘中心 o'点指向圆盘质心 c 点。根据振动理论可知，该惯性力相当于作用在转子上的激振力，因此圆盘中心 o'做受迫振动（即振动过程中始终受到外力作用），振动频率等于激振力的频率。

[1] 离心力是因为质心存在加速度而假想存在的惯性力，为了方便进行受力分析而将其引入，作用在质心上。“离心力”这个名称表示其方向背离圆盘中心 o'。

2.3.2 单圆盘转子的不平衡响应

将方程（2-45）的第二式两端乘以虚数单位 i，然后与第一式相加，再结合欧拉公式可将其改写为复数形式的运动微分方程，即

$$\ddot{z}+\omega_{\mathrm{n}}^{2}z=e\Omega^{2}\mathrm{e}^{\mathrm{i}\Omega t} \tag{2-46}$$

由式（2-17）～式（2-19）可知其特解的复数形式为

$$z=A\mathrm{e}^{\mathrm{i}\Omega t} \tag{2-47}$$

其中，A 为实数，将式（2-47）代入式（2-46），可求得振幅

$$A=\frac{e\Omega^{2}}{\omega_{\mathrm{n}}^{2}-\Omega^{2}}=\frac{e(\Omega/\omega_{\mathrm{n}})^{2}}{1-(\Omega/\omega_{\mathrm{n}})^{2}} \tag{2-48}$$

由此可得圆盘中心 o'对不平衡质量的响应为

$$z=\frac{e(\Omega/\omega_{\mathrm{n}})^{2}}{1-(\Omega/\omega_{\mathrm{n}})^{2}}\mathrm{e}^{\mathrm{i}\Omega t} \tag{2-49}$$

式（2-49）中的 $\mathrm{e}^{\mathrm{i}\Omega t}$ 是单位圆的复数方程，这表明：当圆盘存在质量偏心时，圆盘中心 o'点的运动轨迹是半径为$|A|$的圆。这是因为：转子的激励作用并非是外部激励，而是由偏心质量引起的。相比于 2.2.3 节中的结论，由于外部激励或扰动在 x、y 轴方向上通常不是等幅的，因此无质量偏心时转子的涡动轨迹常常不是圆而是椭圆；而由偏心质量造成的激励作用在各个方向上都是相同的，引起的响应在 x、y 轴方向上是等幅的，故合成的响应轨迹是圆。

另外，式（2-46）右端的项 $e\Omega^2\mathrm{e}^{\mathrm{i}\Omega t}$ 表明，转子受到的是频率为 Ω、相位为 0 的激励作用；由式（2-49）可知，转子不平衡响应 z 的频率也是 Ω，轨迹是以 o 点为圆心、半径为$|A|$的圆，那么存在以下几种情况：

① 当 $\Omega<\omega_{\mathrm{n}}$ 时，$A>0$，此时不平衡响应 z 的相位等于 0，与激励的相位相等（称为同相）。c 点处的离心力由 o'点指向 c 点，圆盘中心的位移由 o 点指向 o'点，二者是同相的，因此 o、o'与 c 三点必然在一条直线上，且 c 点位于 o 点和 o'点连线的外侧，如图 2-10(a)所示。

② 当 $\Omega>\omega_{\mathrm{n}}$ 时，$A<0$，式（2-49）可改写为

$$z=-|A|\mathrm{e}^{\mathrm{i}\Omega t}=|A|\mathrm{e}^{\mathrm{i}(\Omega t+\pi)}=\left|\frac{e(\Omega/\omega_{\mathrm{n}})^{2}}{1-(\Omega/\omega_{\mathrm{n}})^{2}}\right|\mathrm{e}^{\mathrm{i}(\Omega t+\pi)} \tag{2-50}$$

式（2-50）表明，不平衡响应 z 的相位与激励的相位相差 π（称为反相）。c 点处的离心力还是由 o'点指向 c 点，圆盘中心的位移同样还是由 o 点指向 o'点，此时二者相位相反，因此 o、o'与 c 三点还是在一条直线上，不过由于 $|A|=\overline{oo'}$，$e=\overline{co'}$，由式（2-48）可知$|A|>e$，因此 c 点一定位于 o 点和 o'点之间，如图 2-10（b）所示。

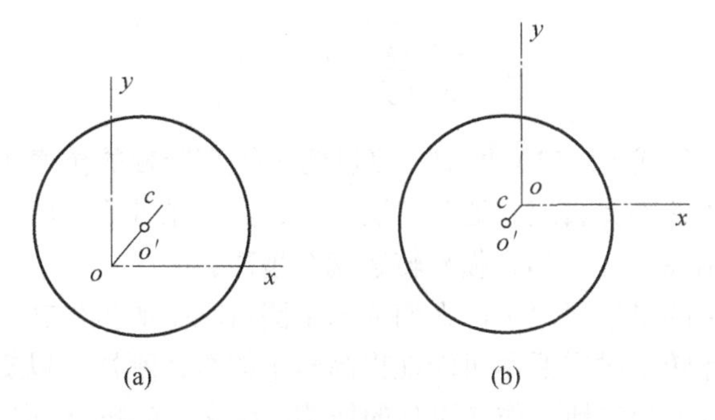

图 2-10　单圆盘转子的自动对心现象

③ 当 $\Omega>>\omega_n$ 时，由式（2-48）可知 $|A|\approx e$，说明 c 点近似落在 o 点，由于实际转子的偏心距通常较小，因此转子的振动幅值也较小，转子高速转动时反而更加平稳[1]，这种现象称为自动对心。

综合以上情况可知，单圆盘转子在转动过程中，o、o'与 c 三点始终在一条直线上，c 点与 o'点以相同的转速绕 o 点转动，即 c 点与 o'点做同步涡动。

2.3.3　单圆盘转子的临界转速

由式（2-48）可知，当 $\Omega=\omega_n$ 时，振幅 $|A|\to\infty$，这称为共振现象。实际上由于转子存在阻尼作用，振幅不会无限大，而是一个较大的有限值，此时转轴发生剧烈振动，使机械设备无法正常工作，甚至可能发生断轴等恶性事故。因此，转子在工作时，工作转速需要避开 ω_n，以免发生共振问题。

在无阻尼的情况下，转子的共振现象正好发生在自转角速度 Ω 等于转轴横向振动的固有频率 ω_n 时。当转子的转速稍稍偏离该转速时，转子的振动就会显著减小，故此将转轴横向振动固有频率 ω_n 所对应的转动角速度（单位为 rad/s）称为临界角速度，对应的转速（单位为 r/min）则称为临界转速。

无阻尼单圆盘转子的临界转速可采用式（2-51）计算

$$n_c=\frac{60\omega_n}{2\pi}=\frac{30}{\pi}\sqrt{\frac{k}{m}} \tag{2-51}$$

当转子静止时，圆盘质量 m 产生的重力也会引起转轴弯曲，转轴抗弯刚度为 k 时产生的变形量（称为静挠度）记为 δ_s，根据静力平衡可得

$$mg=k\delta_s \tag{2-52}$$

代入式（2-51）可得

[1] H. H. Jeffcott 在 1919 年正确地解释了单圆盘转子的自动对心现象，可以将转子的工作转速上限提升到一阶临界转速以上，但这并不意味着转子的转速可以无限提高。随着转速的提高，某些其他因素，如材料内阻、轴承油膜力、转轴刚度不相等、气流分布不均匀、转子与定子干摩擦等，都会造成转子的运转失稳。

$$n_c = \frac{30}{\pi}\sqrt{\frac{g}{\delta_s}} \approx 9.55\sqrt{\frac{g}{\delta_s}} \tag{2-53}$$

由式（2-51）和式（2-53）可知，可以通过提高转轴的抗弯刚度或减小转轴的静挠度来提高转子的临界转速。通常情况下，在其他条件不变时，转子的变形量越小，说明其总体刚性越好，那么临界转速就会越高。

在转子动力学的早期研究中，人们认为单圆盘转子的工作转速不能超过其临界转速，因此在设计转子时需要尽可能地提高转子的总体刚性，以提高转子的临界转速，这样就能使转子稳定地工作在更高的转速。后来，Jeffcott 研究发现，转子的工作转速可以超过临界转速，而且工作转速越高，由于自动对心现象，转子反而运转更加平稳，不过临界转速仍然是转子设计的重要依据。另外需要说明的是，无阻尼单圆盘转子的临界转速取决于转子转轴的横向刚度 k 和圆盘的质量 m，而与偏心距 e 无关系。不过，偏心距较大的转子，即使不工作在临界转速附近，由于离心力较大，转子的振动也会变得很大而无法正常工作。因此，在注重转子临界转速的同时，还应该采用动平衡技术等，尽可能地减小转子的质量偏心。

2.3.4 外部阻尼对转子不平衡响应的影响

参考式（2-37），当考虑外部黏性阻尼作用时，转子的运动方程（2-46）可改写为

$$\ddot{z} + 2\zeta\omega_n\dot{z} + \omega_n^2 z = e\Omega^2 e^{i\Omega t} \tag{2-54}$$

其特解同式（2-47），代入式（2-54）可求得

$$A = \frac{e\Omega^2}{\left(\omega_n^2 - \Omega^2\right) + i\left(2\zeta\omega_n\Omega\right)} \tag{2-55}$$

显然，此时 A 是一个复数，其幅值和相位分别为

$$\begin{cases} |A| = \dfrac{e\left(\Omega/\omega_n\right)^2}{\sqrt{\left[1-\left(\Omega/\omega_n\right)^2\right]^2 + 4\zeta^2\left(\Omega/\omega_n\right)^2}} \\ \varphi = -\arctan\dfrac{2\zeta\,\Omega/\omega_n}{1-\left(\Omega/\omega_n\right)^2} \end{cases} \tag{2-56}$$

由此可求得转子的不平衡响应为

$$z = |A|e^{i(\Omega t+\varphi)} \tag{2-57}$$

由式（2-56）和式（2-57）可知，考虑阻尼时转子的不平衡响应 z 和阻尼比 ζ 及自转角速度 Ω 与临界角速度 ω_n 的比值（称为转速比）有关，根据式（2-56）按不同阻尼比的取值分别绘制幅频响应曲线与相频响应曲线，如图 2-11 所示。

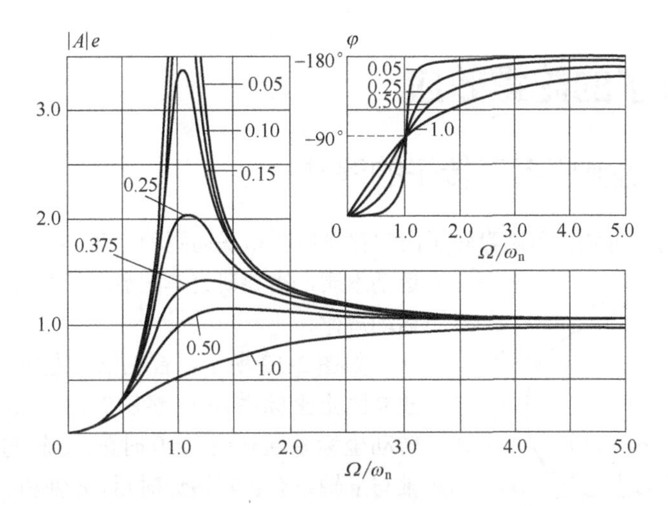

图 2-11　单圆盘转子不平衡响应的特性曲线

从图 2-11 可以看出，不平衡响应的幅值最大值并非位于 $\Omega=\omega_n$ 处，可采用对幅频特性求导的方法来求取，即令

$$\frac{\mathrm{d}|A|}{\mathrm{d}\Omega}=\frac{\mathrm{d}}{\mathrm{d}\Omega}\left(\frac{e\Omega/\omega_n}{\sqrt{\left[1-(\Omega/\omega_n)^2\right]^2+4\zeta^2(\Omega/\omega_n)^2}}\right)=0 \tag{2-58}$$

可求得单圆盘转子在有阻尼时的共振频率（称为阻尼共振频率）为

$$\omega_r=\frac{\omega_n}{\sqrt{1-2\zeta^2}} \tag{2-59}$$

将 $\Omega=\omega_r$ 代入式（2-56），可得振幅的峰值为

$$|A|_{\max}=\frac{1}{2\zeta\sqrt{1-\zeta^2}} \tag{2-60}$$

由式（2-59）和式（2-60）可知，阻尼比 ζ 越小，ω_r 和 ω_n 就越接近，转子的振动就越剧烈，对机械设备的破坏就越严重。由于实际转子的阻尼比通常都比较小，可近似认为共振就发生在 $\Omega=\omega_n$ 处，因此可以采用在升速过程中测量振幅最大值的方法来大致确定转子的临界转速。

另外，根据式（2-56）可知，当转子以较低转速转动时，不平衡响应与激励的相位差 φ 不等于 0 或 π，因此 o、o'与 c 三点并不在一条直线上；当 $\Omega=\omega_n$ 时，相频响应曲线的特点是：无论阻尼比 ζ 为多少，φ 都等于 π/2，这种现象称为相位共振；当 $\Omega>>\omega_n$ 时，无论阻尼比为多少，φ 都约等于 π，$|A|\to e$，故可近似认为 o、o'与 c 三点在一条直线上，此时也可视为转子“自动对心”。

2.4 转子的陀螺效应

2.4.1 转动坐标系下转子的涡动

由前述内容可知，单圆盘转子同时存在自转和涡动两种运动，为了进一步揭示其运动本质，需要研究单圆盘转子在转动坐标系下的运动规律。

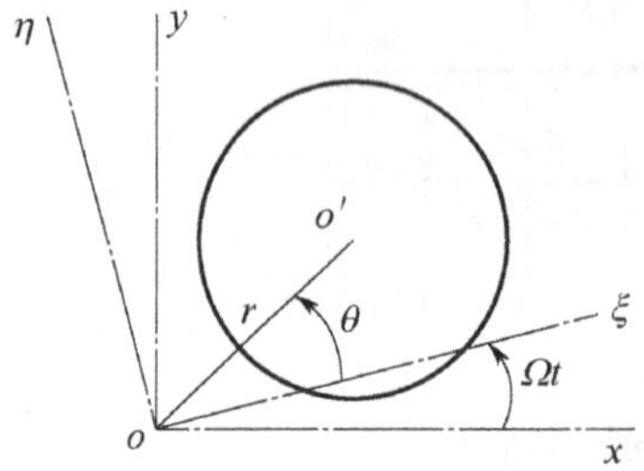

图 2-12 转动坐标系与固定坐标系的关系

如图 2-12 所示，首先以固定中心 o 点为原点建立固定坐标系 oxy，然后仍以 o 点为原点，建立转动坐标系 $o\xi\eta$。在 t=0 时刻，ξ 轴与 x 轴重合，η 轴与 y 轴重合；开始计时后，ξ 轴和 η 轴绕 o 点以转子自转角速度 Ω 逆时针匀速转动，在 t 时刻 o' 点与 o 点的距离记为 r，此时 ξ 轴与 x 轴的夹角为 Ωt，并设 ξ 轴与 oo'连线的夹角为 θ。

考察圆盘中心 o'点在固定坐标系和转动坐标系下的复数坐标：o'点在固定坐标系下的绝对坐标记为 $z=x+\mathrm{i}y$，在转动坐标系下的转动坐标记为 $\varepsilon=\xi+\mathrm{i}\eta$。参看图 2-12，可采用极坐标形式将二者分别表示为

$$z = r\mathrm{e}^{\mathrm{i}(\Omega t+\theta)} \tag{2-61}$$

$$\varepsilon = r\mathrm{e}^{\mathrm{i}\theta} \tag{2-62}$$

对比式（2-61）和式（2-62），可知绝对坐标和相对坐标的关系为

$$z = r\mathrm{e}^{\mathrm{i}\theta}\mathrm{e}^{\mathrm{i}\Omega t} = \varepsilon\mathrm{e}^{\mathrm{i}\Omega t} \tag{2-63}$$

下面在转动坐标下建立单圆盘转子的运动微分方程。首先根据式（2-63）分别求取 z 的一阶和二阶导数，有

$$\begin{cases}\dot{z} = \dot{\varepsilon}\mathrm{e}^{\mathrm{i}\Omega t} + \mathrm{i}\Omega\varepsilon\mathrm{e}^{\mathrm{i}\Omega t} = (\dot{\varepsilon} + \mathrm{i}\Omega\varepsilon)\mathrm{e}^{\mathrm{i}\Omega t} \\ \ddot{z} = (\ddot{\varepsilon} + \mathrm{i}\Omega\dot{\varepsilon})\mathrm{e}^{\mathrm{i}\Omega t} + \mathrm{i}\Omega(\dot{\varepsilon} + \mathrm{i}\Omega\varepsilon)\mathrm{e}^{\mathrm{i}\Omega t} = (\ddot{\varepsilon} + 2\mathrm{i}\Omega\dot{\varepsilon} - \Omega^2\varepsilon)\mathrm{e}^{\mathrm{i}\Omega t}\end{cases} \tag{2-64}$$

将式（2-64）代入式（2-27）中得到

$$\ddot{\varepsilon} + 2\mathrm{i}\Omega\dot{\varepsilon} + (\omega_{\mathrm{n}}^2 - \Omega^2)\varepsilon = 0 \tag{2-65}$$

式（2-65）是关于转动坐标 ε 的二阶齐次微分方程，其特征方程为

$$\lambda^2 + 2\mathrm{i}\Omega\lambda + (\omega_{\mathrm{n}}^2 - \Omega^2) = 0 \tag{2-66}$$

求解式（2-66）得到的特征根为

$$\begin{cases}\lambda_1 = \mathrm{i}(\omega_{\mathrm{n}} - \Omega) \\ \lambda_2 = -\mathrm{i}(\omega_{\mathrm{n}} + \Omega)\end{cases} \tag{2-67}$$

根据式（2-11）可知，微分方程（2-66）的通解为

$$\varepsilon = C_1 e^{i(\omega_n - \Omega)t} + C_2 e^{-i(\omega_n + \Omega)t} \tag{2-68}$$

式中，C_1、C_2为待定的复系数。

由式（2-68）可知，在转动坐标系下，圆盘中心的涡动同样是由正进动$C_1 e^{i(\omega_n - \Omega)t}$和反进动$C_2 e^{-i(\omega_n + \Omega)t}$组成的。由于两个进动的角速度（进动频率）不相等，因此圆盘中心o'点的涡动轨迹也不再是椭圆，而是较为复杂的“花瓣形”，如图 2-13 所示。

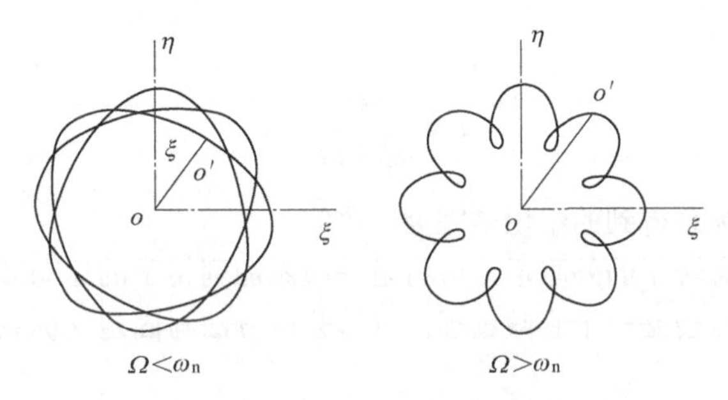

图 2-13 转动坐标系下单圆盘转子的涡动轨迹

需要注意的是，在转动坐标系下，单圆盘转子的正进动和反进动的角速度是不相等的，正进动的角速度为$(\omega_n - \Omega)$，而反进动的角速度为$-(\omega_n + \Omega)$。这是因为：转动坐标系$o\xi\eta$相对于固定坐标系oxy存在一个逆时针自转角速度Ω。在固定坐标系下观察o'点的正进动时，其角速度为ω_n，而在转动坐标系下观察时，o'点正进动的角速度就应当减去转动坐标系自身的转动角速度Ω，因此在转动坐标系下正进动的角速度为$(\omega_n - \Omega)$；同理，由于反进动的方向与转动坐标系的转速方向相反，因此在转动坐标系观察到的反进动的角速度应叠加转动坐标系自身的转动角速度Ω，大小为$(\omega_n + \Omega)$，方向是顺时针，故为$-(\omega_n + \Omega)$。

如果圆盘存在质量不平衡，不考虑外部阻尼作用，将式（2-64）代入式（2-46）中，得到转动坐标系下转子的运动微分方程为

$$\ddot{\varepsilon} + 2i\Omega\dot{\varepsilon} + (\omega_n^2 - \Omega^2)\varepsilon = e\Omega^2 \tag{2-69}$$

由式（2-14）可知其特解为

$$\varepsilon = \frac{e(\Omega / \omega_n)^2}{1 - (\Omega / \omega_n)^2} \tag{2-70}$$

由式（2-70）可知，ε与时间无关，这表明在无阻尼情况下存在质量不平衡的圆盘在转动坐标系下其转动中心o'点是静止不动的，不平衡响应ε为常数。从相位关系上看，激励$e\Omega^2$和响应ε的相位差为 0（$\Omega<\omega_n$时）或 π（$\Omega>\omega_n$时），因此依然可以得到“c、o'和o三点位于一条直线上”的结论，当$\Omega \to \infty$时同样也存在“自动对心”现象。

此时，圆盘中心 o'点的挠曲量为 ε，转轴受到的弹性恢复力与质心 c 处的离心力大小相等、方向相反，即

$$kr = m(r+e)\Omega^2 \tag{2-71}$$

结合 ω_n=k/m 可得

$$\frac{\omega_n^2}{\Omega^2}r = r+e \tag{2-72}$$

故有

$$r = \frac{e\Omega^2}{\omega_n^2 - \Omega^2} \tag{2-73}$$

这与转动坐标系得到的结论是完全一致的。

如果需要考虑转子的外阻尼，可将阻尼项添加到转子的运动微分方程中，转子的不平衡响应同样会是一个衰减过程，具体分析方法与固定坐标系下类似，此处不再赘述。

2.4.2 陀螺力矩

在前面所建立的单圆盘转子模型中，圆盘（可视为刚体）安装在转轴的正中央位置，在转轴处于弯曲状态以较低转速转动时，圆盘端面始终平行于 Axy 平面。如果圆盘安装时偏离了转轴的中点，当转轴弯曲时，圆盘端面不再平行于 Axy 平面，此时转动的圆盘会存在陀螺效应（也称回转效应），这将导致转子的运动变得更加复杂，转子的动力学特性也会由于陀螺效应的影响而发生变化。为了充分理解陀螺效应的作用，下面首先讨论陀螺效应的相关原理。

质点的直线运动可以采用牛顿第二定律（F=ma）或动量定理（F=dp/dt）建立运动微分方程[1]，而刚体通常采用动量矩定理（对应于动量定理）来建立动力学方程。设刚体绕转动中心 o'转动的转动惯量为 J（对应于质点的质量 m），转动的角位移为 θ（对应于质点的线位移 x），角速度为 ω=dθ/dt（对应于质点的线速度 v=dx/dt），角加速度为 α=dω/dt（对应于质点的线加速度 a=dv/dt），所受的合外力矩为 M（对应于质点所受的合外力 F），则刚体的转动微分方程（对应于质点直线运动的牛顿第二定律 F=ma）为

$$M = J\alpha = J\frac{\mathrm{d}\omega}{\mathrm{d}t} = J\frac{\mathrm{d}^2\theta}{\mathrm{d}t^2} \tag{2-74}$$

质点的动量矩也称角动量，是一个矢量，用 $\boldsymbol{L}$ 表示，定义为

---

[1] 牛顿第二定律与动量定理本质上是等价的，由于质点的动量 $\boldsymbol{p}=m\boldsymbol{v}$，故牛顿第二定律可表示为 $\boldsymbol{F}=\mathrm{d}\boldsymbol{p}/\mathrm{d}t=\mathrm{d}(m\boldsymbol{v})/\mathrm{d}t=m\mathrm{d}\boldsymbol{v}/\mathrm{d}t=m\boldsymbol{a}$。

$$L = r \times p \tag{2-75}$$

其中，$\boldsymbol{r}$ 是质点相对于转动中心的距离矢量；$\boldsymbol{p}=m\boldsymbol{v}$ 是质点的动量；×表示矢量的叉积。刚体转动时其动量矩计算可简化为 $\boldsymbol{H}=J\boldsymbol{\omega}$（对应于质点的动量 $\boldsymbol{p}=m\boldsymbol{v}$），故刚体的转动方程（2-74）可表示为动量矩定理（对应于动量定理 $\boldsymbol{F}=\mathrm{d}\boldsymbol{p}/\mathrm{d}t$）的形式，即

$$\boldsymbol{M} = J\frac{\mathrm{d}\boldsymbol{\omega}}{\mathrm{d}t} = \frac{\mathrm{d}(J\boldsymbol{\omega})}{\mathrm{d}t} = \frac{\mathrm{d}\boldsymbol{H}}{\mathrm{d}t} \tag{2-76}$$

陀螺能够绕一个支点保持稳定的高速旋转，是一种比较复杂的刚体转动，其运动规律也可以采用赖柴尔（Resal）定理来描述。赖柴尔定理实际上就是对动量矩定理的一种物理解释，用来描述陀螺效应比较方便。

赖柴尔定理：质点系对定点 o 的动量矩 $\boldsymbol{L}_o$ 的端点速度 $\boldsymbol{u}_A$，等于其所受外力系对 o 点的主矩 $\boldsymbol{M}_o$，即

$$\boldsymbol{u}_A = \frac{\mathrm{d}\boldsymbol{L}_o}{\mathrm{d}t} = \boldsymbol{M}_o \tag{2-77}$$

“矢量的端点速度”可以用转动的线速度来类比：如图 2-14 所示，质点 m 绕 o 点以角速度 $\boldsymbol{\omega}$ 匀速逆时针转动，与 o 点的距离用矢量 $\boldsymbol{r}$ 表示。根据式（2-75）可知角速度矢量 $\boldsymbol{\omega}$ 的端点速度矢量 $\boldsymbol{v}=\boldsymbol{\omega}\times\boldsymbol{r}$。$\boldsymbol{\omega}$ 的方向采用右手螺旋定则来判定，即右手四指握向转动方向，拇指的方向即为 $\boldsymbol{\omega}$ 的方向；端点速度矢量 $\boldsymbol{v}$ 的方向也采用右手螺旋定则判定，即右手四指指向 $\boldsymbol{\omega}$ 的方向，然后握向距离矢量 $\boldsymbol{r}$ 的方向，则拇指的方向即为 $\boldsymbol{v}$ 的方向。

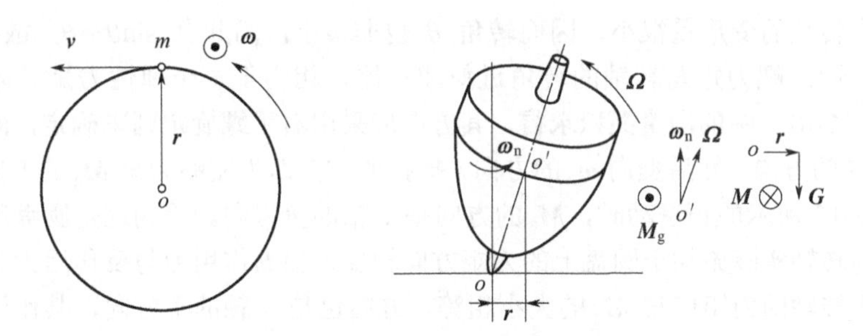

图 2-14　陀螺力矩的方向

由图 2-14 可知，动量矩矢量 $\boldsymbol{L}_o$（对应于 $\boldsymbol{r}$）的端点速度（对应于 $\boldsymbol{v}$）可表示为

$$\boldsymbol{u}_A = \boldsymbol{\omega} \times \boldsymbol{L}_o \tag{2-78}$$

根据式（2-77）可得

$$\boldsymbol{M}_o = \boldsymbol{\omega} \times \boldsymbol{L}_o \tag{2-79}$$

如图 2-15 所示，不妨设圆盘偏于左侧安装，当转轴变形时，圆盘的轴线与 AB

连线构成一个夹角 θ，即 o'处转轴横截面的转角。不考虑质量偏心和外部阻尼，设单圆盘转子的自转角速度为 $\boldsymbol{\Omega}$，涡动角速度为 $\boldsymbol{\omega}_n$，圆盘的极转动惯量（圆盘绕转动中心 o 的转动惯量'）为 J_p，则圆盘自转时对转动中心 o'的动量矩为

$$\boldsymbol{H} = J_p\boldsymbol{\Omega} \tag{2-80}$$

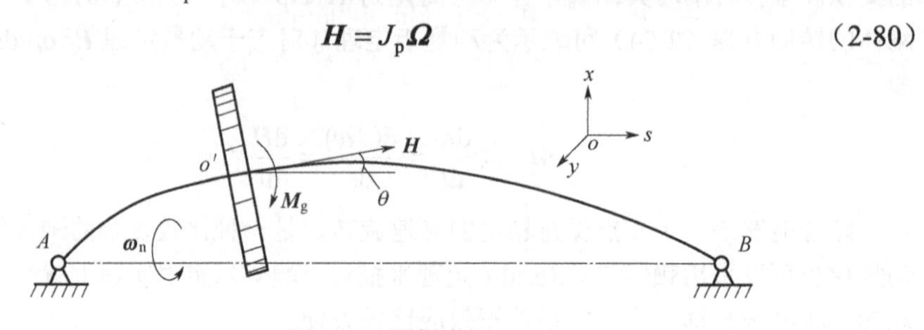

图 2-15 陀螺力矩

显然动量矩的方向与自转角速度方向相同，因此，当转轴弯曲时，$\boldsymbol{H}$ 与 AB 连线的夹角也是 θ。由于圆盘中心 o'在 oxy 平面上涡动，涡动角速度为 $\boldsymbol{\omega}_n$，根据式（2-78）可知，动量矩 $\boldsymbol{H}$ 的端点速度为 $\boldsymbol{\omega}_n\times\boldsymbol{H}$，再根据赖柴尔定理可知存在惯性力矩

$$\boldsymbol{M}_g = -(\boldsymbol{\omega}_n \times \boldsymbol{H}) = \boldsymbol{H} \times \boldsymbol{\omega}_n = J_p\boldsymbol{\Omega} \times \boldsymbol{\omega}_n \tag{2-81}$$

式中，负号表示惯性力矩与合外力矩的方向相反，把这一惯性力矩称为陀螺力矩。

如图 2-15 所示，设圆盘做正进动，此时涡动角速度 $\boldsymbol{\omega}_n$ 的方向指向 s 轴的正向，与动量矩 $\boldsymbol{H}$ 的夹角也是 θ，根据二维向量叉积的定义，可知陀螺力矩的大小为

$$M_g = J_p\Omega\omega_n \sin\theta \tag{2-82}$$

通常转轴的变形量很小，因而转角 θ 也非常小，因此有 $\sin\theta\approx\theta$，故有 $M_g\approx J_p\Omega\omega_n\theta$，即陀螺力矩与转轴的转角近似成正比，相当于一个弹性力矩。陀螺力矩 $\boldsymbol{M}_g$ 由式（2-81）中的向量叉积求得，其方向应采用右手螺旋定则来确定，即右手四指指向 $\boldsymbol{H}$ 的方向，然后握向 $\boldsymbol{\omega}_n$ 的方向，拇指的方向即为陀螺力矩 $\boldsymbol{M}_g$ 的方向。当转子作图 2-15 所示的正进动时，$\boldsymbol{M}_g$ 的方向是 y 轴的负方向。因为这是圆盘所受的惯性力矩与转轴实际施加于圆盘上的力矩方向相反，根据作用力与反作用力关系，圆盘施加于转轴的力矩应与 $\boldsymbol{M}_g$ 的大小相等，方向也是 y 轴的负方向，其作用效果是减小了转轴的转角，这相当于是提高了转轴的抗弯刚度，因为在同样作用下能够使转轴的变形量减小，说明转轴的刚度变大了，因此提高了转子的临界转速 ω_n；反之，当转子做反进动时，按上述过程同样可分析出圆盘施加于转轴的陀螺力矩的方向为 y 轴的正方向，其作用效果是降低了转子的临界转速。

陀螺力矩并不是真实存在的力矩，而是由于刚体转动时自转轴与进动轴存在偏角，造成动量矩的方向不断变化而引起的一种惯性力矩[1]。陀螺旋转时之所以能够

[1] 陀螺运动是一种复杂的刚体运动，目前对陀螺效应和陀螺力矩的解释有赖柴尔定理和科里奥利力两种理论，不过尚存在一定的争论，本书采纳赖柴尔定理对陀螺力矩进行诠释。

不倒，正是因为陀螺的重力对其支点的力矩始终与陀螺力矩保持一种近似的动态平衡（角动量守恒）。陀螺只有转动时才会产生陀螺力矩，因此静止的陀螺是无法保持直立的。当陀螺转速较高时，陀螺力矩足以抵抗重力矩，这种近似的动态平衡才能保证陀螺的稳定运转；一旦陀螺的转速降低到一定程度，陀螺力矩不足以抵抗重力矩，平衡就难以稳定，陀螺就会出现晃动直至失去平衡而倒下。

在单圆盘转子中，陀螺力矩的作用效果表现为转轴受到的力矩作用或轴承的动反力发生变化，这可以通过一种叫作“指尖陀螺”的玩具来直观地感受：用两指捏住陀螺轴承的两个端面并保持不动，然后转动陀螺，当陀螺平稳运转时手指基本感觉不到有力的作用；如果手指捏住指尖陀螺的轴承向某一方向往复摆动，此时就可以感受到存在力的作用，这就是陀螺效应和陀螺力矩的影响。

接下来讨论考虑陀螺力矩时转子临界转速的计算方法。由于陀螺力矩的影响，单圆盘转子的运动除了自转和涡动，圆盘面还有如上述 θ 一样的角度变化，这显然会引起转子角速度的变化，因此需要深入研究圆盘的角速度，并列出动力学方程，包括力平衡的直线运动方程和力矩平衡的转动方程，为此需要为单圆盘转子建立能够反映其角速度的坐标系。

以圆盘中心 o'为原点建立移动坐标系 $o'xyz$，再建立固结于圆盘面上与圆盘一起以角速度 Ω 绕 o'点转动的转动坐标系 $o'\xi\eta\zeta$，其中 $o'\zeta$ 轴为圆盘的自转轴，ξ 和 η 是圆盘面上相互垂直的两个直径轴。注意，移动坐标系 $o'xyz$ 的原点 o'是运动的，但 x、y 和 z 三个轴的方向始终不变，因此并不同于 2.4.1 节所建立的固定坐标系 $oxys$；转动坐标系 $o'\xi\eta\zeta$ 的原点也是运动的，而且 ξ、η 和 ζ 三个轴的方向还在不断地变化。为了能够描述圆盘的角速度，下面用三个欧拉角来表达这两个坐标系之间的关系。

设初始时刻（t=0 时）圆盘的三个轴 ξ_0、η_0 和 ζ_0 分别与 x、y 和 z 轴重合。第一步，圆盘先绕 η_0 轴（即 y 轴）转动一个 θ_y 角，则 η_0 轴方向保持不变，ξ_0 和 ζ_0 轴同时转动 θ_y 角后分别成为 ξ_1 和 ζ_1 轴，此时坐标系成为 $o'\xi_1\eta_0\zeta_1$，如图 2-16（a）所示；第二步，圆盘再绕 ξ_1 轴转动一个 θ_ξ 角，则 ξ_1 轴方向保持不变，η_0 和 ζ_1 轴同时转动 θ_ξ 角后分别成为

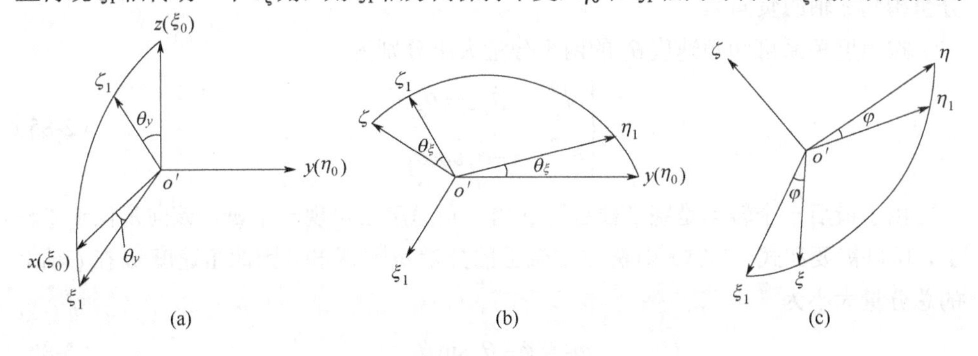

图 2-16　用欧拉角表示的坐标轴转动关系

η_1和ζ轴，坐标系成为$o'\xi_1\eta_1\zeta$，如图 2-16（b）所示；最后，圆盘绕ζ轴自转一个φ角，则ζ轴方向保持不变，ξ_1和η_1轴同时转动φ角后分别变为ξ和η轴，最终坐标系成为$o'\xi\eta\zeta$，如图 2-16（c）所示。

由于圆盘偏离转轴中点安装，θ_y和θ_ξ是由于转轴弯曲造成圆盘面在相互垂直的两个直径轴方向上的偏转角，φ则是圆盘绕轴线自转的角度，这三种转动的角速度分别用$\dot{\boldsymbol{\theta}}_y$、$\dot{\boldsymbol{\theta}}_\xi$和$\dot{\boldsymbol{\varphi}}$表示。其中，$\dot{\boldsymbol{\theta}}_y$和$\dot{\boldsymbol{\theta}}_\xi$分别是圆盘绕两个直径轴的转动，$\dot{\boldsymbol{\varphi}}$是圆盘绕轴线的转动，即圆盘的自转角速度，故$\dot{\boldsymbol{\varphi}}=\boldsymbol{\Omega}$。因此，圆盘的总角速度是这三个角速度的矢量和，可表示为

$$\boldsymbol{\omega}=\dot{\boldsymbol{\theta}}_y+\dot{\boldsymbol{\theta}}_\xi+\dot{\boldsymbol{\varphi}} \tag{2-83}$$

将$\dot{\boldsymbol{\theta}}_y$和$\dot{\boldsymbol{\theta}}_\xi$合并为

$$\boldsymbol{\omega}_1=\dot{\boldsymbol{\theta}}_y+\dot{\boldsymbol{\theta}}_\xi \tag{2-84}$$

式中，$\boldsymbol{\omega}_1$就是坐标系$o'\xi_1\eta_1\zeta$的转动角速度，也就是圆盘随坐标系$o'\xi_1\eta_1\zeta$转动的角速度，而自转角速度$\boldsymbol{\Omega}$则是圆盘相对于坐标系$o'\xi_1\eta_1\zeta$的转动角速度。

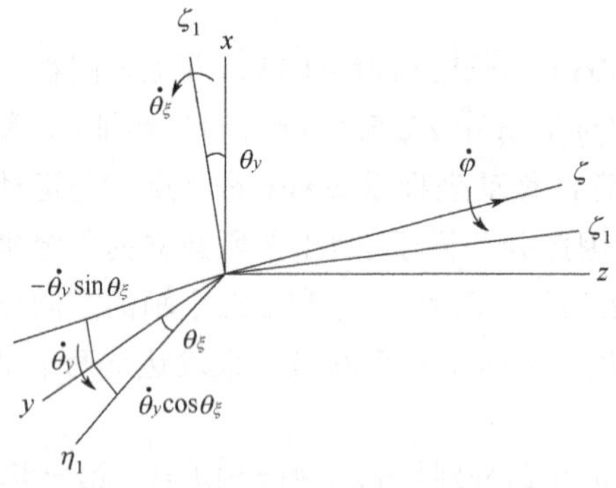

图 2-17 圆盘角速度在坐标轴上的投影关系

下面在$o'\xi_1\eta_1\zeta$坐标系下考察圆盘的总角速度$\boldsymbol{\omega}$。$o'\xi_1\eta_1\zeta$坐标系意味着圆盘已经完成了θ_y和θ_ξ两个欧拉角的转动，最后只需要再完成一个自转φ角即可。参看图 2-17，第一个转动是绕η_0轴转动θ_y角，ξ_0轴到达ξ_1轴，ζ_0轴来到ζ_1轴，角速度为$\dot{\boldsymbol{\theta}}_y$；第二个转动是绕$\xi_1$轴转动$\theta_\xi$角，$\eta_0$轴到达$\eta_1$轴，$\zeta_1$轴来到$\zeta$轴，角速度为$\dot{\boldsymbol{\theta}}_\xi$。此时将角速度$\dot{\boldsymbol{\theta}}_y$向量（位于$\eta_0$轴正向）分解到$\eta_1$轴（圆盘偏左侧安装时分量指向$\eta_1$轴的正向）和$\xi$轴（圆盘偏左侧安装时分量指向$\xi$轴的负向）。

按角度关系可知角速度$\dot{\boldsymbol{\theta}}_y$的两个分量大小分别为

$$\begin{cases}\omega_{\eta_1}^{(\theta_y)}=\dot{\theta}_y\cos\theta_\xi \\ \omega_{\zeta}^{(\theta_y)}=-\dot{\theta}_y\sin\theta_\xi\end{cases} \tag{2-85}$$

由于最后一个转动是绕ζ轴自转φ角，角速度会出现一个$\dot{\boldsymbol{\varphi}}$，该向量位于$\zeta$轴上，所以需要和式（2-85）中$\dot{\boldsymbol{\theta}}_y$在$\zeta$轴上的分量$\omega_\zeta^{(\theta_y)}$求和，因此角速度$\boldsymbol{\omega}$在$\zeta$轴上的总分量大小为

$$\omega_\zeta=\dot{\varphi}-\dot{\theta}_y\sin\theta_\xi \tag{2-86}$$

这样就得到了圆盘的总角速度 $\boldsymbol{\omega}$ 在 $o'\zeta$ 坐标系下的三个分量，大小分别为

$$\begin{cases}\omega_{\xi 1}=\dot{\theta}_{\xi}\\ \omega_{\eta_1}=\dot{\theta}_{y}\cos\theta_{\xi}\\ \omega_{\zeta}=\dot{\varphi}-\dot{\theta}_{y}\sin\theta_{\xi}\end{cases} \tag{2-87}$$

圆盘完成第三个欧拉角 φ 的转动（即自转）后，ξ_1 轴成为 ξ 轴，η_1 轴成为 η 轴。$o'\xi_1\eta_1$ 和 $o'\xi\eta$ 两坐标系的旋转关系可参看图 2-18，某向量 $\boldsymbol{r}$ 在两坐标系下的坐标可分别表示为

$$\begin{cases}\xi_1=r\cos\alpha\\ \eta_1=r\sin\alpha\end{cases} \tag{2-88}$$

$$\begin{cases}\xi=r\cos(\alpha-\varphi)\\ \eta=r\sin(\alpha-\varphi)\end{cases} \tag{2-89}$$

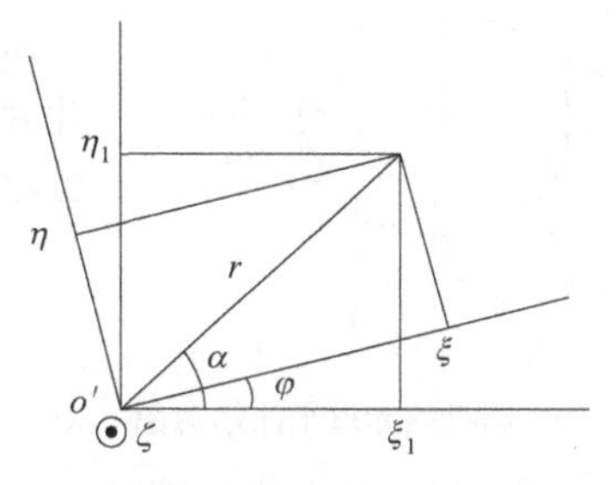

图 2-18　坐标系的变换关系

将式（2-89）按三角函数和角公式展开，有

$$\begin{cases}\xi=r\cos\alpha\cos\varphi+r\sin\alpha\sin\varphi\\ \eta=r\sin\alpha\cos\varphi-r\cos\alpha\sin\varphi\end{cases} \tag{2-90}$$

再将式（2-88）代入式（2-90）中，由于 ζ 轴是自转轴，其方向始终保持不变，故有

$$\begin{cases}\xi=\xi_1\cos\varphi+\eta_1\sin\varphi\\ \eta=-\xi_1\sin\varphi+\eta_1\cos\varphi\\ \zeta=\zeta\end{cases} \tag{2-91}$$

写为矩阵形式，有

$$\begin{bmatrix}\xi\\ \eta\\ \zeta\end{bmatrix}=\begin{bmatrix}\cos\varphi & \sin\varphi & 0\\ -\sin\varphi & \cos\varphi & 0\\ 0 & 0 & 1\end{bmatrix}\begin{bmatrix}\xi_1\\ \eta_1\\ \zeta\end{bmatrix} \tag{2-92}$$

式（2-92）就是 $o'\xi_1\eta_1$ 和 $o'\xi\eta$ 两个坐标系的变换关系，由此可知圆盘的角速度 $\boldsymbol{\omega}$ 在 $o'\xi\eta\zeta$ 坐标系下各分量为

$$\begin{bmatrix}\omega_{\xi}\\ \omega_{\eta}\\ \omega_{\zeta}\end{bmatrix}=\begin{bmatrix}\cos\varphi & \sin\varphi & 0\\ -\sin\varphi & \cos\varphi & 0\\ 0 & 0 & 1\end{bmatrix}\begin{bmatrix}\omega_{\xi_1}\\ \omega_{\eta_1}\\ \omega_{\zeta}\end{bmatrix}=\begin{bmatrix}\omega_{\xi_1}\cos\varphi+\omega_{\eta_1}\sin\varphi\\ -\omega_{\xi_1}\sin\varphi+\omega_{\eta_1}\cos\varphi\\ \omega_{\zeta}\end{bmatrix} \tag{2-93}$$

将式（2-87）代入式（2-93），可得

$$\begin{bmatrix}\omega_{\xi}\\ \omega_{\eta}\\ \omega_{\zeta}\end{bmatrix}=\begin{bmatrix}\dot{\theta}_{\xi}\cos\varphi+\dot{\theta}_{y}\cos\theta_{\xi}\sin\varphi\\ -\dot{\theta}_{\xi}\sin\varphi+\dot{\theta}_{y}\cos\theta_{\xi}\cos\varphi\\ \varOmega-\dot{\theta}_{y}\sin\theta_{\xi}\end{bmatrix} \tag{2-94}$$

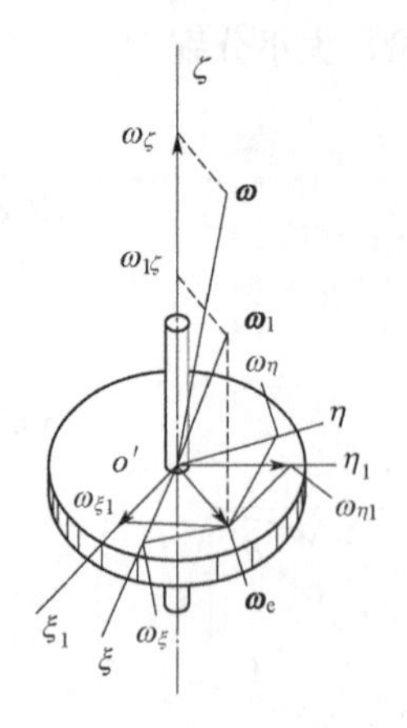

图 2-19 圆盘的赤道平面示意图

从总角速度 $\boldsymbol{\omega}$ 中去掉自转角速度 $\dot{\boldsymbol{\varphi}}$ 后即为 $\boldsymbol{\omega}_1$，将 $\boldsymbol{\omega}_1$ 在 ζ 轴上的坐标记为 $\omega_{1\zeta}$，并将 $\boldsymbol{\omega}_1$ 在 $o'\xi_1\eta_1$ 坐标平面（也称圆盘的赤道平面）上的投影记为 $\boldsymbol{\omega}_{\mathrm{e}}$，$\boldsymbol{\omega}_{\mathrm{e}}$ 在 ξ_1 和 η_1 轴的坐标分别为 ω_{ξ_1} 和 ω_{η_1}。将 ζ 轴自转 φ 角，ξ_1 和 η_1 轴成为 ξ 和 η 轴，$\boldsymbol{\omega}_{\mathrm{e}}$ 在 ξ 和 η 轴的坐标分别为 ω_ξ 和 ω_η。由于 ζ 轴自转角速度 $\dot{\boldsymbol{\varphi}}$ 的向量位于 ζ 轴上，因此并不影响 $\boldsymbol{\omega}$ 在 ξ_1 和 η_1 轴上的分量。参看图 2-19 可知有以下关系

$$\begin{cases}\omega_{1\xi_1}=\omega_{\xi_1}=\dot{\theta}_\xi\\ \omega_{1\eta_1}=\omega_{\eta_1}=\dot{\theta}_y\cos\theta_\xi\\ \omega_{1\zeta}=\omega_\zeta-\Omega=-\dot{\theta}_y\sin\theta_\xi\end{cases}\tag{2-95}$$

$$\boldsymbol{\omega}_{\mathrm{e}}=\omega_{\xi_1}\boldsymbol{i}_1+\omega_{\eta_1}\boldsymbol{j}_1=\omega_\xi\boldsymbol{i}+\omega_\eta\boldsymbol{j}\tag{2-96}$$

式中，$\boldsymbol{i}_1$ 和 $\boldsymbol{j}_1$ 分别是 ξ_1 和 η_1 轴上的单位向量；$\boldsymbol{i}$ 和 $\boldsymbol{j}$ 分别是 ξ 和 η 轴上的单位向量。圆盘的动量矩可以表示为 $o'\xi_1\eta_1\zeta$ 坐标系下的投影形式，即

$$\begin{cases}G_{\xi_1}=J_{\mathrm{d}}\omega_{\xi_1}=J_{\mathrm{d}}\dot{\theta}_\xi\\ G_{\eta_1}=J_{\mathrm{d}}\omega_{\eta_1}=J_{\mathrm{d}}\dot{\theta}_y\cos\theta_\xi\\ G_\zeta=J_{\mathrm{p}}\omega_\zeta=J_{\mathrm{p}}(\Omega-\dot{\theta}_y\sin\theta_\xi)\end{cases}\tag{2-97}$$

通常转轴的弯曲变形很小，即 θ_y、θ_ξ 和 $\dot{\theta}_y$ 都很小，因而 $\dot{\theta}_y\sin\theta_\xi \ll \Omega$，则有

$$G_\zeta=J_{\mathrm{p}}(\Omega-\dot{\theta}_y\sin\theta_\xi)\approx J_{\mathrm{p}}\Omega=H\tag{2-98}$$

圆盘绕转动中心 o' 点转动的动能[1]可表示为

$$T=\frac{1}{2}\boldsymbol{G}\cdot\boldsymbol{\omega}=\frac{1}{2}(G_{\eta_1}\omega_{\eta_1}+G_{\xi_1}\omega_{\xi_1}+G_\zeta\omega_\zeta)\tag{2-99}$$

将式（2-95）和式（2-97）代入式（2-99），有

$$T=\frac{1}{2}\left[J_{\mathrm{d}}(\dot{\theta}_\xi^2+\dot{\theta}_y^2\cos^2\theta_\xi)+J_{\mathrm{p}}\dot{\theta}_y^2\sin^2\theta_\xi+J_{\mathrm{p}}\Omega^2-2J_{\mathrm{p}}\Omega\dot{\theta}_y\sin\theta_\xi\right]\tag{2-100}$$

因为 θ_ξ 和 θ_y 都很小，故 $\sin\theta_\xi\approx\theta_\xi\approx\theta_x$，$\cos\theta_\xi\approx1$，并略去二次项 $J_{\mathrm{p}}\dot{\theta}_y^2\sin^2\theta_\xi$，圆盘的动能可简化为

[1] 质点直线运动时的动能为 $T=mv^2/2$，按照对应关系，刚体转动时的动能为 $T=J\Omega^2/2$，其中刚体的转动惯量 J 对应质点的质量 m，刚体的转动角速度 $\boldsymbol{\Omega}$ 对应质点的线速度 $\boldsymbol{v}$。又因为刚体转动时的动量矩大小 $\boldsymbol{H}=J\boldsymbol{\Omega}$，故动能可表示为 $T=\boldsymbol{H}\cdot\boldsymbol{\Omega}/2$。如果刚体的动量矩 $\boldsymbol{G}$ 与转动角速度 $\boldsymbol{\omega}$ 的方向不同，则应采用向量点积来计算刚体的动能，即有 $T=\boldsymbol{G}\cdot\boldsymbol{\omega}/2$。

$$T=\frac{1}{2}[J_{\mathrm{d}}(\dot{\theta}_x^2+\dot{\theta}_y^2)+J_{\mathrm{p}}\Omega^2-2J_{\mathrm{p}}\Omega\dot{\theta}_y\theta_x] \tag{2-101}$$

式（2-101）物理意义是：圆盘转动时的总动能包括 3 项，其中 $J_{\mathrm{d}}(\dot{\theta}_x^2+\dot{\theta}_y^2)$ 是圆盘绕两个相互垂直的直径轴转动时的动能，$J_{\mathrm{p}}\Omega^2/2$ 是圆盘绕自转轴转动时的动能；$-2J_{\mathrm{p}}\Omega\dot{\theta}_y\theta_x$ 是陀螺效应造成的动能损失。

2.4.3 考虑陀螺力矩时转子的运动微分方程

应用动量矩定理来建立圆盘绕中心 o' 点的转动微分方程，有

$$\frac{\mathrm{d}\boldsymbol{G}}{\mathrm{d}t}=\boldsymbol{M} \tag{2-102}$$

式中，$\boldsymbol{G}$ 是圆盘在移动坐标系 $o'xyz$ 下的动量矩；$\boldsymbol{M}$ 是圆盘所受的合外力矩。

为了能够应用动量矩定理，需要在转动坐标系 $o'\xi_1\eta_1\zeta$ 下来考察圆盘的总动量矩 $\boldsymbol{G}$ 的变化率。值得注意的是，圆盘的总动量矩 $\boldsymbol{G}$ 并非图 2-15 中的回转动量矩 $\boldsymbol{H}$，因为在移动坐标系 $o'xyz$ 中 x 和 y 轴的方向是始终不变的，而在转动坐标系 $o'\xi_1\eta_1\zeta$ 中 ξ_1 和 η_1 轴分别有一个转动，因此这两个坐标系相差一个角速度 $\boldsymbol{\omega}_1$。如果要在 $o'\xi_1\eta_1\zeta$ 坐标系中应用动量矩定理，就必须考虑 $\boldsymbol{\omega}_1$ 带来的陀螺力矩。根据式（2-81）中陀螺力矩的定义，圆盘在 $o'\xi_1\eta_1\zeta$ 坐标系中的转动方程（2-102）应改写为

$$\frac{\tilde{\mathrm{d}}\boldsymbol{G}}{\mathrm{d}t}=\boldsymbol{M}-\boldsymbol{\omega}_1\times\boldsymbol{G} \tag{2-103}$$

式中，$\tilde{\mathrm{d}}\boldsymbol{G}/\mathrm{d}t$ 表示将动量矩 $\boldsymbol{G}$ 投影在 $o'\xi_1\eta_1\zeta$ 坐标系各轴时相对于该坐标系的变化率，$\boldsymbol{\omega}_1\times\boldsymbol{G}$ 是 $o'\xi_1\eta_1\zeta$ 坐标系相对于 $o'xyz$ 坐标系的转动而带来的陀螺力矩，其中 $\boldsymbol{\omega}_1$ 是 $o'\xi_1\eta_1\zeta$ 坐标系相对于 $o'xyz$ 坐标系的进动角速度。由于陀螺力矩是惯性力矩，因此需要和外力矩 $\boldsymbol{M}$ 相减。

式（2-103）就是考虑陀螺力矩时单圆盘转子的转动微分方程，反映陀螺效应对转子运动的影响。简单地说，如果不考虑陀螺力矩，那么 $\boldsymbol{G}=\boldsymbol{H}=J_{\mathrm{p}}\boldsymbol{\Omega}$，即只需考虑圆盘的自转，而不计圆盘绕两个直径轴的偏转，这时圆盘的转动方程就简化为 $\boldsymbol{M}=\mathrm{d}\boldsymbol{H}/\mathrm{d}t$。

将式（2-103）改写为

$$\frac{\tilde{\mathrm{d}}\boldsymbol{G}}{\mathrm{d}t}+\boldsymbol{\omega}_1\times\boldsymbol{G}=\boldsymbol{M} \tag{2-104}$$

将 $\boldsymbol{G}$ 和 $\boldsymbol{M}$ 表示为 $o'\xi_1\eta_1\zeta$ 坐标系下的三维向量，有

$$\begin{cases}\boldsymbol{G}=G_{\xi_1}\boldsymbol{i}_1+G_{\eta_1}\boldsymbol{j}_1+G_{\zeta}\boldsymbol{k}\\ \boldsymbol{M}=M_{\xi_1}\boldsymbol{i}_1+M_{\eta_1}\boldsymbol{j}_1+M_{\zeta}\boldsymbol{k}\end{cases} \tag{2-105}$$

计算三维向量的叉积 $\boldsymbol{\omega}_1\times\boldsymbol{G}$ 可采用三阶行列式的形式，即

$$\boldsymbol{\omega}_1 \times \boldsymbol{G} = \begin{vmatrix} \boldsymbol{i}_1 & \boldsymbol{j}_1 & \boldsymbol{k} \\ \omega_{1\xi_1} & \omega_{1\eta_1} & \omega_{1\zeta} \\ G_{\xi_1} & G_{\eta_1} & G_{\zeta} \end{vmatrix} \tag{2-106}$$

则方程（2-104）可表示为投影形式，即

$$\begin{cases} \dfrac{\mathrm{d}G_{\xi_1}}{\mathrm{d}t} + \omega_{1\eta_1} G_{\zeta} - \omega_{1\zeta} G_{\eta_1} = M_{\xi_1} \\ \dfrac{\mathrm{d}G_{\eta_1}}{\mathrm{d}t} + \omega_{1\zeta} G_{\xi_1} - \omega_{1\xi_1} G_{\zeta} = M_{\eta_1} \\ \dfrac{\mathrm{d}G_{\zeta}}{\mathrm{d}t} + \omega_{1\xi_1} G_{\eta_1} - \omega_{1\eta_1} G_{\xi_1} = M_{\zeta} \end{cases} \tag{2-107}$$

将式（2-95）和式（2-97）代入式（2-107），其中

$$\begin{cases} \dfrac{\mathrm{d}G_{\xi_1}}{\mathrm{d}t} = \dfrac{\mathrm{d}}{\mathrm{d}t}\left(J_{\mathrm{d}}\dot{\theta}_{\xi}\right) = J_{\mathrm{d}}\ddot{\theta}_{\xi} \\ \dfrac{\mathrm{d}G_{\eta_1}}{\mathrm{d}t} = \dfrac{\mathrm{d}}{\mathrm{d}t}\left(J_{\mathrm{d}}\dot{\theta}_{y}\cos\theta_{\xi}\right) = J_{\mathrm{d}}(\ddot{\theta}_{y}\cos\theta_{\xi} - \dot{\theta}_{y}\dot{\theta}_{\xi}\sin\theta_{\xi}) \\ \dfrac{\mathrm{d}G_{\zeta}}{\mathrm{d}t} = \dfrac{\mathrm{d}(J_{\mathrm{p}}\omega_{\zeta})}{\mathrm{d}t} = \dfrac{\mathrm{d}(J_{\mathrm{p}}(\Omega - \dot{\theta}_{y}\sin\theta_{\xi}))}{\mathrm{d}t} \end{cases}$$

由于θ_{ξ}很小且$\dot{\theta}_{y} \ll \Omega$，可略去$\dot{\theta}_{y}\sin\theta_{\xi}$，那么$G_{\zeta} \approx J_{\mathrm{p}}\Omega = H$，故式（2-107）可改写为

$$\begin{cases} J_{\mathrm{d}}(\ddot{\theta}_{\xi} + \dot{\theta}_{y}^{2}\sin\theta_{\xi}\cos\theta_{\xi}) + H\dot{\theta}_{y}\cos\theta_{\xi} = M_{\xi_1} \\ J_{\mathrm{d}}(\ddot{\theta}_{y}\cos\theta_{\xi} - 2\dot{\theta}_{\xi}\dot{\theta}_{y}\sin\theta_{\xi}) - H\dot{\theta}_{\xi} = M_{\eta_1} \\ \dfrac{\mathrm{d}H}{\mathrm{d}t} = M_{\zeta} \end{cases} \tag{2-108}$$

实际转子的变形量很小，故ξ_1轴非常接近于x轴，η_1轴非常接近于y轴，同时$\sin\theta_{\xi} \approx \theta_{\xi} \approx \theta_{x}$，$\cos\theta_{\xi} \approx 1$，再进一步略去$\dot{\theta}_{\xi}$、$\dot{\theta}_{y}$的二次方项，即可得到线性化的转动微分方程，有

$$\begin{cases} J_{\mathrm{d}}\ddot{\theta}_{x} + H\dot{\theta}_{y} = M_{\xi_1} \approx M_{x} \\ J_{\mathrm{d}}\ddot{\theta}_{y} - H\dot{\theta}_{x} = M_{\eta_1} \approx M_{y} \\ \dfrac{\mathrm{d}H}{\mathrm{d}t} = M_{\zeta} \end{cases} \tag{2-109}$$

下面讨论一下方程（2-109）的物理意义：$J_{\mathrm{d}}\ddot{\theta}_{x}$、$J_{\mathrm{d}}\ddot{\theta}_{y}$分别是圆盘在$x$、$y$轴上的角加速度引起的惯性力矩（对应于惯性力$m\ddot{x}$和$m\ddot{y}$）大小，$H\dot{\theta}_{y}$、$H\dot{\theta}_{\xi}$是简化后的陀螺力矩大小，$M_x$、$M_y$和$M_{\xi}$分别是圆盘在$x$、$y$和$\zeta$轴上所受的合外力矩大小，

是转轴弯曲变形而产生的弹性恢复力矩大小；由于转子以恒定的角速度 Ω 自转，说明转子在 ζ 轴上受到的驱动力矩与阻力矩相平衡，即 $M_\zeta=0$，因此方程（2-109）的第三式可以写为 $\mathrm{d}H/\mathrm{d}t=0$，则圆盘的转动微分方程只需保留前两式即可，即

$$\begin{cases}J_\mathrm{d}\ddot{\theta}_x+H\dot{\theta}_y=M_x\\J_\mathrm{d}\ddot{\theta}_y-H\dot{\theta}_x=M_y\end{cases}\tag{2-110}$$

综合以上讨论可知，圆盘中心 o'的运动包括：由方程（2-3）描述的 x、y 轴方向上的直线运动以及由方程（2-110）描述的绕 x、y 轴的转动。需要注意的是，o'点沿 x（或 y）轴方向的线位移，除了引起该方向上的弹性恢复力，还会引起绕 y（或 x）轴的弹性恢复力矩；同样地，o'点绕 x（或 y）轴的转动，除了引起该方向上的弹性恢复力矩，还会引起沿 y（或 x）轴方向的弹性恢复力。也可以反过来讲：沿 x（或 y）轴方向的力，除了引起该方向上的线位移，还会引起绕 y（或 x）轴的转角；同理，绕 x（或 y）轴的力矩，除了引起该方向上的转角，还会引起沿 y（或 x）轴方向的线位移。以上结论可以用图 2-20 中的悬臂梁来解释。

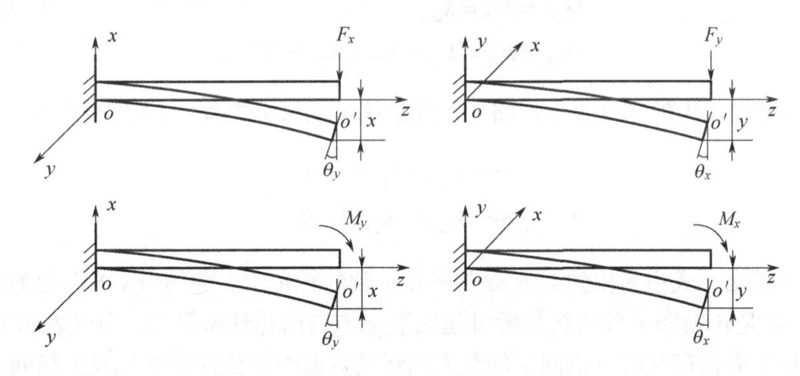

图 2-20 悬臂梁受力和力矩作用时的变形

为了能够更好地表示转子转轴的变形（包括线位移和转角）与外部作用（包括力和力矩）的关系，采用材料力学中的刚度系数，可以很方便地表示出转轴在受到力和力矩作用时，所产生的线位移和转角的大小，此处涉及的 8 个刚度系数如表 2-1 所示。

表 2-1 转轴的刚度系数

名称	描述
k_{11}	o'点在 x 方向有单位线位移时需加于 o'点的沿 x 方向的力大小
k_{22}	o'点在 y 方向有单位线位移时需加于 o'点的沿 y 方向的力大小
k_{33}	绕 $o'x$ 轴有单位转角时需加于 $o'x$ 轴的力矩大小

续表

名称	描述
k_{44}	绕 $o'y$ 轴有单位转角时需加于 $o'y$ 轴的力矩大小
k_{14}	绕 $o'y$ 轴有单位转角时需加于 o'点的沿 x 方向的力大小
k_{23}	绕 $o'x$ 轴有单位转角时需加于 o'点的沿 y 方向的力大小
k_{32}	o'点在 y 方向有单位线位移时需加于 $o'x$ 轴的力矩大小
k_{41}	o'点在 x 方向有单位线位移时需加于 $o'y$ 轴的力矩大小

在理想情况下，转轴和圆盘的材质均匀且横截面是圆，力学性质满足各向同性，因此 $k_{11}=k_{22}$，$k_{33}=k_{44}$，$k_{14}=k_{23}$，$k_{32}=k_{41}$；另外，根据材料力学功的互等定理可知存在：$k_{14}=k_{41}$，$k_{23}=k_{32}$，因此这 8 个刚度系数可归结为 3 个，分别记为

$$\begin{cases} k_{11}=k_{22}=k_{\mathrm{rr}} \\ k_{33}=k_{44}=k_{\psi\psi} \\ k_{14}=k_{41}=k_{\mathrm{r}\psi}=k_{23}=k_{32}=k_{\psi\mathrm{r}} \end{cases} \tag{2-111}$$

根据表 2-1 中的刚度系数，将 o'点的直线运动微分方程（2-3）改写为

$$\begin{cases} m\ddot{x}+k_{11}x+k_{14}\theta_y=0 \\ m\ddot{y}+k_{22}y-k_{23}\theta_x=0 \end{cases} \tag{2-112}$$

该方程第一式中多出的 $k_{14}\theta_y$ 是转轴绕 y 轴的转角所引起的沿 x 方向的弹性恢复力；$-k_{23}\theta_x$ 是转轴绕 x 轴的转角所引起的沿 y 方向的弹性恢复力，负号表示 θ_x 沿正（逆时针）方向变化时 o'点向 y 的负方向运动，此时产生的弹性恢复力指向 y 的正方向。同理，o'点的转动微分方程（2-110）改写为

$$\begin{cases} J_{\mathrm{d}}\ddot{\theta}_x+H\dot{\theta}_y-k_{32}y+k_{33}\theta_x=0 \\ J_{\mathrm{d}}\ddot{\theta}_y-H\dot{\theta}_x+k_{41}x+k_{44}\theta_y=0 \end{cases} \tag{2-113}$$

该方程第一式，$k_{32}y-k_{33}\theta_x$ 即式（2-110）中的 M_x，$k_{33}\theta_x$ 是圆盘绕 x 轴转动所引起的弹性恢复力矩，而$-k_{32}y$ 是 o'点在 y 方向上的线位移所引起的绕 x 轴的弹性恢复力矩，负号表示 o'点向 y 的正方向运动时，转轴产生绕 x 轴负（顺时针）方向的转角，产生的弹性恢复力矩绕 x 轴的正方向；方程第二式中，$-(k_{41}x+k_{44}\theta_x)$即式（2-110）中的 M_y，其中 $k_{44}\theta_x$ 是圆盘绕 y 轴转动而引起的弹性恢复力矩，而 $k_{41}x$ 是由 o'点在 x 方向上的线位移所引起的绕 y 轴的弹性恢复力矩。

将式（2-112）和式（2-113）合并，结合式（2-111）即可得到考虑陀螺力矩时无质量偏心无阻尼单圆盘转子的运动微分方程，有

$$\begin{cases} m\ddot{x}+k_{\mathrm{rr}}x+k_{\mathrm{r\psi}}\theta_y=0 \\ m\ddot{y}+k_{\mathrm{rr}}y-k_{\mathrm{\psi r}}\theta_x=0 \\ J_{\mathrm{d}}\ddot{\theta}_x+H\dot{\theta}_y-k_{\mathrm{\psi r}}y+k_{\mathrm{\psi\psi}}\theta_x=0 \\ J_{\mathrm{d}}\ddot{\theta}_y-H\dot{\theta}_x+k_{\mathrm{r\psi}}x+k_{\mathrm{\psi\psi}}\theta_y=0 \end{cases} \tag{2-114}$$

如果转子存在阻尼和偏心质量，可依照前述的方法，在方程中添加阻尼和不平衡激励项即可，此处不再单独讨论。

注意，方程组（2-114）的每一个式子都包含 2 个或 2 个以上独立的坐标参量，称为物理坐标，因而方程无法直接求解，这时称方程组是耦合的。通常需要将方程组进行等价转换，使一个方程式中只包含一个独立变量，然后再进行求解，这个过程称为方程组的解耦。对于耦合的微分方程而言，可以采用一定的变换方法实现解耦以得到解析解，也可以采用数值计算的方法来求取其近似解，具体方法将在后续章节进行简要介绍。

2.4.4 陀螺力矩对转子临界转速的影响

式（2-114）是一组二阶齐次微分方程，根据前面的结论可知，方程的特征根就是转子的进动角速度 ω_{n}。引入复变量 $z=x+\mathrm{i}y$ 和 $\psi=\theta_y-\mathrm{i}\theta_x$，结合圆盘的动量矩大小 $H=J_{\mathrm{p}}\Omega$，可以将其改写为

$$\begin{cases} m\ddot{z}+k_{\mathrm{rr}}z+k_{\mathrm{r\psi}}\psi=0 \\ J_{\mathrm{d}}\ddot{\psi}-\mathrm{i}J_{\mathrm{p}}\Omega\dot{\psi}+k_{\mathrm{\psi r}}z+k_{\mathrm{\psi\psi}}\psi=0 \end{cases} \tag{2-115}$$

式（2-115）虽然依然是耦合的方程组，但可以求得解析解，此时可令

$$\begin{gathered} \omega_{\mathrm{rr}}^2=\frac{k_{\mathrm{rr}}}{m};\ \omega_{\mathrm{r\psi}}^2=\frac{k_{\mathrm{r\psi}}}{m} \\ \omega_{\mathrm{\psi r}}^2=\frac{k_{\mathrm{\psi r}}}{J_{\mathrm{d}}};\ \omega_{\mathrm{\psi\psi}}^2=\frac{k_{\mathrm{\psi\psi}}}{J_{\mathrm{d}}} \end{gathered} \tag{2-116}$$

设方程的解为

$$\begin{cases} z=z_0\mathrm{e}^{\mathrm{i}\omega_{\mathrm{n}}t} \\ \psi=\psi_0\mathrm{e}^{\mathrm{i}\omega_{\mathrm{n}}t} \end{cases} \tag{2-117}$$

式中，z_0 和 ψ_0 是待定系数。将式（2-117）代入式（2-115）中，得到

$$\begin{cases} (\omega_{\mathrm{rr}}^2-\omega_{\mathrm{n}}^2)z_0+\omega_{\mathrm{r\psi}}^2\psi_0=0 \\ \omega_{\mathrm{\psi r}}^2z_0+[(J_{\mathrm{p}}/J_{\mathrm{d}})\Omega\omega_{\mathrm{n}}+\omega_{\mathrm{\psi\psi}}^2-\omega_{\mathrm{n}}^2]\psi_0=0 \end{cases} \tag{2-118}$$

式（2-118）是一个关于 z_0 和 ψ_0 的二元一次齐次方程组。转子转动时，一定存在线位移和角位移，因此 z_0 和 ψ_0 不会等于零。根据线性代数理论，方程（2-118）

有非零解的条件是

$$\begin{vmatrix} \omega_{rr}^2 - \omega_n^2 & \omega_{r\psi}^2 \\ \omega_{\psi r}^2 & (J_p/J_d)\Omega\omega_n + \omega_{\psi\psi}^2 - \omega_n^2 \end{vmatrix} = 0 \tag{2-119}$$

这样就得到了频率方程，即

$$\omega_n^4 - (J_p/J_d)\Omega\omega_n^3 - (\omega_{rr}^2 + \omega_{\psi\psi}^2)\omega_n^2 + (J_p/J_d)\Omega\omega_{rr}^2\omega_n + \omega_{rr}^2\omega_{\psi\psi}^2 - \omega_{r\psi}^2\omega_{\psi r}^2 = 0 \tag{2-120}$$

频率方程（2-120）是关于进动角速度 ω_n 的 4 次代数方程，因而有 4 个根。这说明由于陀螺力矩的影响，圆盘存在 4 个进动角速度，而且进动角速度 ω_n 会随自转角速度 Ω 的改变而改变。临界角速度是与进动角速度相等的转动角速度，因此可以按 $\Omega=\omega_n$ 的条件来求取转子的临界角速度。为此，通过设定不同的自转角速度 Ω 的数值，计算每个 Ω 所对应的 4 个 ω_n，然后找出满足 $\Omega=\omega_n$ 的转动角速度，即为转子的临界角速度。

求出 ω_n 后代入式(2-118)中，即可得到待定系数 z_0 和 ψ_0。由于 $z=x+iy$、$\psi=\theta_y-i\theta_x$，故 z_0 包含了圆盘中心 o' 点线位移的信息，而 ψ_0 包含了圆盘角位移的信息。根据式（2-117）和欧拉公式可知

$$\begin{cases} x = z_0\cos(\omega_n t);\ \ y = z_0\sin(\omega_n t) \\ \theta_y = \psi_0\cos(\omega_n t);\ \ \theta_x = -\psi_0\sin(\omega_n t) \end{cases} \tag{2-121}$$

故有

$$\frac{z}{\psi} = \frac{z_0}{\psi_0} = \frac{x}{\theta_y} = -\frac{y}{\theta_x} \tag{2-122}$$

因此，不必分别确定 z_0 和 ψ_0 的数值，只需获得二者的比值即可反映转子在某一进动角速度下的运动形态，即振动幅值比和振动方向的关系，将这一运动形态称为转子的振型。

由式（2-118）的第一式可以得到转子振型的表达式为

$$\frac{z_0}{\psi_0} = \frac{\omega_{r\psi}^2}{\omega_n^2 - \omega_{rr}^2} \tag{2-123}$$

根据振动理论可知，振动系统有若干个特殊的振动形态，称之为模态，模态的数目等于振动系统自由度的数目，而自由度是描述系统运动所需的独立坐标，一般可以采用具有物理意义的坐标来表示。每个模态有多个模态参数：一是模态频率，也称固有频率，描述模态振动的快慢，当激励频率等于固有频率时，将导致系统发生剧烈振动，即共振；二是模态阻尼，描述模态振动衰减的快慢，阻尼越大，振动衰减就越快；三是模态振型，描述在模态振动中各自由度振动幅度所保持的比例以及振动方向关系。

模态是振动系统自身固有的属性，不受外部条件的影响。也就是说，一旦结构体系构造完毕且保持不变，其模态就已经确定了。其中，振型表达的是振动的形式，而与振动的大小无关。振型与激振频率相对应，是在某一频率的激励下，将系统各自由度振动位移的向量端点连接起来，形成的以振动大小比例和方向关系来表征的各自由度振动关系的曲线。多自由度系统存在多个固有频率，以各个固有频率进行激励，得到的振型就称为模态振型或主振型。

下面用图 2-21 所示的多自由度振动系统来解释振型的物理意义。该系统是一根长度为 l，两端刚性支承的等截面弹性梁，其上等距安装 3 个集中质量均为 m 的重物，弹性梁材料的弹性模量为 E，截面的惯性矩为 I。取 3 个重物处的横向振动（铅垂方向）位移 x_i 为物理坐标，因此这是一个 3 自由度振动系统，不考虑外部阻尼，根据振动理论求得从小到大排列的 3 个固有频率 ω_{n1}、ω_{n2} 和 ω_{n3}，Matlab 计算程序请参看附录 A.1。

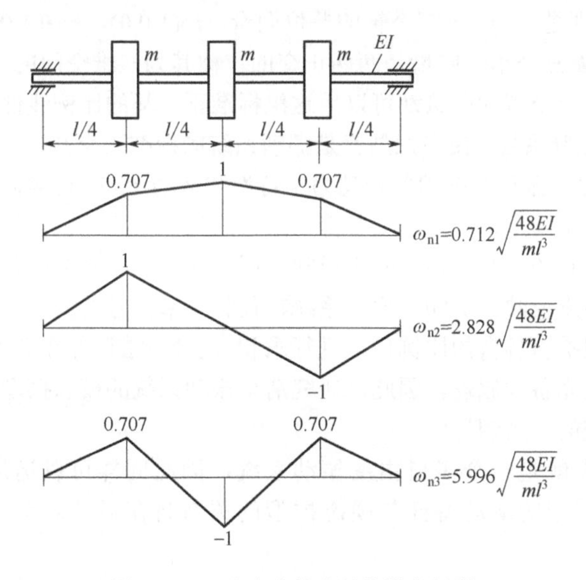

图 2-21　三自由度简支梁的模态振型

分别以 ω_{n1}、ω_{n2} 和 ω_{n3} 的频率来激励该系统，将 3 个重物处的横向振动幅值按最大振幅为 1 的比例绘制，并用正负性来表达振动的方向。因为该系统的振动形态为平面曲线，其模态振型值均为实数，正负性即可表明各物理坐标的相位关系为同相或反相。然后将各物理坐标处的振动向量端点连接起来，就构成了模态振型。例如，在固有频率为 ω_{n1} 的第一阶模态振型中，任意瞬时 3 个重物处的横向振动幅值的比例始终为 0.707∶1∶0.707，而且方向也始终相同，即同时向上或向下振动，振动相位相等，称为同相。在第二阶模态振型中，1 和 3 处的振幅是 1∶1，但振动方向始终相反，即振动相位相差 180°，称为反相，而 2 处的振动始终为零，称为节点。

同理，在第三阶模态振型中，三处的振动幅值比也是 0.707∶1∶0.707，不过 1、3 是同相的，而 2 与 1、3 均反相。

模态具有非常重要的特性——正交性，即各个模态振型均是两两正交的。如果两个向量 $\boldsymbol{v}_i$ 和 $\boldsymbol{v}_j$ 满足条件 $\boldsymbol{v}_i \cdot \boldsymbol{v}_j=0$（$i \neq j$）时，即两个向量的点积为零，则称向量 $\boldsymbol{v}_i$ 和 $\boldsymbol{v}_j$ 正交。可以将前述的 3 个模态振型写为向量形式：$\boldsymbol{\Phi}_1$=（0.707, 1,0.707）、$\boldsymbol{\Phi}_2$=（1,0,−1）、$\boldsymbol{\Phi}_3$=（0.707,−1,0.707），则有

$$\begin{cases} \boldsymbol{\Phi}_1 \cdot \boldsymbol{\Phi}_2 = 0.707\times1+1\times0+0.707\times(-1)=0 \\ \boldsymbol{\Phi}_1 \cdot \boldsymbol{\Phi}_3 = 0.707\times0.707+1\times(-1)+0.707\times0.707=0 \\ \boldsymbol{\Phi}_2 \cdot \boldsymbol{\Phi}_3 = 1\times0.707+0\times(-1)+(-1)\times0.707=0 \end{cases}$$

三维空间里的一个点 P，用坐标表示为 $P(x_0,y_0,z_0)$，向量形式为 $\boldsymbol{P}=x_0\boldsymbol{i}+y_0\boldsymbol{j}+z_0\boldsymbol{k}$，其中 $\boldsymbol{i}$、$\boldsymbol{j}$、$\boldsymbol{k}$ 分别是 x、y、z 三个轴的单位向量，$\boldsymbol{i}$=(1,0,0)，$\boldsymbol{j}$=(0,1,0)，$\boldsymbol{k}$=(0,0,1)，很容易证明 $\boldsymbol{i}$、$\boldsymbol{j}$、$\boldsymbol{k}$ 三个单位向量是两两正交的，称其为三维空间的一组标准正交基。三维空间中任意一个点的向量都可以用这组标准正交基的比例线性和来表示，坐标 x_0、y_0、z_0 即为比例系数。模态振型就是振动系统的标准正交基，可视为振动系统的"基元"，它决定了振动系统的各种动力学特性和运动形态。这类似于傅里叶理论所阐述的原理：一个周期信号是由多个简谐信号这种"基元"组合而成的，周期信号的特性可由组成它的多个简谐信号来反映。同样地，振动系统的各种动力学特性也可以由模态振型来反映。例如，振动系统在任意频率信号的激励下，其振动响应就是各个模态振型乘以各自的比例后再进行求和。这种方法已经在理论上得到了证明，称为模态振型的完备性原理。因此，研究清楚振动系统的模态振型，实际上就掌握了破解振动系统的"密钥"。

转子实质上就是一个多自由度振动系统，因此同样可以运用模态的方法进行求解。关于转子的运动特性与模态振型的关系将在后续章节中进行进一步的阐述。

2.5 单圆盘转子算例

2.5.1 单圆盘转子的进动角速度计算

参看图 2-22 所示的偏置安装的单圆盘转子，已知圆盘质量 m=30kg，圆盘半径 R=15cm，转轴跨度 l=0.9m，转轴直径 d=5cm，转轴材料的弹性模量 E=205.8GPa，圆盘中心 o'至左支点 A 的距离 $a=l/3$=0.3m，至右支点 B 的距离 $b=2l/3$=0.6m。试求该转子的进动角速度、临界角速度及振型。

解：首先计算该单圆盘转子的各个参数，计算公式和结果见表 2-2。

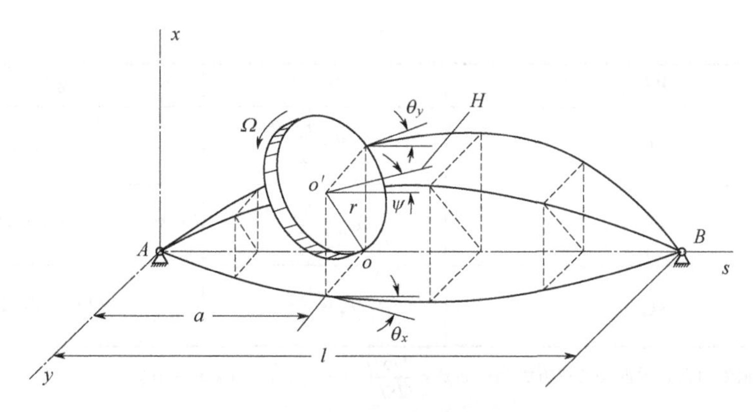

图 2-22 偏置安装的单圆盘转子模型

表 2-2 单圆盘转子的参数

名称	计算公式	数值
极转动惯量 J_p	$J_p=\frac{1}{2}mR^2$	0.3375kg・m²
直径转动惯量 J_d	$J_d=\frac{1}{4}mR^2$	0.1687kg・m²
转轴截面惯性矩 I	$I=\frac{1}{64}\pi d^4$	3.068×10^{-7}m⁴
o'点受力产生挠度的柔度系数α_{rr}	$\alpha_{rr}=\frac{4l^3}{243EI}$	1.9006×10^{-7}m/N
o'点受力产生转角的柔度系数$\alpha_{r\psi}$	$\alpha_{r\psi}=\frac{2l^2}{81EI}$	3.1676×10^{-7}rad/N
o'点受力矩产生挠度的柔度系数$\alpha_{\psi r}$	$\alpha_{\psi r}=\frac{2l^2}{81EI}$	3.1676×10^{-7} N^{-1}
o'点受力矩产生转角的柔度系数$\alpha_{\psi\psi}$	$\alpha_{\psi\psi}=\frac{l}{9EI}$	1.5838×10^{-6}rad/（N・m）
o'点受力产生挠度的刚度系数 k_{rr}	$k_{rr}=\frac{729EI}{8l^3}$	7.8923×10^{6}N/m
o'点受力产生转角的刚度系数 $k_{r\psi}$	$k_{r\psi}=-\frac{81EI}{4l^2}$	-1.5785×10^{6}N/rad
o'点受力矩产生挠度的刚度系数 $k_{\psi r}$	$k_{\psi r}=-\frac{81EI}{4l^2}$	-1.5785×10^{6}N
o'点受力矩产生转角的刚度系数 $k_{\psi\psi}$	$k_{\psi\psi}=\frac{81EI}{6l}$	9.4708×10^{5}N・m/rad
ω_{rr}^2	$\omega_{rr}^2=\frac{k_{rr}}{m}$	2.6308×10^{5}rad/s²

续表

名称	计算公式	数值
$\omega_{r\psi}^2$	$\omega_{r\psi}^2=\dfrac{k_{r\psi}}{m}$	$-5.2616\times10^4\text{rad/s}^2$
$\omega_{\psi r}^2$	$\omega_{\psi r}^2=\dfrac{k_{\psi r}}{J_d}$	$-9.3539\times10^6\text{rad/s}^2$
$\omega_{\psi\psi}^2$	$\omega_{\psi\psi}^2=\dfrac{k_{\psi\psi}}{J_d}$	$5.6123\times10^6\text{rad/s}^2$

注：转轴受力为 F 时的挠曲线方程为：$r(x)=\dfrac{Fbx}{6lEI}\left(l^2-b^2-x^2\right)\quad(0\leqslant x\leqslant a)$；

转轴受力为 F 时的转角方程为：$\theta(x)=\dfrac{Fb}{6lEI}(l^2-b^2-3x^2)\quad(0\leqslant x\leqslant a)$；

转轴受力矩 M 时的挠曲线方程为：$r(x)=-\dfrac{Mx}{6lEI}\left(l^2-3b^2-x^2\right)\quad(0\leqslant x\leqslant a)$；

转轴受力矩 M 时的转角方程为：$\theta(x)=-\dfrac{M}{6lEI}(l^2-3b^2-3x^2)\quad(0\leqslant x\leqslant a)$；

多自由度振动系统的柔度矩阵与刚度矩阵互为逆矩阵：$\begin{bmatrix}k_{rr} & k_{r\psi}\\ k_{\psi r} & k_{\psi\psi}\end{bmatrix}=\begin{bmatrix}a_{rr} & a_{r\psi}\\ a_{\psi r} & a_{\psi\psi}\end{bmatrix}^{-1}$。

根据式（2-120）列写该转子的频率方程，有

$$\omega_n^4-2\Omega\omega_n^3-5.875402081\times10^6\omega_n^2+5.261554102\times10^5\Omega\omega_n+9.8431827815\times10^{11}=0$$

每给定一个 Ω 的值，可以求出四个进动角速度，其中两个为正值，对应转子的两个正进动，分别记为 ω_{F1} 和 ω_{F2}，另外 2 个为负值，对应转子的两个反进动，分别记为 ω_{B1} 和 ω_{B2}。

按一定步长给定不同的 Ω，求解相应的进动角速度并绘制成曲线，如图 2-23 所示。在图中作 $\Omega=\omega_n$ 和 $\Omega=-\omega_n$ 两条直线，在一定的自转角速度范围内找到与 4 条进动角速度曲线的交点，所对应的角速度即为转子的临界角速度。其中满足 $\Omega=\omega_n$ 的角速度称为同步正向涡动的临界角速度，而满足 $\Omega=-\omega_n$ 的角速度称为同步反向涡动的临界角速度。关于同步正向涡动和同步反向涡动及其与临界角速度的关系，请参看第 3 章的相关内容。

从图 2-23 中可找到 3 个交点，因此转子存在 3 个临界角速度，按绝对值从小到大分别记为 ω_{c1}=408.4rad/s（一阶反进动）、ω_{c2}=422.0rad/s（一阶正进动）和 ω_{c3}=1402.5rad/s（二阶反进动）。$\Omega=\omega_n$ 与 ω_{F1} 曲线没有交点，可以认为交点在无穷远处，即二阶正进动的 $\omega_{c4}=\infty$。当转子静止（Ω=0）时没有陀螺效应，转子的 4 个进动角速度分别为 ±415.5rad/s 和 ±2388.1rad/s，这说明正进动时陀螺力矩的作用使转子的临界转速提高（$\omega_{c2}>415.5$，$\omega_{c4}>2388.1$），而反进动时使转子的临界转速降低（$\omega_{c1}<415.5$，$\omega_{c3}<2388.1$）。

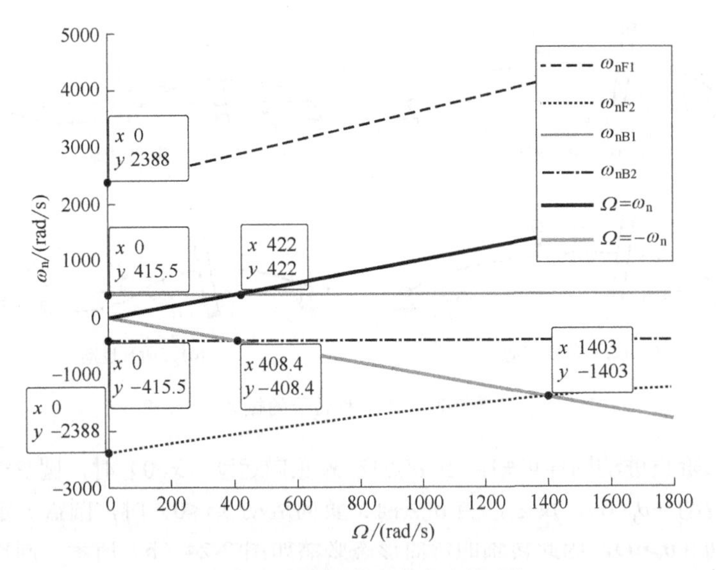

图 2-23　单圆盘转子的进动角速度

2.5.2　单圆盘转子的振型计算

下面来求解单圆盘转子的振型。设转子的转速恰好为第一阶临界转速 ω_{c1}，将 $\Omega=\omega_{c1}$ 代入频率方程（2-120）中，可求得 4 个进动角速度分别为：ω_{F1}=421.8rad/s、ω_{F2}=2825.6rad/s、ω_{B1}=−408.4rad/s、ω_{B2}=−2022.2rad/s。将 4 个进动角速度分别代入式（2-123），可求得 4 个振型[❶]为

$$\begin{cases} \left(\dfrac{z}{\psi}\right)_{F1}=\dfrac{\omega_{r\psi}^2}{\omega_{F1}^2-\omega_{rr}^2}=0.6178\text{m}; & \left(\dfrac{z}{\psi}\right)_{F2}=\dfrac{\omega_{r\psi}^2}{\omega_{F2}^2-\omega_{rr}^2}=-0.0068\text{m} \\ \left(\dfrac{z}{\psi}\right)_{B1}=\dfrac{\omega_{r\psi}^2}{\omega_{B1}^2-\omega_{rr}^2}=0.5465\text{m}; & \left(\dfrac{z}{\psi}\right)_{B2}=\dfrac{\omega_{r\psi}^2}{\omega_{B2}^2-\omega_{rr}^2}=-0.0138\text{m} \end{cases}$$

通过转子的振型能够得知转轴的弯曲形态。对于一阶正进动，由式（2-122）可知

$$\left(\frac{z}{\psi}\right)_{F1}=\left(\frac{x}{\theta_y}\right)_{F1}=0.6178\text{m}>0$$

说明圆盘中心 o'点沿 x 方向的直线运动（单位是 m）与圆盘绕 y 轴的转动（单位是弧度）是同相的，这意味着当 o'点向 x 正向运动（$x>0$）时，圆盘一定是绕 y 轴逆时针转动（$\theta_y>0$）；反之，当 o'点向 x 负向运动时（$x<0$），圆盘一定是绕 y 轴顺时针转动（$\theta_y<0$）。因此，转轴的弯曲形态必然如图 2-24（a）所示。同理，一阶反进动也是如此，只是进动方向相反，如图 2-24（c）所示。

---

❶ 该振型并非模态振型，故并不满足正交性。

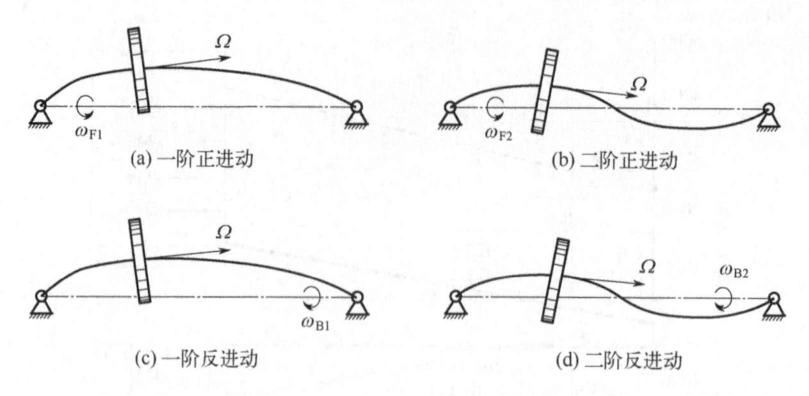

图 2-24　单圆盘转子的振型

对于二阶正进动同样可知，当 o'点向 x 正向运动（$x>0$）时，圆盘一定是绕 y 轴顺时针转动（$\theta_y<0$）；反之，当 o'点向 x 负向运动（$x<0$）时，圆盘一定是绕 y 轴逆时针转动（$\theta_y>0$），因此转轴的弯曲形态必然如图 2-24（b）所示。同理，二阶反进动也是如此，只是进动方向相反，如图 2-24（d）所示。本算例的 Matlab 计算程序请参看附录 A.2。

如果圆盘安装在转轴的中点（$a=l/2$），各刚度系数分别为

$$\begin{cases} k_{\mathrm{rr}} = \dfrac{48EI}{l^3} = 4157277.3\mathrm{N/m} \\ k_{\psi\psi} = \dfrac{12EI}{l} = 841848.7\mathrm{N/m} \\ k_{\mathrm{r}\psi} = k_{\psi\mathrm{r}} = 0 \\ \omega_{\psi\psi}^2 = k_{\psi\psi} / J_{\mathrm{d}} = 4988732.8\mathrm{rad/s^2} \end{cases}$$

转子的运动微分方程（2-115）成为

$$\begin{cases} m\ddot{z} + k_{\mathrm{rr}} z = 0 \\ J_{\mathrm{d}}\ddot{\psi} - \mathrm{i}J_{\mathrm{p}}\Omega\dot{\psi} + k_{\psi\psi}\psi = 0 \end{cases} \tag{2-124}$$

显然方程组中 z 和 ψ 互不耦合，方程组的第一式没有陀螺效应，根据式（2-28）可知进动角速度为

$$\omega_{\mathrm{nz}} = \sqrt{\frac{k_{\mathrm{rr}}}{m}}$$

可得临界转速 $\omega_{\mathrm{c1}}=\omega_{\mathrm{nz}}=372.3\mathrm{rad/s}$。第二式的项 $-\mathrm{i}J_{\mathrm{p}}\Omega\dot{\psi}$ 表明存在陀螺效应，特征方程为

$$\omega_{\mathrm{n}\psi}^2 - \mathrm{i}J_{\mathrm{p}} / J_{\mathrm{d}}\Omega\omega_{\mathrm{n}\psi} + \omega_{\psi\psi}^2 = 0$$

特征根为

$$\omega_{1,2}=\frac{\mathrm{i}\left(\frac{J_\mathrm{p}}{J_\mathrm{d}}\Omega\right)\pm\sqrt{-\left(\frac{J_\mathrm{p}}{J_\mathrm{d}}\Omega\right)^2-4\omega_{\psi\psi}^2}}{2}=\mathrm{i}\frac{1}{2}\left[\frac{J_\mathrm{p}}{J_\mathrm{d}}\Omega\pm\sqrt{\left(\frac{J_\mathrm{p}}{J_\mathrm{d}}\Omega\right)^2+4\omega_{\psi\psi}^2}\right]$$

由此可知，转子的正、反进动角速度分别为

$$\begin{cases}\omega_\mathrm{F}=\frac{1}{2}\left[\frac{J_\mathrm{p}}{J_\mathrm{d}}\Omega+\sqrt{\left(\frac{J_\mathrm{p}}{J_\mathrm{d}}\Omega\right)^2+4\omega_{\psi\psi}^2}\right]\\ \omega_\mathrm{B}=\frac{1}{2}\left[\frac{J_\mathrm{p}}{J_\mathrm{d}}\Omega-\sqrt{\left(\frac{J_\mathrm{p}}{J_\mathrm{d}}\Omega\right)^2+4\omega_{\psi\psi}^2}\right]\end{cases}$$

分别令 $\omega_\mathrm{F}=\Omega$ 和 $\omega_\mathrm{B}=-\Omega$，可求得转子的临界角速度。令 $\omega_\mathrm{B}=-\Omega$ 可得反进动的临界角速度 $\omega_{c2}=\omega_{nB}=1289.5\mathrm{rad/s}$；而令 $\omega_\mathrm{F}=\Omega$ 时无解，故 $\omega_{c3}=\infty$。其中 ω_{c1} 激发转子的第一阶模态振型，ω_{c2} 激发转子的第二阶模态振型，分别如图 2-25 所示。如果用 x 和 θ_y 来表示模态振型（y 和 θ_x 同理），那么有 $\mathbf{mode}_1=(1,0)$，$\mathbf{mode}_2=(0,1)$，显然 $\mathbf{mode}_1$ 和 $\mathbf{mode}_2$ 是正交的。

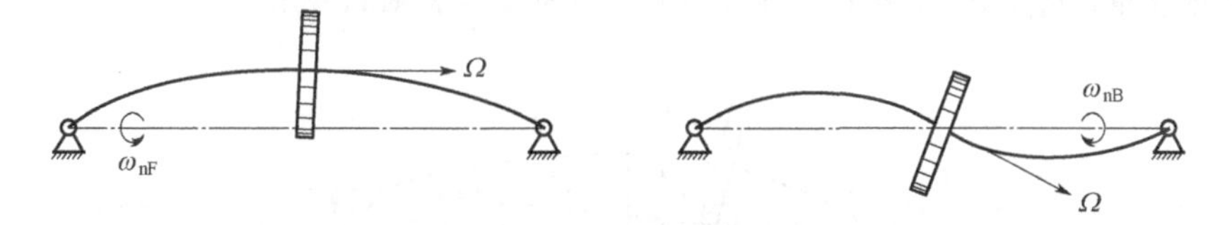

图 2-25　单圆盘转子的模态振型

2.6　弹性支承对转子临界转速的影响

2.6.1　弹性支承的单圆盘转子模型

前面章节中建立的都是刚性支承的单圆盘转子模型，转轴的两个端点 A 和 B 固定不动。如果轴承并不是绝对刚性的，可以将轴承简化为支点弹簧，那么转轴在转动时，两个端点 A 和 B 将会产生运动位移，其位置用 A'和 B'来表示，如图 2-26 所示。要注意的是，由于轴承的约束作用，A'和 B'虽然偏离 A 和 B，但只能在 xy 平面内运动。

在某一瞬时，转轴两端点的坐标分别记为 $A'(x_\mathrm{A},y_\mathrm{A})$、$B'(x_\mathrm{B},y_\mathrm{B})$，圆盘中心的坐标记为 $o'(x,y)$。将转子分别投影到 Asx 和 Asy 平面，如图 2-27 所示。在 Asx 平面内，$A'B'$连线与 s 轴的夹角即为圆盘绕 y 轴的转角，记为 θ_{y1}；在 osy 平面内，$A'B'$连线与 s 轴的夹角即为圆盘绕 x 轴的转角，记为 θ_{x1}。此时有

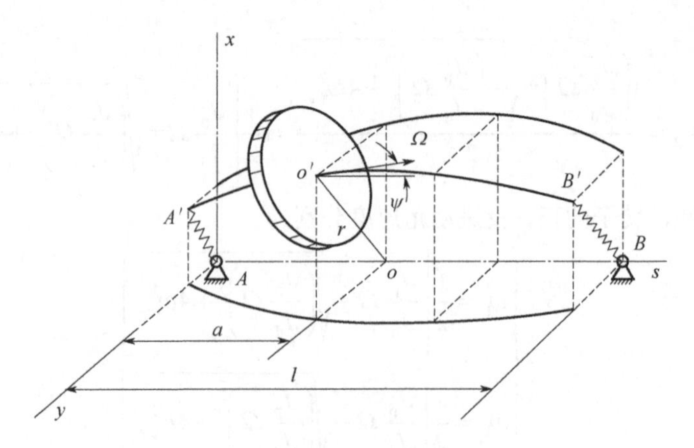

图 2-26　弹性支承转子的模型

$$\begin{cases} x = x_1 + x'; & y = y_1 + y' \\ \theta_x = \theta_{x1} + \theta'_x; & \theta_y = \theta_{y1} + \theta'_y \end{cases} \tag{2-125}$$

式中，x'、y'及 θ_x'、θ_y'是转轴在 o'点的弯曲变形量，相当于刚性支承转子模型中的 x、y 及 θ_x、θ_y；x_1、y_1 分别是 A'、B'两个端点在 x、y 方向上的高度差造成的 o'点的偏移量；θ_{x1}、θ_{y1} 是 osx、osy 平面内 $A'B'$连线与 s 轴的夹角。

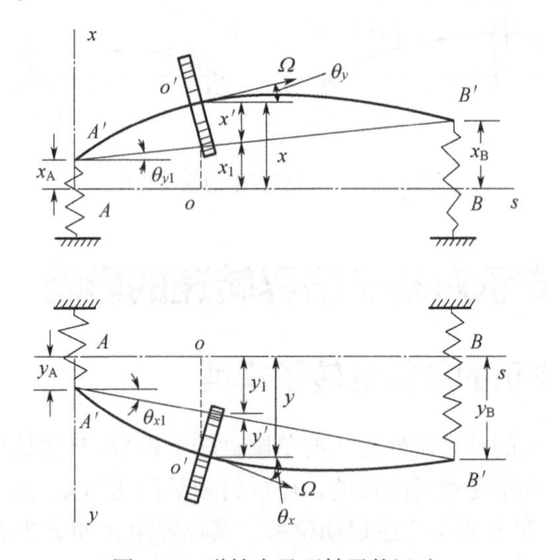

图 2-27　弹性支承下转子的运动

需要注意，转子发生如图 2-27 所示的弯曲变形时，x、y 及 θ_y 均为正，只有 θ_x 为负。根据图 2-27 中的几何关系可以得到

$$\sin\theta_{y1} = \frac{x_B - x_A}{l};\ \ \sin(-\theta_{x1}) = \frac{y_B - y_A}{l} \tag{2-126}$$

由于θ_{x1}、θ_{y1}都非常小，$\sin\theta_{x1}\approx\theta_{x1}$，$\sin\theta_{y1}\approx\theta_{y1}$，因此式（2-126）可简化为

$$\theta_{y1}=\frac{x_{\mathrm{B}}-x_{\mathrm{A}}}{l};\ \ -\theta_{x1}=\frac{y_{\mathrm{B}}-y_{\mathrm{A}}}{l} \tag{2-127}$$

则有

$$x_1=x-x'=x_{\mathrm{B}}-x_{\mathrm{A}}+a\theta_{y1};\ y_1=y-y=y_{\mathrm{B}}-y_{\mathrm{A}}+a(-\theta_{x1}) \tag{2-128}$$

将式（2-127）代入式（2-128），得到

$$x_1=\left(1-\frac{a}{l}\right)x_{\mathrm{A}}+\frac{a}{l}x_{\mathrm{B}};\ y_1=\left(1-\frac{a}{l}\right)y_{\mathrm{A}}+\frac{a}{l}y_{\mathrm{B}} \tag{2-129}$$

引入复变量$z_1=x_1+\mathrm{i}y_1$、$z_{\mathrm{A}}=x_{\mathrm{A}}+\mathrm{i}y_{\mathrm{A}}$、$z_{\mathrm{B}}=x_{\mathrm{B}}+\mathrm{i}y_{\mathrm{B}}$及$\psi_1=\theta_{y1}-\mathrm{i}\theta_{x1}$，记两个支点弹簧的刚度分别为$k_{\mathrm{A}}$、$k_{\mathrm{B}}$，并设每个支点弹簧的刚度在$x$、$y$方向上均相等，则式（2-127）和式（2-129）可表示为

$$\begin{cases}z_1=\left(1-\dfrac{a}{l}\right)x_{\mathrm{A}}+\dfrac{a}{l}x_{\mathrm{B}}+\mathrm{i}\left(1-\dfrac{a}{l}\right)y_{\mathrm{A}}+\mathrm{i}\dfrac{a}{l}y_{\mathrm{B}}=\left(1-\dfrac{a}{l}\right)r_{\mathrm{A}}+\dfrac{a}{l}r_{\mathrm{B}}\\ \psi_1=\dfrac{x_{\mathrm{B}}-x_{\mathrm{A}}}{l}+\mathrm{i}\dfrac{y_{\mathrm{B}}-y_{\mathrm{A}}}{l}=\dfrac{r_{\mathrm{B}}-r_{\mathrm{A}}}{l}\end{cases} \tag{2-130}$$

设o'点受力F及力矩M作用时，作用于支点A、B的支反力分别为R_{A}、R_{B}，则有平衡方程

$$\begin{cases}R_{\mathrm{A}}+R_{\mathrm{B}}=F\\ R_{\mathrm{B}}l-Fa=0\end{cases}\text{及}\begin{cases}M+R_{\mathrm{A}}l=0\\ R_{\mathrm{B}}l-M=0\end{cases} \tag{2-131}$$

由此可得

$$\begin{cases}R_{\mathrm{A}}=\left(1-\dfrac{a}{l}\right)F\\ R_{\mathrm{B}}=\dfrac{a}{l}F\end{cases}\text{及}\begin{cases}R_{\mathrm{A}}=-\dfrac{M}{l}\\ R_{\mathrm{B}}=\dfrac{M}{l}\end{cases} \tag{2-132}$$

式（2-132）分别是由力F和力矩M引起的轴承支反力。又因为$R_{\mathrm{A}}=k_{\mathrm{A}}z_{\mathrm{A}}$、$R_{\mathrm{B}}=k_{\mathrm{B}}z_{\mathrm{B}}$，将其与式（2-132）一起代入式（2-130），有

$$\begin{cases}z_1=\left[\dfrac{1}{k_{\mathrm{A}}}\left(1-\dfrac{a}{l}\right)^2+\dfrac{1}{k_{\mathrm{B}}}\left(\dfrac{a}{l}\right)^2\right]F\\ \psi_1=\left[\dfrac{1}{k_{\mathrm{B}}}\times\dfrac{a}{l}-\dfrac{1}{k_{\mathrm{A}}}\left(1-\dfrac{a}{l}\right)\right]\dfrac{F}{l}\end{cases}\text{及}\begin{cases}z_1=\left[-\dfrac{1}{k_{\mathrm{A}}}\left(1-\dfrac{a}{l}\right)+\dfrac{1}{k_{\mathrm{B}}}\times\dfrac{a}{l}\right]\dfrac{M}{l}\\ \psi_1=\left(\dfrac{1}{k_{\mathrm{A}}}+\dfrac{1}{k_{\mathrm{B}}}\right)\dfrac{M}{l^2}\end{cases} \tag{2-133}$$

式（2-133）分别是由力F和力矩M引起的轴承支反力造成的圆盘中心o'点的

变形量，则 o' 的总变形量为

$$\begin{cases} z = z_1 + z' \\ \psi = \psi_1 + \psi' \end{cases} \tag{2-134}$$

式中，$z'=x'+iy'$，$\psi'=\theta_y'-i\theta_x'$，即刚性支承时 o' 的变形量，可由方程（2-115）求出，由此根据式（2-133）与式（2-134）即可得到弹性支承下单圆盘转子的振型。由式（2-134）可知，在同样条件下，弹性支承转子的变形量要大于刚性支承转子，或者说弹性支承使转子的总体刚度降低。对于一个振动系统来讲，系统的刚度越大，系统的固有频率就越高。由此可知，弹性支承会导致转子的临界转速降低。

2.6.2 弹性支承对转子运动的影响

仍以图 2-22 中的单圆盘转子为例，由表 2-2 可知刚性支承时转轴的柔度系数分别为

$$\alpha'_{rr} = \frac{4l^3}{243EI}，\ \alpha'_{r\psi} = \alpha'_{\psi r} = \frac{2l^2}{81EI}，\ \alpha'_{\psi\psi} = \frac{l}{9EI}$$

因此，由力 F 和力矩 M 引起的变形 z' 和 ψ' 分别为

$$\begin{cases} z' = \alpha'_{rr}F \\ \psi' = \alpha'_{r\psi}F \end{cases} \text{及} \begin{cases} z' = \alpha'_{\psi r}M \\ \psi' = \alpha'_{\psi\psi}M \end{cases} \tag{2-135}$$

根据式（2-133）～式（2-135）有

$$\begin{cases} z = \left[\frac{1}{k_A}\left(1-\frac{a}{l}\right)^2 + \frac{1}{k_B}\left(\frac{a}{l}\right)^2 + \alpha'_{rr}\right]F \\ \psi = \left[\frac{1}{k_B}\times\frac{a}{l} - \frac{1}{k_A}\left(1-\frac{a}{l}\right) + l\alpha'_{r\psi}\right]\frac{F}{l} \end{cases} \text{及} \begin{cases} z = \left[-\frac{1}{k_A}\left(1-\frac{a}{l}\right) + \frac{1}{k_B}\times\frac{a}{l} + l\alpha'_{\psi r}\right]\frac{M}{l} \\ \psi = \left(\frac{1}{k_A} + \frac{1}{k_B} + l^2\alpha'_{\psi\psi}\right)\frac{M}{l^2} \end{cases} \tag{2-136}$$

由此可知，弹性支承时转子的柔度系数变成

$$\begin{cases} \alpha_{rr} = \frac{1}{k_A}\left(1-\frac{a}{l}\right)^2 + \frac{1}{k_B}\left(\frac{a}{l}\right)^2 + \alpha'_{rr} \\ \alpha_{r\psi} = \alpha_{\psi r} = \frac{1}{l}\left[\frac{1}{k_B}\times\frac{a}{l} - \frac{1}{k_A}\left(1-\frac{a}{l}\right) + l\alpha'_{r\psi}\right] \\ \alpha_{\psi\psi} = \frac{1}{l^2}\left(\frac{1}{k_A} + \frac{1}{k_B} + l^2\alpha'_{\psi\psi}\right) \end{cases} \tag{2-137}$$

将上述柔度系数组成柔度矩阵，求取逆矩阵后得到各刚度系数，然后根据式（2-116）得到频率方程的各个参量，代入频率方程（2-120）中，即可按照 2.5

节中的试算方法找到临界角速度。为了考察支承刚度对转子临界角速度的影响，分别选取 3 组不同的轴承支承刚度进行临界角速度的对比，计算结果如表 2-3 所示。本算例的 Matlab 计算程序请参看附录 A.3。

表 2-3　弹性支承刚度与临界角速度

临界转速	$k_A=k_B=\infty$	$k_A=k_B=10k_c$	$k_A=k_B=k_c$	$k_A=k_B=k_c/10$
ω_{c1}（rad/s）	408.4	401.2	348.7	184.2
ω_{c2}（rad/s）	422.0	413.1	352.8	184.3
ω_{c3}（rad/s）	1402.5	1352.9	1095.1	625.2
ω_{c4}（rad/s）	∞	∞	∞	∞

注：$k_c=81EI/l^3$。

表 2-3 的结果说明，减小支承刚度可以有效降低转子的临界转速。实际转子在工作时，工作转速一般是恒定不变的，如果工作转速距离临界转速过近，会因共振而引起转子的剧烈振动。这时可以采用调整支承的方法来改变临界转速，使工作转速远离临界转速区，从而大大减小不平衡响应。在工程上，合理地设计和调整支承刚度也是一种有效的减振手段。

第3章

多圆盘转子的动力学建模与计算

多圆盘转子是由多个具有质量的刚性薄圆盘组成的转子，多个圆盘之间通过不计质量的弹性转动轴连接，转动轴由轴承及轴承座支承。轴向尺寸不能忽略的转子，如果将其简化为单圆盘转子，那么理论计算结果会出现很大的误差，此时就必须将其构造成多圆盘转子的模型来进行处理。大型旋转机械的轴向跨度较大，往往由多个转子组合而成，称为转子系统，实际上也可以视为一个多圆盘转子。需要注意的是，虽然单圆盘转子的一些结论可以应用到多圆盘转子上，但是多圆盘转子并非是多个单圆盘转子的简单组合，其动力学特性与单圆盘转子存在很大的不同，研究方法上也要复杂得多。

本章将讲解多圆盘转子的动力学模型及其求解方法，重点介绍采用柔度影响系数建立多圆盘转子运动微分方程的方法以及多圆盘转子的特征值、模态振型、临界转速的计算，最后简要介绍通过模态法求解多圆盘转子不平衡响应的基本原理和过程。

3.1 多圆盘转子的模型

如图 3-1（a）所示的汽轮机转子，一般由高压转子（也称压力级转子）和低压转子（也称低压级转子）连接成一个轴系，可以将轴系上的多个转子简化为多个单圆盘，从而构建出多圆盘转子的转动模型。实际上，有些转子本身就具有多圆盘的形式，如图 3-1（b）所示的由多组圆盘构成的转子，可直接简化为多圆盘转子；而有些转子呈圆柱形或圆锥形结构，如图 3-1（c）所示，但是其轴向尺寸不能忽略，所以不能简化为单圆盘转子，可以经过适当的质量集总，转化为多圆盘转子。

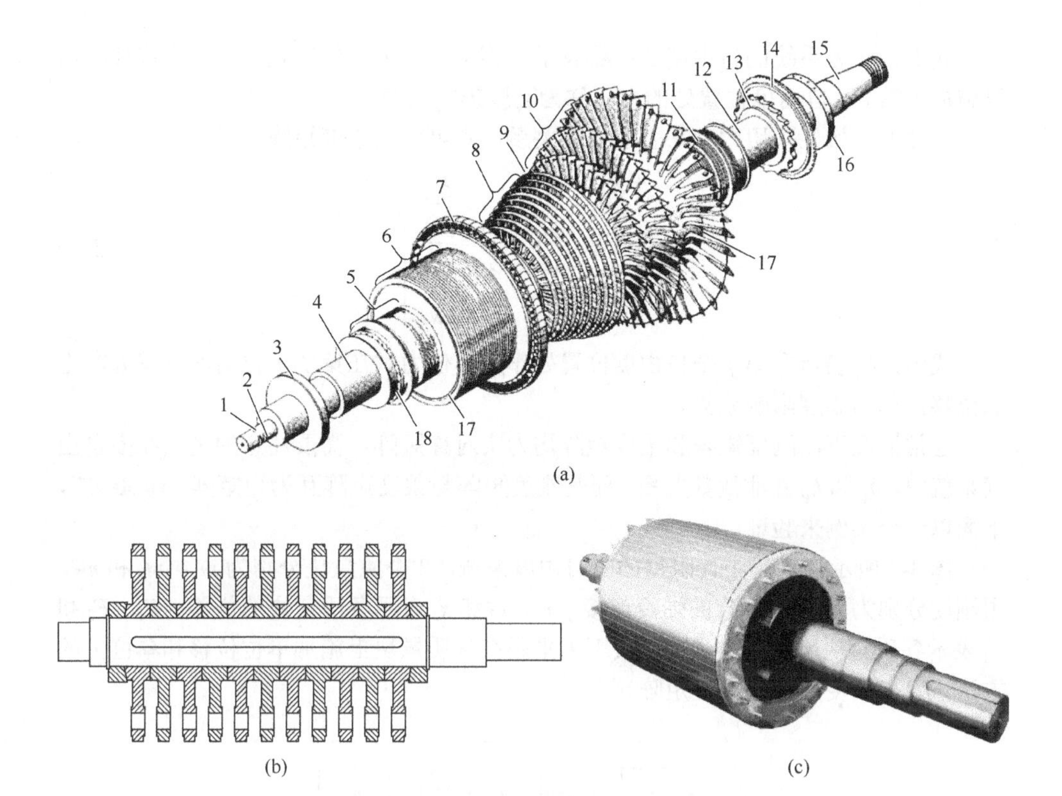

图 3-1　不同类型的多圆盘转子

1—危急保安器；2—轴位移凸肩；3—推力盘；4—前轴承轴颈；5—前汽封；6—平衡活塞汽封；7—调节级；8—压力级；9—中间汽封；10—低压级；11—后汽封；12—后轴承轴颈；13—盘车棘轮；14—油涡轮动轮；15—联轴器轴段；16—平衡环；17—主平衡面；18—前辅助平衡面

3.1.1　振动系统的柔度影响系数

在单自由度的弹簧-质量振动系统中，设弹簧的刚度系数为 k，根据胡克定律，当弹簧产生单位变形量（x=1）时所需施加的作用力 $F=kx=k$；反之，如果在弹簧上作用单位力（F=1）时，则弹簧产生的变形量应为 $x=1/k$。此时可令 $\delta=1/k$，称 δ 为柔度系数。由此可知，在单自由度振动系统中，刚度系数与柔度系数互为倒数。而在多自由系统中，每个自由度受到力的作用时，除了在自身的位置处发生位移外，还会在其他自由度的位置处产生影响位移。为了表达这种关系，可建立刚度矩阵 $\boldsymbol{K}$，即

$$\boldsymbol{K}=\begin{bmatrix} k_{11} & k_{12} & \cdots & k_{1N} \\ k_{21} & k_{22} & \cdots & k_{2N} \\ \cdots & \cdots & \cdots & \cdots \\ k_{N1} & k_{N2} & \cdots & k_{NN} \end{bmatrix} \tag{3-1}$$

式中，N 为系统的自由度数；k_{ij} 表示在第 j 个自由度位置处产生单位位移时需要施加于第 i 个自由度位置处的力，称为刚度影响系数。

同样地，如果采用柔度来表达上述关系，则可建立柔度矩阵 $\boldsymbol{\Delta}$，有

$$\boldsymbol{\Delta}=\begin{bmatrix} \delta_{11} & \delta_{12} & \cdots & \delta_{1N} \\ \delta_{21} & \delta_{22} & \cdots & \delta_{2N} \\ \cdots & \cdots & \cdots & \cdots \\ \delta_{N1} & \delta_{N2} & \cdots & \delta_{NN} \end{bmatrix} \tag{3-2}$$

式中，δ_{ij} 表示在第 j 个自由度位置处作用单位力时在第 i 个自由度位置处产生的位移，称为柔度影响系数。

通常情况下，刚度矩阵和柔度矩阵均为实对称矩阵。需要注意的是，在多自由度系统中，δ_{ij} 和 k_{ij} 并非倒数关系，而是刚度矩阵与柔度矩阵互为逆矩阵，即 $\boldsymbol{K}=\boldsymbol{\Delta}^{-1}$，下面以一个实例来验证。

图 3-2 所示为一个不计阻尼的三自由度系统，3 个质量块分别为 m_1、m_2 和 m_3，用刚度分别为 k_1、k_2 和 k_3 的弹簧连接，x_1、x_2 和 x_3 表示各质量块的位移，F_1、F_2 和 F_3 表示各质量块所受的弹性力。接下来采用在各质量块上施加单位位移和单位力的方法来建立刚度矩阵和柔度矩阵。

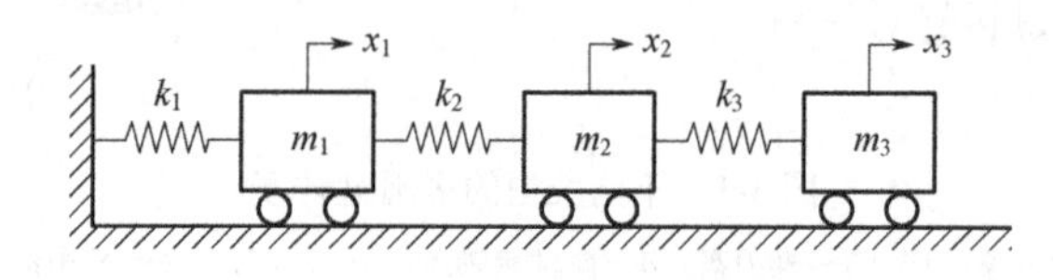

图 3-2　三自由度振动系统

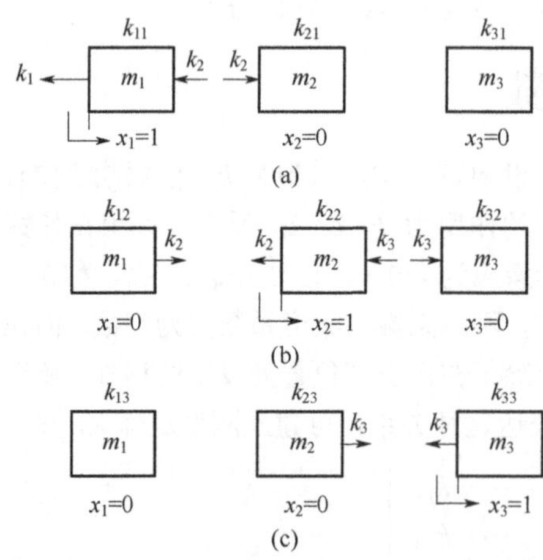

图 3-3　刚度影响系数

首先建立刚度矩阵。第 1 步，令 $x_1=1$，$x_2=x_3=0$，如图 3-3（a）所示，由于 m_1 有单位位移，而 m_2 不动，因此 k_1 和 k_2 对应的变形量均为 1，对 m_1 产生的弹性力方向相同，大小为 k_1+k_2，故有 $k_{11}=k_1+k_2$。k_2 对 m_2 的弹性力与对 m_1 的弹性力大小相等方向相反，m_2 和 m_3 无相对位移，故 k_3 无变形量，有 $k_{21}=-k_2$。m_3 不受弹性力，故 $k_{31}=0$。第 2 步，令 $x_2=1$，$x_1=x_3=0$，如图 3-3（b）所示，同理可得 $k_{12}=-k_2$，$k_{22}=k_2+k_3$，$k_{32}=-k_3$。第 3 步，令 $x_3=1$，$x_1=x_2=0$，如图 3-3（c）所示，同理可得 $k_{13}=0$，$k_{23}=-k_3$，$k_{33}=k_3$。

由此可建立三自由度系统的刚度矩阵为

$$\boldsymbol{K}=\begin{bmatrix} k_{11} & k_{12} & k_{13} \\ k_{21} & k_{22} & k_{23} \\ k_{31} & k_{32} & k_{33} \end{bmatrix}=\begin{bmatrix} k_1+k_2 & -k_2 & 0 \\ -k_2 & k_2+k_3 & -k_3 \\ 0 & -k_3 & k_3 \end{bmatrix} \tag{3-3}$$

然后建立柔度矩阵。第 1 步，令 F_1=1，F_2=F_3=0，由图 3-4（a）可知，k_1受单位力作用，变形量为 1/k_1，因此 m_1 的位移为 1/k_1。k_2和 k_3均不受力作用，变形量均为零，因此 m_2 和 m_3 产生与 m_1 相同的位移。由此可知柔度系数为 $\delta_{11}=\delta_{21}=\delta_{31}=1/k_1$。第 2 步，令 F_2=1，F_1=F_3=0，由图 3-4（b）可知，k_1 和 k_2 均受单位力作用，产生的变形量分别为 1/k_1 和 1/k_2，故 m_1 的位移为 1/k_1，m_2 的位移则应叠加 m_1 的位移，因此其位移为（1/k_1+1/k_2）。k_3 不受力作用，变形量为零，m_3 的位移与 m_2 的位移同为（1/k_1+1/k_2）。由此可知柔度系数为 $\delta_{12}=1/k_1$，$\delta_{22}=\delta_{32}=1/k_1+1/k_2$。第 3 步，令 F_3=1，F_1=F_2=0，如图 3-4（c）可知，k_1、k_2 和 k_3 均受单位力作用，产生的变形量分别为 1/k_1、1/k_2 和 1/k_3，故 m_1 的位移为 1/k_1，m_2 应叠加 m_1 的位移，因此其位移为(1/k_1+1/k_2)。m_3 则应叠加 m_1 和 m_2 的位移，故其位移为（1/k_1+1/k_2+1/k_3）。由此可知柔度系数为 $\delta_{13}=1/k_1$，$\delta_{23}=1/k_1+1/k_2$，$\delta_{33}=1/k_1+1/k_2+1/k_3$。

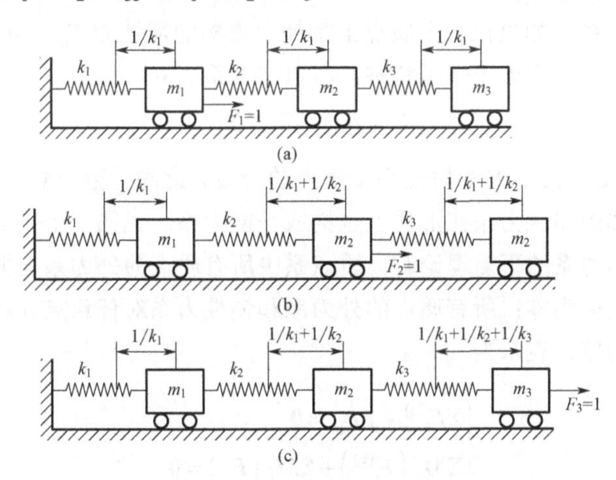

图 3-4 柔度影响系数

综上可建立柔度矩阵为

$$\boldsymbol{\Delta}=\begin{bmatrix} \delta_{11} & \delta_{12} & \delta_{13} \\ \delta_{21} & \delta_{22} & \delta_{23} \\ \delta_{31} & \delta_{32} & \delta_{33} \end{bmatrix}=\begin{bmatrix} \frac{1}{k_1} & \frac{1}{k_1} & \frac{1}{k_1} \\ \frac{1}{k_1} & \frac{1}{k_1}+\frac{1}{k_2} & \frac{1}{k_1}+\frac{1}{k_2} \\ \frac{1}{k_1} & \frac{1}{k_1}+\frac{1}{k_2} & \frac{1}{k_1}+\frac{1}{k_2}+\frac{1}{k_3} \end{bmatrix} \tag{3-4}$$

由式（3-3）和式（3-4）可知，刚度矩阵与柔度矩阵满足关系：$\boldsymbol{K\Delta}=\boldsymbol{I}$，其中 $\boldsymbol{I}$ 为单位矩阵，这说明刚度矩阵 $\boldsymbol{K}$ 与柔度矩阵 $\boldsymbol{\Delta}$ 互为逆矩阵，即 $\boldsymbol{K}=\boldsymbol{\Delta}^{-1}$。

3.1.2 达朗贝尔原理

达朗贝尔原理是求解约束系统动力学问题的普遍原理，由法国数学家和物理学家达朗贝尔于 1743 年提出，其突出特点是将动力学问题从形式上转化为静力学问题，从而根据受力平衡原理来求解动力学问题。也就是说，通过虚加的惯性力，使系统保持“静止”状态，然后建立系统的受力平衡方程。运用达朗贝尔原理能够以平面静力学的方法来分析刚体的平面运动，使一些动力学问题的分析得以简化。

受约束的非自由质点受到主动力 $\boldsymbol{F}$ 及约束力 $\boldsymbol{F}_{\mathrm{N}}$ 作用，如果再加上虚构的惯性力 $\boldsymbol{F}_{\mathrm{I}}=-m\ddot{\boldsymbol{r}}=-m\boldsymbol{a}$，其中 $\boldsymbol{r}$ 为质点的位移，$\boldsymbol{a}$ 为质点的加速度，则有以下关系成立

$$\boldsymbol{F}+\boldsymbol{F}_{\mathrm{N}}+\boldsymbol{F}_{\mathrm{I}}=\boldsymbol{0} \tag{3-5}$$

这表明，在任一时刻质点的主动力、约束力与惯性力在形式上构成平衡力系，这就是质点的达朗贝尔原理。

而对于质点系，如果在每个质点上都加上虚构的惯性力 $\boldsymbol{F}_{\mathrm{I}i}=-m_i\ddot{\boldsymbol{r}}_i=-m_i\boldsymbol{a}_i$，则质点系中的每个质点均处于平衡状态，有以下关系成立

$$\boldsymbol{F}_i+\boldsymbol{F}_{\mathrm{N}i}+\boldsymbol{F}_{\mathrm{I}i}=\boldsymbol{0} \tag{3-6}$$

式中，i=1, 2, ⋯, N，N 为质点系中质点的个数。此时，整个质点系的主动力系、约束力系与虚加的惯性力系在形式上也构成平衡力系。记第 i 个质点的合外力系为 $\boldsymbol{F}_i^{(\mathrm{e})}$，根据空间力系的平衡理论有：质点系中所有质点的外力系与惯性力系的矢量和为零，称为主矢为零；所有质点的外力系和惯性力系对任意点 o 的力矩的矢量和为零，称主矩为零，表示为

$$\begin{cases}\Sigma\boldsymbol{F}_i^{(\mathrm{e})}+\Sigma\boldsymbol{F}_{\mathrm{I}i}=\boldsymbol{0}\\ \Sigma\boldsymbol{M}_o\left(\boldsymbol{F}_i^{(\mathrm{e})}\right)+\Sigma\boldsymbol{M}_o\left(\boldsymbol{F}_{\mathrm{I}i}\right)=\boldsymbol{0}\end{cases} \tag{3-7}$$

式（3-7）表明，运动的质点系中，在任一瞬时所有质点的惯性力与外力在形式上构成平衡力系，这就是质点系的达朗贝尔原理。

现在不考虑力学规律对质点系的限制，认为各质点可以在约束允许的条件下任意运动，这样产生的位移称为虚位移，用变分 $\delta\boldsymbol{r}$ 表示。虚位移是一个以时间为参数的无穷小量，也就是说各质点可以实现任意无限小的位移。虚位移和微分类似，可以像 $\mathrm{d}\boldsymbol{r}$ 一样进行运算。由式（3-6）的结论可知，对于质点系中的第 i 个质点，其所受的主动力、约束力和惯性力在虚位移 $\delta\boldsymbol{r}$ 下所做的功（称为虚功，用 δW 表示）之和为零，即

$$\delta W = \sum_{i=1}^{N} (\boldsymbol{F}_i + \boldsymbol{F}_{\mathrm{N}i} + \boldsymbol{F}_{\mathrm{I}i}) \cdot \delta \boldsymbol{r} = 0 \tag{3-8}$$

此时，在质点系中容易找到一类约束力，满足

$$\sum_{i=1}^{N} \boldsymbol{F}_{\mathrm{N}i} \cdot \delta \boldsymbol{r} = 0$$

即该类约束力所做的总虚功为零，称这类约束为理想约束。例如：光滑曲面约束能够保证质点在光滑曲面上运动时，约束力的方向总是垂直于曲面，从而始终垂直于所有的虚位移，因此所做的总虚功为零；刚性内力约束可使两质点相互作用时距离保持不变，由牛顿第三定律可知，该内力所做的总虚功也为零；刚性接触约束产生的两刚体间的作用力与反作用力所做虚功之和也为零。

在式（3-8）中，理想约束可以被直接消去，从而得到

$$\sum_{i=1}^{N} (\boldsymbol{F}_i + \boldsymbol{F}_{\mathrm{I}i}) \cdot \delta \boldsymbol{r} = 0 \tag{3-9}$$

达朗贝尔原理阐明，对于任意的物理系统，所有惯性力或施加的外力，经过符合约束条件的虚位移，所做的总虚功等于零。由式（3-5）可知，达朗贝尔原理实质上与牛顿第二定律是等价的[❶]。此外，运用达朗贝尔原理对一些动力学现象也可以从静力学的观点给出更加简洁的解释，因而在工程技术中获得了极为广泛的应用。

3.1.3 多圆盘转子的运动微分方程

由第 2 章所构建的单圆盘转子的运动微分方程可知，考虑陀螺效应时，单个圆盘有 4 个自由度，用物理坐标 x、y、θ_x 和 θ_y 表示。故此可知，具有 N 个圆盘的转子应存在 $4N$ 个自由度，可表示为 x_i、y_i、θ_{xi} 和 θ_{yi}，其中 $i=1, 2, \cdots, N$。刚性支承的多圆盘转子的运动微分方程不能简单地认为是 N 个单圆盘的组合，因为所有圆盘都由一根弹性轴连接起来，某个圆盘的运动必然会对其他圆盘产生影响，因此其运动参量与其他圆盘的运动参量会产生耦合。也就是说，某个圆盘的运动除了它自身的运动外，还会叠加其他圆盘的运动对该圆盘的影响。转轴上某个圆盘处的力或力矩除了会引起此位置圆盘的运动外，还会对其他位置圆盘的运动产生作用，所以某个圆盘处的运动应该是所有圆盘处的力或力矩作用产生的运动的叠加，而柔度影响系数实际上就是考察某位置处的力或力矩对各个位置处产生的位移或转角的影响关系。基于这种思想，可以采用柔度影响系数和达朗贝尔原理来建立多圆盘转子的运动微分方程。

如图 3-5 所示的由 N 个圆盘组成的转子，其自转角速度为 Ω 且不受外力作用，

---

❶ 从数学上看，达朗贝尔原理只是牛顿第二运动定律的移项，但是通过增加惯性力的方法能够将动力学问题转化为静力学问题，在求解过程中可充分利用静力学的各种求解技巧。

其中第 j 个圆盘的 4 个自由度分别为 x_j、y_j、θ_{xj} 和 θ_{yj}（j=1, 2, ⋯, N），该处圆盘的集总质量为 m_j，偏心距（圆盘质心到转轴中心的距离）为 e_j，偏位角（圆盘圆心与质心的连线同水平轴的夹角）为 ϕ_j，极转动惯量为 J_{pj}，直径转动惯量为 J_{dj}。令 α_{ij} 和 α'_{ij} 分别表示作用于第 j 个圆盘处的单位力和单位力矩所引起的第 i 个圆盘处的线位移，β_{ij} 和 β'_{ij} 分别表示作用于第 j 个圆盘处的单位力和单位力矩所引起的第 i 个圆盘处的转角。由转子的各向同性及功互等定理可知：$\alpha_{ij}=\alpha_{ji}$，$\beta'_{ij}=\beta'_{ji}$，$\alpha'_{ij}=\beta_{ji}$。记第 j 个圆盘的中心 o'处的惯性力向量为 $\boldsymbol{R}_j$，惯性力矩向量为 $\boldsymbol{L}_j$，将 $\boldsymbol{R}_j$ 和 $\boldsymbol{L}_j$ 分别向 ox 和 oy 轴投影，有

$$\begin{cases} R_{jx} = -m_j\ddot{x}_j + m_j e_j \Omega^2 \cos(\Omega t + \phi_j) \\ R_{jy} = -m_j\ddot{y}_j + m_j e_j \Omega^2 \sin(\Omega t + \phi_j) \\ L_{jx} = -J_{dj}\ddot{\theta}_{xj} - J_{pj}\Omega\dot{\theta}_{yj} \\ L_{jy} = -J_{dj}\ddot{\theta}_{yj} + J_{pj}\Omega\dot{\theta}_{xj} \end{cases} \tag{3-10}$$

式中，$-m_j\ddot{x}_j$ 和 $-m_j\ddot{y}_j$ 是线加速度引起的惯性力；$m_j e_j \Omega^2 \cos(\Omega t + \phi_j)$ 和 $m_j e_j \Omega^2 \sin(\Omega t + \phi_j)$ 是圆盘存在质量偏心而引起的离心力在 x、y 轴上的分量；$-J_{dj}\ddot{\theta}_{xj}$ 和 $-J_{dj}\ddot{\theta}_{yj}$ 是圆盘绕 x、y 轴存在角加速度而引起的惯性力矩；$-J_{pj}\Omega\dot{\theta}_{yj}$ 和 $J_{pj}\Omega\dot{\theta}_{xj}$ 是圆盘绕 x、y 轴偏转时产生的两个方向上的陀螺力矩，由于 θ_{xj} 和 θ_{yj} 方向相反，故两个陀螺力矩的方向也相反。式（3-10）可参照单圆盘转子的转动微分方程（2-110）来建立。

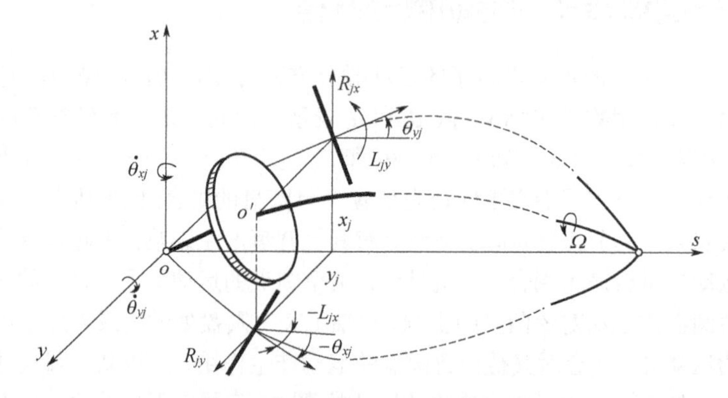

图 3-5　多圆盘转子的第 j 个圆盘

式（3-10）运用达朗贝尔原理给出了第 j 个圆盘处所受的力（含惯性力）和力矩（含惯性力矩），该处力或力矩的作用能够引起各个圆盘处产生线位移 x_i、y_i 和转角 θ_{xi}、θ_{yi}（i=1,2, ⋯,N）。然后再采用柔度影响系数原理，可知第 i 个圆盘处产生的总的线位移和转角应该是所有圆盘处的力和力矩作用在第 i 个圆盘处产生的线位移和转角的叠加，即

$$
\begin{cases}
x_i = \sum_{j=1}^{N} \alpha_{ij}[-m_j \ddot{x}_j + m_j e_j \Omega^2 \cos(\Omega t + \phi_j)] + \sum_{j=1}^{N} \alpha'_{ij}[-J_{dj}\ddot{\theta}_{yj} + J_{pj}\Omega\dot{\theta}_{xj}] \\
\theta_{yi} = \sum_{j=1}^{N} \beta_{ij}[-m_j \ddot{x}_j + m_j e_j \Omega^2 \cos(\Omega t + \phi_j)] + \sum_{j=1}^{N} \beta'_{ij}[-J_{dj}\ddot{\theta}_{yj} + J_{pj}\Omega\dot{\theta}_{xj}] \\
y_i = \sum_{j=1}^{N} \alpha_{ij}[-m_j \ddot{y}_j + m_j e_j \Omega^2 \sin(\Omega t + \phi_j)] + \sum_{j=1}^{N} \alpha'_{ij}[J_{dj}\ddot{\theta}_{xj} + J_{pj}\Omega\dot{\theta}_{yj}] \\
-\theta_{xi} = \sum_{j=1}^{N} \beta_{ij}[-m_j \ddot{y}_j + m_j e_j \Omega^2 \sin(\Omega t + \phi_j)] + \sum_{j=1}^{N} \beta'_{ij}[J_{dj}\ddot{\theta}_{xj} + J_{pj}\Omega\dot{\theta}_{yj}]
\end{cases}
\tag{3-11}
$$

由图 3-5 可以看出，将圆盘投影到 osy 平面上后，圆盘绕 x 轴的转角 θ_x 是负向的，因此在式（3-11）中写为 $-\theta_{xi}$。

式（3-11）共包含 $4N$ 个自由度，用矩阵来表达比较简洁。将这 $4N$ 个自由度分成两个 $2N$ 维的列阵，并将各个圆盘处的柔度影响系数、集总质量、转动惯量和惯性力等均转换成矩阵或列阵形式，可令

$$
\boldsymbol{u}_1 = [x_1,\ \theta_{y1},\ x_2,\ \theta_{y2},\ \cdots,\ x_N,\ \theta_{yN}]^{\mathrm{T}}
$$

$$
\boldsymbol{u}_2 = [y_1,\ -\theta_{x1},\ y_2,\ -\theta_{x2},\ \cdots,\ y_N,\ -\theta_{xN}]^{\mathrm{T}}
$$

$$
\boldsymbol{\Delta}_1 = \begin{bmatrix}
\alpha_{11} & \alpha'_{11} & \alpha_{12} & \alpha'_{12} & \cdots & \alpha_{1N} & \alpha'_{1N} \\
\beta_{11} & \beta'_{11} & \beta_{12} & \beta'_{12} & \cdots & \beta_{1N} & \beta'_{1N} \\
\alpha_{21} & \alpha'_{21} & \alpha_{22} & \alpha'_{22} & \cdots & \alpha_{2N} & \alpha'_{2N} \\
\beta_{21} & \beta'_{21} & \beta_{22} & \beta'_{22} & \cdots & \beta_{2N} & \beta'_{2N} \\
\cdots & \cdots & \cdots & \cdots & \cdots & \cdots & \cdots \\
\alpha_{N1} & \alpha'_{N1} & \alpha_{N2} & \alpha'_{N2} & \cdots & \alpha_{NN} & \alpha'_{NN} \\
\beta_{N1} & \beta'_{N1} & \beta_{N2} & \beta'_{N2} & \cdots & \beta_{NN} & \beta'_{NN}
\end{bmatrix}
$$

$$
\boldsymbol{M}_1 = \begin{bmatrix}
m_1 & & & & & & \\
& J_{d1} & & & & \boldsymbol{0} & \\
& & m_2 & & & & \\
& & & J_{d2} & & & \\
& & & & \ddots & & \\
& & \boldsymbol{0} & & & m_N & \\
& & & & & & J_{dN}
\end{bmatrix}
$$

$$
\boldsymbol{J}_1 = \begin{bmatrix} 0 & & & & & \\ & J_{\mathrm{p}1} & & & \mathbf{0} & \\ & & 0 & & & \\ & & & J_{\mathrm{p}2} & & \\ & & & & \ddots & \\ & & \mathbf{0} & & 0 & \\ & & & & & J_{\mathrm{p}N} \end{bmatrix}
$$

$$
\boldsymbol{P}_x(t) = [m_1 e_1 \Omega^2 \cos(\Omega t + \phi_1),\ 0,\ m_2 e_2 \Omega^2 \cos(\Omega t + \phi_2),\ 0,\ \cdots,\ m_N e_N \Omega^2 \cos(\Omega t + \phi_N),\ 0]^{\mathrm{T}}
$$

$$
\boldsymbol{P}_y(t) = [m_1 e_1 \Omega^2 \sin(\Omega t + \phi_1),\ 0,\ m_2 e_2 \Omega^2 \sin(\Omega t + \phi_2),\ 0,\ \cdots,\ m_N e_N \Omega^2 \sin(\Omega t + \phi_N),\ 0]^{\mathrm{T}}
$$

则可将式（3-11）改写为矩阵形式，有

$$
\begin{cases} \boldsymbol{\Delta}_1(\boldsymbol{M}_1\ddot{\boldsymbol{u}}_1 + \Omega \boldsymbol{J}_1 \dot{\boldsymbol{u}}_2) + \boldsymbol{u}_1 = \boldsymbol{\Delta}_1 \boldsymbol{P}_x(t) \\ \boldsymbol{\Delta}_1(\boldsymbol{M}_1\ddot{\boldsymbol{u}}_2 - \Omega \boldsymbol{J}_1 \dot{\boldsymbol{u}}_1) + \boldsymbol{u}_2 = \boldsymbol{\Delta}_1 \boldsymbol{P}_y(t) \end{cases} \tag{3-12}
$$

式中，$\boldsymbol{M}_1$ 和 $\boldsymbol{J}_1$ 都是对角阵；$\boldsymbol{\Delta}_1$ 中的元素均是柔度影响系数，故称之为柔度矩阵。由 $\alpha'_{ij} = \alpha_{ji}$，$\beta'_{ij} = \beta'_{ji}$，$\alpha'_{ij} = \beta_{ji}$ 可知，柔度矩阵 $\boldsymbol{\Delta}_1$ 是实对称矩阵。对于刚性支承的多圆盘转子，其系统结构是稳定的，运动微分方程存在唯一解，因此柔度矩阵 $\boldsymbol{\Delta}_1$ 是非奇异正定矩阵，记其逆矩阵为 $\boldsymbol{K}_1=\boldsymbol{\Delta}_1^{-1}$，称为刚度矩阵。因此，刚度矩阵 $\boldsymbol{K}_1$ 也是实对称的非奇异正定矩阵。刚度矩阵中每列元素的物理意义可以理解为：如果想令第 j 个物理坐标产生 1 个单位的运动，而其他物理坐标均不产生运动时，需要在各个物理坐标处施加的力或力矩分别为刚度矩阵第 j 列的各元素 k_{1j}，k_{2j}，…，k_{Nj}。

在式（3-12）两边同时左乘 $\boldsymbol{K}_1$，有

$$
\begin{cases} \boldsymbol{M}_1\ddot{\boldsymbol{u}}_1 + \Omega \boldsymbol{J}_1 \dot{\boldsymbol{u}}_2 + \boldsymbol{K}_1 \boldsymbol{u}_1 = \boldsymbol{P}_x(t) \\ \boldsymbol{M}_1\ddot{\boldsymbol{u}}_2 - \Omega \boldsymbol{J}_1 \dot{\boldsymbol{u}}_1 + \boldsymbol{K}_1 \boldsymbol{u}_2 = \boldsymbol{P}_y(t) \end{cases} \tag{3-13}
$$

令 $\boldsymbol{G}_1=\Omega \boldsymbol{J}_1$，称之为回转矩阵，则式（3-4）可写为

$$
\begin{cases} \boldsymbol{M}_1\ddot{\boldsymbol{u}}_1 + \boldsymbol{G}_1 \dot{\boldsymbol{u}}_2 + \boldsymbol{K}_1 \boldsymbol{u}_1 = \boldsymbol{P}_x(t) \\ \boldsymbol{M}_1\ddot{\boldsymbol{u}}_2 - \boldsymbol{G}_1 \dot{\boldsymbol{u}}_1 + \boldsymbol{K}_1 \boldsymbol{u}_2 = \boldsymbol{P}_y(t) \end{cases} \tag{3-14}
$$

方程（3-14）就是具有 N 个圆盘的转子运动微分方程，每个方程式包含 $2N$ 个二阶常系数微分方程，齐次形式为

$$
\begin{cases} \boldsymbol{M}_1\ddot{\boldsymbol{u}}_1 + \boldsymbol{G}_1 \dot{\boldsymbol{u}}_2 + \boldsymbol{K}_1 \boldsymbol{u}_1 = \mathbf{0} \\ \boldsymbol{M}_1\ddot{\boldsymbol{u}}_2 - \boldsymbol{G}_1 \dot{\boldsymbol{u}}_1 + \boldsymbol{K}_1 \boldsymbol{u}_2 = \mathbf{0} \end{cases} \tag{3-15}
$$

再令

$$
\boldsymbol{u} = \begin{bmatrix} \boldsymbol{u}_1 \\ \hdashline \boldsymbol{u}_2 \end{bmatrix};\ \boldsymbol{M} = \left[\begin{array}{c|c} \boldsymbol{M}_1 & \mathbf{0} \\ \hdashline \mathbf{0} & \boldsymbol{M}_1 \end{array}\right];\ \boldsymbol{J} = \left[\begin{array}{c|c} \mathbf{0} & \boldsymbol{J}_1 \\ \hdashline -\boldsymbol{J}_1^{\mathrm{T}} & \mathbf{0} \end{array}\right];
$$

$$\boldsymbol{G}=\Omega\boldsymbol{J};\ \boldsymbol{K}=\begin{bmatrix}\boldsymbol{K}_1 & \boldsymbol{0}\\ \boldsymbol{0} & \boldsymbol{K}_1\end{bmatrix};\ \boldsymbol{P}(t)=\begin{bmatrix}\boldsymbol{P}_x(t)\\ \boldsymbol{P}_y(t)\end{bmatrix}$$

其中，$\boldsymbol{M}$ 和 $\boldsymbol{K}$ 是实对称正定矩阵，而 $\boldsymbol{J}$ 和 $\boldsymbol{G}$ 是实反对称矩阵，即 $\boldsymbol{J}^{\mathrm{T}}=-\boldsymbol{J}$，$\boldsymbol{G}^{\mathrm{T}}=-\boldsymbol{G}$。则式（3-15）可合并表示为

$$\boldsymbol{M}\ddot{\boldsymbol{u}}+\boldsymbol{G}\dot{\boldsymbol{u}}+\boldsymbol{K}\boldsymbol{u}=\boldsymbol{P}(t) \tag{3-16}$$

式中，$\boldsymbol{M}$、$\boldsymbol{G}$ 和 $\boldsymbol{K}$ 都是 $4N$ 维的方阵，因此方程（3-16）是由 $4N$ 个二阶常系数微分方程构成的多圆盘转子的运动微分方程，齐次形式为

$$\boldsymbol{M}\ddot{\boldsymbol{u}}+\boldsymbol{G}\dot{\boldsymbol{u}}+\boldsymbol{K}\boldsymbol{u}=\boldsymbol{0} \tag{3-17}$$

求解式（3-15）或式（3-17）的特征值，即可得出多圆盘转子在自转角速度为 Ω 时的进动角速度。

3.2 多圆盘转子的动力学求解

3.2.1 多自由度系统的特征值和模态振型

对于不包含一阶项的二阶常系数微分方程，例如

$$\boldsymbol{M}\ddot{\boldsymbol{x}}+\boldsymbol{K}\boldsymbol{x}=\boldsymbol{0} \tag{3-18a}$$

或

$$\ddot{\boldsymbol{x}}+\boldsymbol{M}^{-1}\boldsymbol{K}\boldsymbol{x}=\boldsymbol{0} \tag{3-18b}$$

利用 Matlab 中的 eig 函数即可直接求得微分方程的广义特征值[❶]，调用形式为：[***V***,***D***]=eig(***K***,***M***)或[***V***,***D***]=eig(inv(***M***)****K***)，返回参量中 $\boldsymbol{D}$ 是以各广义特征值构成的对角矩阵，$\boldsymbol{V}$ 是由各特征值对应的归一化的列特征向量（即模态振型）构成的特征向量矩阵。而对于一阶常系数微分方程，如

$$\boldsymbol{E}\dot{\boldsymbol{x}}=\boldsymbol{D}\boldsymbol{x} \tag{3-19}$$

同样可以利用 Matlab 中的 eig 函数来求取微分方程的广义特征值和广义特征向量，调用形式为：[***V***,***D***]=eig(***D***,***E***)，返回参量与上述情况相同。

3.1.3 节中构建的方程（3-17）是关于 $\boldsymbol{u}$ 的二阶常系数微分方程，但其中包含了一阶微分项 $\boldsymbol{G}\dot{\boldsymbol{u}}$，而且系数矩阵的维数较大时，直接求解特征值会变得异常困难。因此，可以首先对方程（3-17）进行降阶处理，将之转换为形式如同式（3-19）的一阶微分方程，就可以采用 eig 函数来得到广义特征值和广义特征向量，利用二者再求得特征值和特征向量。

下面通过一个实例来了解求解振动系统特征值和模态振型的过程。如图 3-6 所

❶ 广义特征值一般为复数，其虚部即固有频率或进动角速度。

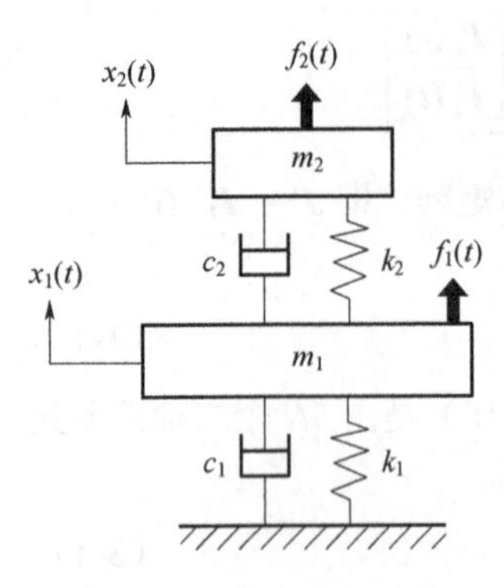

图 3-6　二自由度振动系统

示的二自由度振动系统，有两个集总质量 m_1 和 m_2，其中 m_1 与基础之间有刚度 k_1 和阻尼 c_1，承受的外力为 $f_1(t)$，产生的振动为 $x_1(t)$；m_2 与 m_1 之间有刚度 k_1 和阻尼 c_1，m_2 承受的外力为 $f_2(t)$，产生的振动为 $x_2(t)$。试计算该二自由度系统的模态频率和振型。

以“上”为振动的正方向，对 m_1 和 m_2 进行受力分析。

① 对于自由度 x_1 有：

外力：　f_1

弹性力：　$-k_1x_1+k_2(x_2-x_1)$

阻尼力：　$-c_1\dot{x}_1+c_2(\dot{x}_2-\dot{x}_1)$

惯性力：　$-m_1\ddot{x}_1$

② 对于自由度 x_2 有

外力：　f_2

弹性力：　$-k_2(x_2-x_1)$

阻尼力：　$-c_2(\dot{x}_2-\dot{x}_1)$

惯性力：　$-m_2\ddot{x}_2$

建立受力平衡方程，有

$$\begin{cases}f_1-k_1x_1+k_2(x_2-x_1)-c_1\dot{x}_1+c_2(\dot{x}_2-\dot{x}_1)-m_1\ddot{x}_1=0\\ f_2-k_2(x_2-x_1)-c_2(\dot{x}_2-\dot{x}_1)-m_2\ddot{x}_2=0\end{cases}$$

可改写为

$$\begin{cases}m_1\ddot{x}_1+(c_1+c_2)\dot{x}_1-c_2\dot{x}_2+(k_1+k_2)x_1-k_2x_2=f_1\\ m_2\ddot{x}_2-c_2\dot{x}_1+c_2\dot{x}_2-k_2x_1+k_2x_2=f_2\end{cases} \tag{3-20}$$

令

$$\boldsymbol{x}=[x_1,\ x_2]^{\mathrm{T}};\ \boldsymbol{M}=\begin{bmatrix}m_1 & 0\\ 0 & m_2\end{bmatrix};\ \boldsymbol{C}=\begin{bmatrix}c_1+c_2 & -c_2\\ -c_2 & c_2\end{bmatrix}$$

$$\boldsymbol{K}=\begin{bmatrix}k_1+k_2 & -k_2\\ -k_2 & k_2\end{bmatrix};\ \boldsymbol{f}=[f_1,f_2]^{\mathrm{T}}$$

则式（3-20）可改写为矩阵形式，有

$$\boldsymbol{M}\ddot{\boldsymbol{x}}+\boldsymbol{C}\dot{\boldsymbol{x}}+\boldsymbol{K}\boldsymbol{x}=\boldsymbol{f} \tag{3-21}$$

齐次形式为

$$\boldsymbol{M}\ddot{\boldsymbol{x}}+\boldsymbol{C}\dot{\boldsymbol{x}}+\boldsymbol{K}\boldsymbol{x}=\boldsymbol{0} \tag{3-22}$$

式（3-22）是一个二阶常系数齐次微分方程，为求解其特征值，首先进行降阶处理，令

$$\boldsymbol{v}=\begin{bmatrix} x_1 \\ x_2 \\ \dot{x}_1 \\ \dot{x}_2 \end{bmatrix};\ \boldsymbol{A}=\left[\begin{array}{c|c} \boldsymbol{0} & -\boldsymbol{K} \\ \hline -\boldsymbol{K} & -\boldsymbol{C} \end{array}\right];\ \boldsymbol{B}=\left[\begin{array}{c|c} -\boldsymbol{K} & \boldsymbol{0} \\ \hline \boldsymbol{0} & \boldsymbol{M} \end{array}\right]$$

A、***B*** 称为扩展矩阵，则式（3-22）可改写为用扩展矩阵表示的形式，有

$$\boldsymbol{B}\dot{\boldsymbol{v}}=\boldsymbol{A}\boldsymbol{v} \tag{3-23}$$

将式（3-23）按分块矩阵展开，有

$$-\boldsymbol{K}\dot{\boldsymbol{x}}=-\boldsymbol{K}\dot{\boldsymbol{x}} \tag{3-24a}$$

$$\boldsymbol{M}\ddot{\boldsymbol{x}}=-\boldsymbol{K}\boldsymbol{x}-\boldsymbol{C}\dot{\boldsymbol{x}} \tag{3-24b}$$

显然式（3-24b）等价于式（3-22），因此式（3-22）的特征值和特征向量也等同于式（3-13）的特征值和特征向量。需要说明的是，***A*** 和 ***B*** 也可以构建为

$$\boldsymbol{A}=\left[\begin{array}{c|c} \boldsymbol{0} & \boldsymbol{K} \\ \hline -\boldsymbol{K} & -\boldsymbol{C} \end{array}\right];\ \boldsymbol{B}=\left[\begin{array}{c|c} \boldsymbol{K} & \boldsymbol{0} \\ \hline \boldsymbol{0} & \boldsymbol{M} \end{array}\right]$$

或

$$\boldsymbol{A}=\left[\begin{array}{c|c} -\boldsymbol{C} & \boldsymbol{K} \\ \hline -\boldsymbol{K} & \boldsymbol{0} \end{array}\right];\ \boldsymbol{B}=\left[\begin{array}{c|c} \boldsymbol{M} & \boldsymbol{0} \\ \hline \boldsymbol{0} & \boldsymbol{K} \end{array}\right]$$

很容易证明，由这样的构建方法求得的特征值和特征向量与第一种构建方法求得的是完全相同的。由此可知，对微分方程进行降阶处理后求得的特征值和特征向量与原微分方程的特征值和特征向量存在特定的关系。

假设该振动系统各参数的数值分别为：m_1=1，m_2=2，c_1=0.2，c_2=0.1，k_1=1，k_2=1，由上述讨论可知

$$\boldsymbol{A}=\begin{bmatrix} 0 & 0 & -2 & 1 \\ 0 & 0 & 1 & -1 \\ -2 & 1 & -0.3 & 0.1 \\ 1 & -1 & 0.1 & -0.1 \end{bmatrix};\ \boldsymbol{B}=\begin{bmatrix} -2 & 1 & 0 & 0 \\ 1 & -1 & 0 & 0 \\ 0 & 0 & 1 & 0 \\ 0 & 0 & 0 & 2 \end{bmatrix}$$

在 Matlab 中调用[***V***, ***D***]=eig（***A***, ***B***），即可得到广义特征值矩阵 ***D*** 和广义特征向量矩阵 ***V***，且满足关系 ***AV***=***BVD***。如图 3-7 所示，该二自由度系统的 4 个特征值为

λ_1=−0.1572+1.5016i，λ_2=−0.1572−1.5016i，λ_3=−0.0178+0.4680i，λ_4=−0.0181−0.4680i

其中λ_1与λ_2共轭，λ_3与λ_4共轭。广义特征值的实部均为负数，这表明由于存在阻尼，系统自由振动的幅值是衰减的；如果不考虑阻尼，可令 $\boldsymbol{C}$=**0**，则 4 个特征值全部为纯虚数，此时系统的自由振动不会衰减。广义特征值虚部的绝对值即为该振动系统的两个模态频率，从小到大分别有 $\omega_{\text{n1}}=0.4680$ 和 $\omega_{\text{n2}}=1.5016$ 。

	1	2	3	4
1	-0.1572 + 1.5016i	0.0000 + 0.0000i	0.0000 + 0.0000i	0.0000 + 0.0000i
2	0.0000 + 0.0000i	-0.1572 - 1.5016i	0.0000 + 0.0000i	0.0000 + 0.0000i
3	0.0000 + 0.0000i	0.0000 + 0.0000i	-0.0178 + 0.4680i	0.0000 + 0.0000i
4	0.0000 + 0.0000i	0.0000 + 0.0000i	0.0000 + 0.0000i	-0.0178 - 0.4680i

图 3-7　二自由度振动系统的广义特征值

如图 3-8 所示，在广义特征向量矩阵中，(1,3）和（1,4）共轭，即（0.5608−0.0124i，0.5608+0.0124i)；（2,3）和（2,4）共轭，即（0.9994+0.0006i，0.9994−0.0006i)，虚部都接近于 0；（3,1）与（3,2）共轭，即（−0.9947−0.0053i，−0.9947+0.0053i)；（4,1）和（4,2）共轭，即（0.2771−0.0188i，0.2771+0.0188i)，虚部也都接近于 0。它们的实部比值（0.9994:0.5608，−0.9947:0.2771）就是振动系统的两个归一化振型，可写为 $\mathbf{mode}_1$=（1,0.56)，$\mathbf{mode}_2$=（−1,0.28)，振型图如图 3-9 所示。

	1	2	3	4
1	0.0651 + 0.6556i	0.0651 - 0.6556i	0.5608 - 0.0124i	0.5608 + 0.0124i
2	-0.0315 - 0.1813i	-0.0315 + 0.1813i	0.9994 + 0.0006i	0.9994 - 0.0006i
3	-0.9947 - 0.0053i	-0.9947 + 0.0053i	-0.0042 + 0.2627i	-0.0042 - 0.2627i
4	0.2771 - 0.0188i	0.2771 + 0.0188i	-0.0181 + 0.4677i	-0.0181 - 0.4677i

图 3-8　二自由度振动系统的广义特征向量

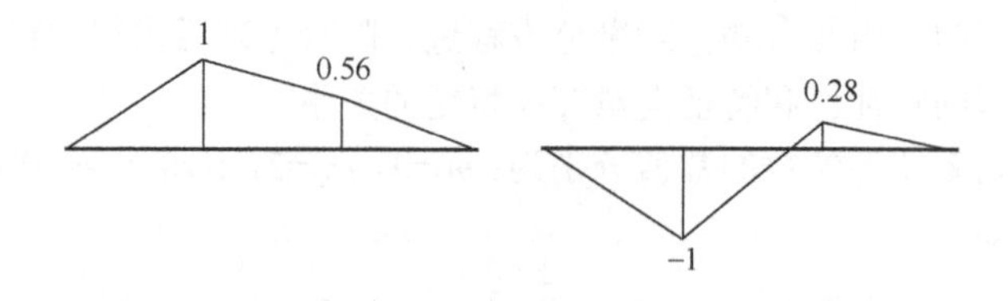

图 3-9　二自由度振动系统的归一化振型

由上述过程可以看出，建立多自由度系统的运动微分方程时，首先要确定质量矩阵 $\boldsymbol{M}$、阻尼矩阵 $\boldsymbol{C}$ 和刚度矩阵 $\boldsymbol{K}$，然后构建扩展矩阵 $\boldsymbol{A}$ 和 $\boldsymbol{B}$，最后调用 eig 函数求解广义特征值和广义特征向量。其中质量矩阵 $\boldsymbol{M}$ 是由集总质量 m_i 组成的对角矩阵，而阻尼矩阵 $\boldsymbol{C}$ 和刚度矩阵 $\boldsymbol{K}$ 的各元素符合以下规律：主对角线上的元素 c_{ii} 或 k_{ii} 是各个集总质量 m_i 连接的刚度或阻尼的和，非主对角线上的元素 c_{ij} 或 k_{ij}（$i \neq j$）

是集总质量 m_i 与 m_j 相互连接的刚度或阻尼的负值。例如图 3-10 所示的多自由度振动系统，质量矩阵 $\boldsymbol{M}$、阻尼矩阵 $\boldsymbol{C}$ 和刚度矩阵 $\boldsymbol{K}$ 分别为

$$\boldsymbol{M}=\begin{bmatrix} m_1 & 0 & 0 & 0 \\ 0 & m_2 & 0 & 0 \\ 0 & & m_3 & 0 \\ 0 & 0 & 0 & m_4 \end{bmatrix};\ \boldsymbol{C}=\begin{bmatrix} c_1+c_2 & -c_2 & 0 & 0 \\ -c_2 & c_2+c_3 & -c_3 & 0 \\ 0 & -c_3 & c_3 & 0 \\ 0 & 0 & 0 & 0 \end{bmatrix}$$

$$\boldsymbol{K}=\begin{bmatrix} k_1+k_2+k_4+k_6 & -k_2 & -k_6 & -k_4 \\ -k_2 & k_2+k_3 & -k_3 & 0 \\ -k_6 & -k_3 & k_3+k_6 & 0 \\ -k_4 & 0 & 0 & k_4+k_5 \end{bmatrix}$$

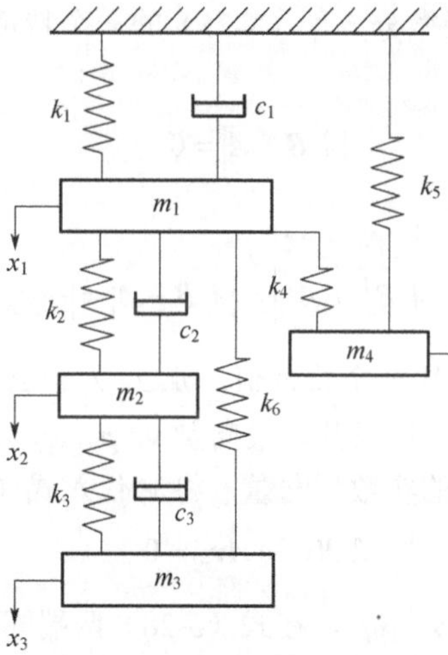

图 3-10　多自由度振动系统

3.2.2　多圆盘转子特征值的性质

对于刚性支承的多圆盘转子，设自转角速度为 Ω，其运动微分方程用式（3-16）表示。考察运动微分方程的齐次形式（3-17），仿照 3.2.1 节中的降阶方法，令

$$\boldsymbol{v}=\begin{bmatrix} \dot{\boldsymbol{u}} \\ \hline \boldsymbol{u} \end{bmatrix};\ \boldsymbol{A}=\left[\begin{array}{c|c} \boldsymbol{G} & \boldsymbol{K} \\ \hline -\boldsymbol{K}^{\mathrm{T}} & \boldsymbol{0} \end{array}\right];\ \boldsymbol{B}=\left[\begin{array}{c|c} \boldsymbol{M} & \boldsymbol{0} \\ \hline \boldsymbol{0} & \boldsymbol{K} \end{array}\right]$$

则式（3-17）可改写为

$$\boldsymbol{B}\dot{\boldsymbol{v}}+\boldsymbol{A}\boldsymbol{v}=\boldsymbol{0} \tag{3-25}$$

式中，$\boldsymbol{v}$ 是 $8N$ 维的列向量；$\boldsymbol{A}$ 和 $\boldsymbol{B}$ 都是 $8N$ 维的方阵，其中 $\boldsymbol{B}$ 是实对称矩阵，

而$\boldsymbol{A}$是实反对称矩阵，即$\boldsymbol{B}^{\mathrm{T}}=\boldsymbol{B}$，$\boldsymbol{A}^{\mathrm{T}}=-\boldsymbol{A}$。由此可知，方程（3-25）由8$N$个一阶常系数微分方程构成，设其解为

$$\boldsymbol{v}=\boldsymbol{v}_0\mathrm{e}^{\lambda t} \tag{3-26}$$

式中，λ为特征值；$\boldsymbol{v}_0$为特征值λ对应的特征向量。将式（3-26）代入式（3-25）中可以得到特征方程，有

$$(\lambda\boldsymbol{B}+\boldsymbol{A})\boldsymbol{v}_0=\boldsymbol{0} \tag{3-27}$$

式（3-27）是由8N个代数方程构成的一次线性齐次方程组，令det（$\lambda\boldsymbol{B}+\boldsymbol{A}$）=0，即可求得特征值$\lambda$，再将$\lambda$代回到式（3-27）中即可求得特征向量$\boldsymbol{v}_0$。下面要证明多圆盘转子运动微分方程的特征值具有的一个重要性质，即多圆盘转子运动微分方程（3-25）的全部特征值都是共轭的纯虚数。

设λ_r（r=1, 2, ⋯, 4N）为微分方程（3-25）的一个特征值，由式（3-18）可知必有

$$\left|\lambda_r\boldsymbol{B}+\boldsymbol{A}\right|=0$$

已知$\boldsymbol{B}^{\mathrm{T}}=\boldsymbol{B}$，$\boldsymbol{A}^{\mathrm{T}}=-\boldsymbol{A}$，那么

$$\left|\lambda_r\boldsymbol{B}+\boldsymbol{A}\right|=\left|(\lambda_r\boldsymbol{B}+\boldsymbol{A})^{\mathrm{T}}\right|=\left|\lambda_r\boldsymbol{B}^{\mathrm{T}}+\boldsymbol{A}^{\mathrm{T}}\right|=\left|\lambda_r\boldsymbol{B}-\boldsymbol{A}\right|=\left|-(\lambda_r\boldsymbol{B}-\boldsymbol{A})\right|=\left|(-\lambda_r)\boldsymbol{B}+\boldsymbol{A}\right|=0$$

这说明：如果λ_r是微分方程的一个特征值，那么$-\lambda_r$也必定是微分方程的特征值。

接下来再证明所有λ_r都是纯虚数。设向量$\boldsymbol{v}_r=\boldsymbol{p}_r+\mathrm{i}\boldsymbol{q}_r$是对应于特征值$\lambda_r$的特征向量，其中$\boldsymbol{p}_r$和$\boldsymbol{q}_r$均为8$N$维的实数列向量，将$\boldsymbol{v}_r$代入式（3-27）中有

$$\lambda_r\boldsymbol{B}\boldsymbol{v}_r+\boldsymbol{A}\boldsymbol{v}_r=0 \tag{3-28}$$

设$\boldsymbol{v}_r$的共轭向量为$\overline{\boldsymbol{v}}_r=\boldsymbol{p}_r-\mathrm{i}\boldsymbol{q}_r$，在式（3-28）两端同时左乘$\overline{\boldsymbol{v}}_r^{\mathrm{T}}$可以得到

$$\lambda_r\overline{\boldsymbol{v}}_r^{\mathrm{T}}\boldsymbol{B}\boldsymbol{v}_r+\overline{\boldsymbol{v}}_r^{\mathrm{T}}\boldsymbol{A}\boldsymbol{v}_r=0 \tag{3-29}$$

其中

$$\begin{cases}\overline{\boldsymbol{v}}_r^{\mathrm{T}}\boldsymbol{A}\boldsymbol{v}_r=(\boldsymbol{p}_r^{\mathrm{T}}\boldsymbol{A}\boldsymbol{p}_r+\boldsymbol{q}_r^{\mathrm{T}}\boldsymbol{A}\boldsymbol{q}_r)+\mathrm{i}(\boldsymbol{p}_r^{\mathrm{T}}\boldsymbol{A}\boldsymbol{q}_r-\boldsymbol{q}_r^{\mathrm{T}}\boldsymbol{A}\boldsymbol{p}_r)\\ \overline{\boldsymbol{v}}_r^{\mathrm{T}}\boldsymbol{B}\boldsymbol{v}_r=(\boldsymbol{p}_r^{\mathrm{T}}\boldsymbol{B}\boldsymbol{p}_r+\boldsymbol{q}_r^{\mathrm{T}}\boldsymbol{B}\boldsymbol{q}_r)+\mathrm{i}(\boldsymbol{p}_r^{\mathrm{T}}\boldsymbol{B}\boldsymbol{q}_r-\boldsymbol{q}_r^{\mathrm{T}}\boldsymbol{B}\boldsymbol{p}_r)\end{cases}$$

由上式可知$\boldsymbol{p}_r^{\mathrm{T}}\boldsymbol{B}\boldsymbol{p}_r+\boldsymbol{q}_r^{\mathrm{T}}\boldsymbol{B}\boldsymbol{q}_r$为实数。又因为

$$\boldsymbol{p}_r^{\mathrm{T}}\boldsymbol{B}\boldsymbol{q}_r=(\boldsymbol{p}_r^{\mathrm{T}}\boldsymbol{B}\boldsymbol{q}_r)^{\mathrm{T}}=\boldsymbol{q}_r^{\mathrm{T}}\boldsymbol{B}\boldsymbol{p}_r$$

故有

$$\boldsymbol{p}_r^{\mathrm{T}}\boldsymbol{B}\boldsymbol{q}_r-\boldsymbol{q}_r^{\mathrm{T}}\boldsymbol{B}\boldsymbol{p}_r=0$$

而且

$$\boldsymbol{p}_r^{\mathrm{T}}\boldsymbol{A}\boldsymbol{p}_r=(\boldsymbol{p}_r^{\mathrm{T}}\boldsymbol{A}\boldsymbol{p}_r)^{\mathrm{T}}=\boldsymbol{p}_r^{\mathrm{T}}\boldsymbol{A}^{\mathrm{T}}\boldsymbol{p}_r=-\boldsymbol{p}_r^{\mathrm{T}}\boldsymbol{A}\boldsymbol{p}_r$$

所以

$$\boldsymbol{p}_r^{\mathrm{T}}\boldsymbol{A}\boldsymbol{p}_r=0$$

同理

$$\boldsymbol{q}_r^{\mathrm{T}}\boldsymbol{A}\boldsymbol{q}_r=0$$

而且

$$\boldsymbol{p}_r^{\mathrm{T}}\boldsymbol{A}\boldsymbol{q}_r=(\boldsymbol{p}_r^{\mathrm{T}}\boldsymbol{A}\boldsymbol{q}_r)^{\mathrm{T}}=-\boldsymbol{q}_r^{\mathrm{T}}\boldsymbol{A}\boldsymbol{p}_r$$

所以

$$\boldsymbol{p}_r^{\mathrm{T}}\boldsymbol{A}\boldsymbol{q}_r-\boldsymbol{q}_r^{\mathrm{T}}\boldsymbol{A}\boldsymbol{p}_r=-2\boldsymbol{q}_r^{\mathrm{T}}\boldsymbol{A}\boldsymbol{p}_r=\text{实数}$$

则由式（3-29）可知

$$\nu_r=-\frac{\bar{\boldsymbol{v}}_r^{\mathrm{T}}\boldsymbol{A}\boldsymbol{v}_r}{\bar{\boldsymbol{v}}_r^{\mathrm{T}}\boldsymbol{B}\boldsymbol{v}_r}=\frac{2\boldsymbol{q}_r^{\mathrm{T}}\boldsymbol{A}\boldsymbol{p}_r}{\boldsymbol{p}_r^{\mathrm{T}}\boldsymbol{B}\boldsymbol{p}_r+\boldsymbol{q}_r^{\mathrm{T}}\boldsymbol{B}\boldsymbol{q}_r}\mathrm{i}=\frac{\text{实数}}{\text{实数}}\mathrm{i}=\text{纯虚数}$$

综上可知，多圆盘转子的特征值是由 4N 对共轭纯虚数构成的，即

$$\lambda_r=\pm\mathrm{i}\omega_r\quad(r=1,2,\cdots,4N)$$

式中 ω_r 为实数。根据第 2 章结论可知，$\pm\omega_r$ 就是转子的进动角速度。

由以上结论可知，考虑陀螺力矩时，由 N 个圆盘构成的转子有 4N 个自由度，每个自由度对应一个物理坐标，其运动微分方程有 4N 对共轭的纯虚数特征值，特征向量也是由 4N 对共轭的复向量构成的，每对共轭的特征值及特征向量表示多圆盘转子的某一个自由度的正、反进动，合成为一个涡动。由式（3-26）可知，多圆盘转子所有的合成运动都是涡动频率为 ω_r 的简谐运动。如果不计阻尼的影响，多圆盘转子的运动将保持稳定且不会衰减。

实际的多圆盘转子需要考虑外部阻尼的作用，通常是仿照多自由度振动系统的建模方法，将外部阻尼构造成阻尼矩阵 $\boldsymbol{C}$，作为一阶项加入微分方程中，这样 $\boldsymbol{C}$ 就可以与回转矩阵 $\boldsymbol{G}$ 合并，然后构成形式类似于式（3-16）的微分方程。不过，由于一般情况下 $\boldsymbol{C}$ 是非对称阵，与 $\boldsymbol{G}$ 合并后无法构成对称矩阵，后续求解特征值时还需要采取变换处理，相关内容将在后续章节进行介绍。

3.2.3 多圆盘转子的主振动

考虑陀螺效应时，每个圆盘都具有 4 个自由度 x、y、θ_x 和 θ_y。如果以单圆盘转子的观点去考察多圆盘转子的第 j 个圆盘，根据第 2 章中的方法，可以将第 j 个圆盘中心的两个线位移 x_j、y_j 以及两个角位移 θ_{xj}、θ_{yj} 分别合成为复数坐标 $z_j=x_j+\mathrm{i}y_j$ 和 $\psi_j=\theta_{yj}-\mathrm{i}\theta_{xj}$ 来建立运动微分方程。为此，引入复向量来表示多圆盘转子中各个圆盘中

心的运动，即令

$$\boldsymbol{w}=\boldsymbol{u}_1+\mathrm{i}\boldsymbol{u}_2 \tag{3-30}$$

由于

$$\boldsymbol{u}_1=[x_1,\ \theta_{y1},\ x_2,\ \theta_{y2},\ \cdots,\ x_N,\ \theta_{yN}]^{\mathrm{T}}$$
$$\boldsymbol{u}_2=[y_1,\ -\theta_{x1},\ y_2,\ -\theta_{x2},\ \cdots,\ y_N,\ -\theta_{xN}]^{\mathrm{T}}$$

故有

$$\boldsymbol{w}=[x_1+\mathrm{i}y_1,\ \theta_{y1}-\mathrm{i}\theta_{x1},\ x_2+\mathrm{i}y_2,\ \theta_{y2}-\mathrm{i}\theta_{x2},\ \cdots,\ x_j+\mathrm{i}y_j,\ \theta_{yj}-\mathrm{i}\theta_{xj},\ \cdots,\ x_N+\mathrm{i}y_N,\ \theta_{yN}-\mathrm{i}\theta_{xN}]^{\mathrm{T}}$$

可记为

$$\boldsymbol{w}=[z_1,\ \psi_1,\ z_2,\ \psi_2,\ \cdots,\ z_j,\ \psi_j,\ \cdots,\ z_N,\ \psi_N]^{\mathrm{T}} \tag{3-31}$$

将多圆盘转子的齐次运动微分方程（3-15）的第二式两边同时乘以虚数单位 i 后再与第一式相加，利用式（3-30）可将方程（3-15）改写为

$$\boldsymbol{M}_1\ddot{\boldsymbol{w}}-\mathrm{i}\Omega\boldsymbol{J}_1\dot{\boldsymbol{w}}+\boldsymbol{K}_1\boldsymbol{w}=\boldsymbol{0} \tag{3-32}$$

这是由 $2N$ 个齐次二阶微分方程构成的方程组，其解的形式为

$$\boldsymbol{w}=\boldsymbol{w}_0\mathrm{e}^{\mathrm{i}\omega t} \tag{3-33}$$

式中，ω 是圆盘的进动角速度大小；$\boldsymbol{w}_0$ 是 $2N$ 维的复数列向量。将式（3-33）代入方程（3-32）中，得到特征方程为

$$(-\boldsymbol{M}_1\omega^2+\boldsymbol{J}_1\Omega\omega+\boldsymbol{K}_1)\boldsymbol{w}_0=\boldsymbol{0} \tag{3-34}$$

由式（3-34）可以得到频率方程，有

$$\left|-\boldsymbol{M}_1\omega^2+\boldsymbol{J}_1\Omega\omega+\boldsymbol{K}_1\right|=0 \tag{3-35}$$

这是一个关于 ω 的 $4N$ 次代数方程，故有 $4N$ 个根，其值与多圆盘转子的自转角速度 Ω 有关。由 3.2.2 节的讨论可知，多圆盘转子运动微分方程的特征值λ均为纯虚数，可写为$\lambda=\mathrm{i}\omega$，因此这 $4N$ 个 ω 均为实数，将第 r 个 ω（$r=1, 2, \cdots, 4N$）记为 ω_r。当 $\Omega\neq0$ 时，这 $4N$ 个特征值里通常有 $2N$ 个正数和 $2N$ 个负数。需要注意的是，$\boldsymbol{w}$ 中的每一个元素均是由一对物理坐标（如线位移 x_i 和 y_i，或者角位移 θ_{xi} 和 θ_{yi}）的运动合成的复数，式（3-33）表明每一对物理坐标合成的运动都是简谐运动，$\mathrm{e}^{\mathrm{i}\omega_r t}$ 表明运动轨迹为圆，进动频率为 ω_r，即转子中所有圆盘的涡动都是同频的。

将求得的每个特征值 ω_r 代入特征方程（3-34）中，即可求得该特征值所对应的特征向量 $\boldsymbol{w}_0^{(r)}$，其模代表了简谐运动的幅值，即圆轨迹的半径。由于特征方程的系数矩阵为实矩阵，可以得到 $2N$ 个具有实系数的线性齐次方程，因此其解一定具有比例性。这也就是说，如果令 $\boldsymbol{w}_0^{(r)}$ 中的某个（如第 s 个）复数元素为 $A_r\mathrm{e}^{\mathrm{i}\alpha_r}$，其中 A_r(>0)为复数元素的模，α_r 为复数元素的相位角，则其他 $2N-1$ 个元素一定是 $A_r\mathrm{e}^{\mathrm{i}\alpha_r}$

的倍数形式，即

$$w_0^{(r)}=[\phi_1^{(r)}(A_r\mathrm{e}^{\mathrm{i}\alpha_r}),\ \phi_2^{(r)}(A_r\mathrm{e}^{\mathrm{i}\alpha_r}),\ \cdots,\ \phi_s^{(r)}(A_r\mathrm{e}^{\mathrm{i}\alpha_r}),\ \cdots,\ \phi_{2N}^{(r)}(A_r\mathrm{e}^{\mathrm{i}\alpha_r})]^{\mathrm{T}} \tag{3-36}$$

式中，A_r、α_r 以及 $\phi_1^{(r)}, \phi_2^{(r)}, \cdots, \phi_s^{(r)}, \cdots, \phi_{2N}^{(r)}$ 均为实数，$\phi_s^{(r)}=1$，记 $\boldsymbol{\phi}^{(r)}=[\phi_1^{(r)}, \phi_2^{(r)}, \cdots, \phi_s^{(r)}, \cdots, \phi_{2N}^{(r)}]^{\mathrm{T}}$（$r$=1, 2, ⋯, 4$N$），称为多圆盘转子的第 r 阶模态振型，也称为主振型，则式（3-36）可写为

$$w_0^{(r)}=A_r\boldsymbol{\phi}^{(r)}\mathrm{e}^{\mathrm{i}\alpha_r} \tag{3-37}$$

代入式（3-33）中，得到多圆盘转子的第 r 个解为

$$\boldsymbol{w}^{(r)}=A_r\boldsymbol{\phi}^{(r)}\mathrm{e}^{\mathrm{i}\alpha_r}\mathrm{e}^{\mathrm{i}\omega_r t}=A_r\boldsymbol{\phi}^{(r)}\mathrm{e}^{\mathrm{i}(\omega_r t+\alpha_r)} \tag{3-38}$$

将 $\boldsymbol{w}^{(r)}$称为多圆盘转子的第 r 阶主振动。其中，$A_r\boldsymbol{\phi}^{(r)}$为振动的幅值，$\alpha_r$是振动的初相位。由于存在 4$N$ 个进动角速度，所以多圆盘转子共有 4N 个主振动，因此各个圆盘处实际的振动应该是 4N 个主振动的叠加，可以理解为 4N 个主振动都对圆盘的总体振动做了贡献，表示为

$$\boldsymbol{w}=\sum_{r=1}^{4N}\boldsymbol{w}^{(r)}=\sum_{r=1}^{4N}A_r\boldsymbol{\phi}^{(r)}\mathrm{e}^{\mathrm{i}(\omega_r t+\alpha_r)} \tag{3-39}$$

式中，8N 个常数 A_r、α_r（r=1,2, ⋯,4N）由多圆盘转子的初始条件决定。

考察式（3-38）可知，考虑陀螺效应时，无阻尼多圆盘转子的第 r 阶主振动有以下表现：

① 当自转角速度 $\Omega\neq 0$ 时，所有圆盘中心的运动轨迹都是圆，由一对物理坐标合成，x_j 和 y_j 合成 z_j，θ_{xj} 和 θ_{yj} 合成 ψ_j，但各圆盘的轨迹圆半径由 $A_r\boldsymbol{\phi}^{(r)}$ 决定，通常均不相同；

② 所有圆盘的中心在做圆周运动时，初相位均为 α_r（当 $A_r\boldsymbol{\phi}^{(r)}$ 取正值时）或 $\pi+\alpha_r$（当 $A_r\boldsymbol{\phi}^{(r)}$ 取负值时），这意味着所有圆盘中心的运动方向要么同相（相位差为 0），要么反相（相位差为 π），因此造成的转轴弯曲形状一定是一条平面曲线；

③ 在第 r 阶主振动中，所有圆盘的中心绕圆周运动的频率均为 ω_r，也就是整个转轴的弯曲平面的进动角速度为 ω_r，称为第 r 阶模态频率，也称为第 r 阶主频率。如果 $\omega_r>0$，称转子做正进动；如果 $\omega_r<0$，则称转子做反进动。

综上可知，考虑陀螺效应时，多圆盘转子主振动的形态如图 3-11 所示。

将式（3-38）按欧拉公式展开，并将其一般化为

$$\begin{cases}\boldsymbol{u}_1=A\boldsymbol{\phi}\cos(\omega t+\alpha_r)\\ \boldsymbol{u}_2=A\boldsymbol{\phi}\sin(\omega t+\alpha_r)\end{cases} \tag{3-40}$$

代入式（3-15）两个方程中的任意一个，均可以得到特征方程，即

$$(-\boldsymbol{M}_1\omega^2+\boldsymbol{J}_1\Omega\omega+\boldsymbol{K}_1)\boldsymbol{\phi}=\boldsymbol{0} \tag{3-41}$$

由此得到的频率方程与式（3-35）是完全一致的。这说明对多圆盘转子进行微分方程求解时，只需列出 osx 或 osy 平面上的 $2N$ 个方程即可。

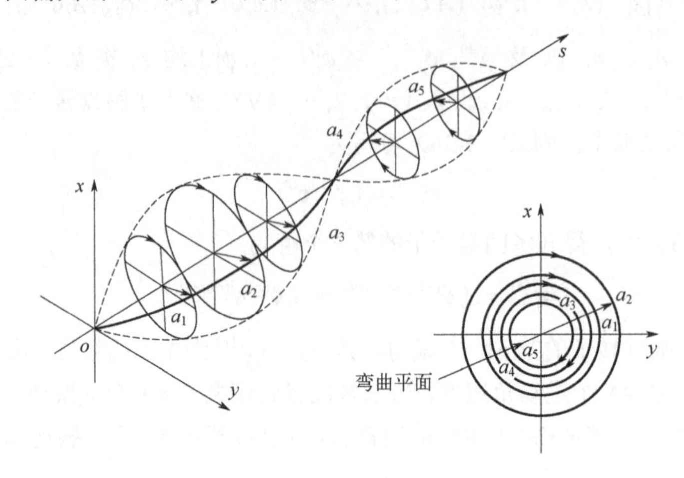

图 3-11　考虑陀螺效应时多圆盘转子主振动的形态

如果不考虑陀螺效应，可令 $\boldsymbol{J}_1=\boldsymbol{0}$，则频率方程可简化为

$$\left|-\boldsymbol{M}_1\omega^2+\boldsymbol{K}_1\right|=0 \tag{3-42}$$

频率方程（3-42）的根就是多圆盘转子的转轴做横向振动的固有频率，与转子的自转角速度 Ω 无关。值得注意的是，由于式（3-42）相比于式（3-35）缺少 $\boldsymbol{J}_1\Omega\omega$ 这一项，频率方程是关于 ω^2 的 $2N$ 次代数方程，也就是存在 $2N$ 个 ω^2。另外，由前述内容可知，$\boldsymbol{M}_1$ 和 $\boldsymbol{K}_1$ 都是实对称正定矩阵，因此频率方程的特征值均为正值，即 ω^2 均大于 0。由此可知，ω 将会是正负成对出现的，即 $\pm\omega_r$（$r=1, 2, \cdots, 2N$），表示存在频率为 ω_r 的正、反两个进动。由第 2 章关于单圆盘转子涡动的结论可知，正、反两个进动的频率大小相同，方向相反，幅值 A_r、B_r 及初相位 α_r、β_r 也不相同，但主振动依然满足前述的比例性，由 $\boldsymbol{\phi}^{(r)}$ 来描述。这样，多圆盘转子中所有圆盘的第 r 阶主振动可写为

$$\boldsymbol{w}^{(r)}=A_r\boldsymbol{\phi}^{(r)}\mathrm{e}^{\mathrm{i}(\omega_r t+\alpha_r)}+B_r\boldsymbol{\phi}^{(r)}\mathrm{e}^{-\mathrm{i}(\omega_r t+\beta_r)} \tag{3-43}$$

式中，$A_r\boldsymbol{\phi}^{(r)}\mathrm{e}^{\mathrm{i}(\omega_r t+\alpha_r)}$ 表示第 r 阶主振动的正进动；$B_r\boldsymbol{\phi}^{(r)}\mathrm{e}^{-\mathrm{i}(\omega_r t+\beta_r)}$ 表示第 r 阶主振动的反进动；$\boldsymbol{\phi}^{(r)}$ 为实数列阵，即第 r 阶主振动的模态振型；$8N$ 个常数 A_r、B_r 及 α_r、β_r 由多圆盘转子的初始条件决定。

多圆盘转子中每个圆盘的运动均由 $2N$ 个主振动叠加而成，可表示为

$$\boldsymbol{w}=\sum_{r=1}^{2N}\left(A_r\mathrm{e}^{\mathrm{i}(\omega_r t+\alpha_r)}+B_r\mathrm{e}^{-\mathrm{i}(\omega_r t+\beta_r)}\right)\boldsymbol{\phi}^{(r)} \tag{3-44}$$

考察式（3-43）可知，不考虑陀螺效应时，多圆盘转子的第 r 阶主振动有以下表现：

① 当自转角速度 $\Omega\neq0$ 时，所有圆盘中心的涡动轨迹均为椭圆，由一对物理坐标合成，x_j 和 y_j 合成 z_j，θ_{xj} 和 θ_{yj} 合成 ψ_j，其长、短半轴由 $A_r\boldsymbol{\phi}^{(r)}$ 和 $B_r\boldsymbol{\phi}^{(r)}$ 决定；

② 所有圆盘的中心在涡动时，初相位由 α_r、β_r 以及 $\boldsymbol{\phi}^{(r)}$ 的正负性来决定。与考虑陀螺效应时的结论相同，所有圆盘中心的运动方向要么同相（相位差为 0），要么反相（相位差为 π），因此造成的转轴弯曲形状也同样是一条平面曲线；

③ 由于涡动轨迹为椭圆，故所有圆盘中心的涡动并不是匀速的，当转到短半轴位置时瞬时角速度最大，转到长半轴位置时瞬时角速度最小，平均角速度就是第 r 阶模态频率 ω_r。

综上可知，不考虑陀螺效应时，多圆盘转子主振动的形态如图 3-12 所示。

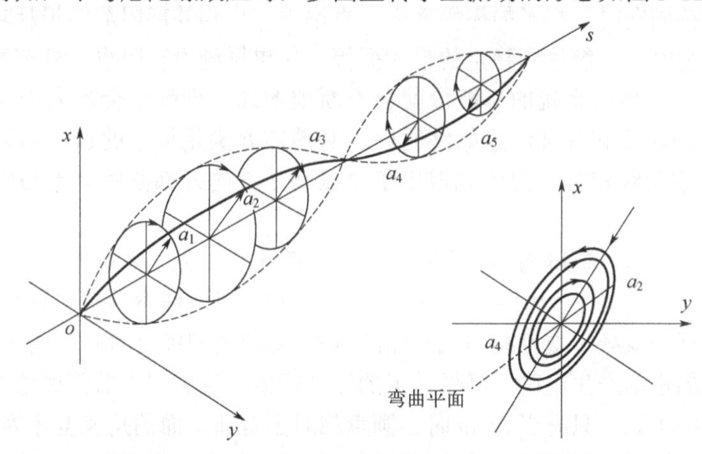

图 3-12　不考虑陀螺效应时多圆盘转子主振动的形态

由上述讨论还可得知：无论是否考虑陀螺效应，当转子不转动（自转角速度 $\Omega=0$）时，运动微分方程的特征值就是转子的转轴做横向振动时的固有频率，这意味着所有圆盘的中心都是做直线往复振动，而非做圆或椭圆轨迹的涡动。此时，转子就类似于受初始的力或力矩作用的简支梁。

3.3 多圆盘转子的临界转速

3.3.1 共振与临界转速的关系

如第 2 章所述，单圆盘转子的临界转速对应其转轴横向振动的固有频率 $\omega_{\rm n}$（系统存在阻尼时为有阻尼固有频率 $\omega_{\rm d}$），也就是说，转子以临界转速运转时出现的剧烈振动现象，实际上就是转轴发生了共振。为了更深入地理解转子的临界转速，需要首先理解共振的本质。

共振是指振动系统的固有频率与所受外力的激励频率相等时引发的剧烈振动现象，如果系统没有阻尼，振动幅值将会趋于无穷大。为什么共振的引发条件是振动系统的外部激励频率等于其固有频率呢？以最简单的振子为例，设其固有频率为 ω_n，根据振动理论可知，此时振子的自由振动的频率也是 ω_n。如果施加的外部激励的频率 $\omega \neq \omega_n$，意味着在振子的一个振动周期内，总有那么一段时间，振子还未改变速度方向以回向其平衡位置时，外部激励的方向就已经改变，此时外力对振子的作用效果就是阻止振子继续增加振幅，也就是开始对振子做负功了。根据做功原理可知，功率 $P=\boldsymbol{F} \cdot \boldsymbol{v}$，当力矢量 $\boldsymbol{F}$ 和速度矢量 $\boldsymbol{v}$ 同向时，外力对振子做正功，振子的能量会增加；而当力矢量 $\boldsymbol{F}$ 和速度矢量 $\boldsymbol{v}$ 反向时，外力对振子做负功，相当于振子把动能返回给外部，那么振子的总能量就会减少。也就是说，振子的速度和外部激励始终保持同向时，振子的振幅就会一直增大，直到外部阻尼的损耗功率和激励的功率相平衡时，系统达到稳定的最大振幅；如果系统没有阻尼，外部激励又源源不断地做正功，那么系统的总能量就会不断地增加，振幅就会趋向于无穷大。要想保持振子的速度和外部激励始终同向，必然需要满足振子的振动周期和外部激励作用的周期始终相等，因此就得出了“振动系统的外部激励频率与固有频率相等”的条件。

设转子的自转角速度为 Ω，当圆盘中心以角速度 ω 做正进动时，圆盘相对于弯曲平面的角速度为 $\Omega-\omega$。如果 Ω 不等于 ω，圆盘相对于轴线弯曲平面存在相对转动，转轴的轴向纤维就处于交替拉伸或压缩的状态，材料内阻就会对转轴的运动做负功，从而对转子的进动产生阻碍，降低转子的振动幅值。这类似于前面讨论的振子共振与外部激励的关系。只有当 $\Omega=\omega$ 时，圆盘相对于弯曲平面的角速度才为零。此时，圆盘相对于轴线弯曲平面没有转动，转轴上各轴向纤维始终保持原来的状态，因此材料的内阻不会起作用，转子的进动在不计外阻时就能够保持稳定持久。同理，如果圆盘中心做反进动，相对角速度仍然可写为 $\Omega-\omega$，但此时为负值，相对角速度始终为正，且不会为零。将 $\Omega=\omega$ 时转轴弯曲平面的进动称为同步正向涡动或同步正进动，而将 $\Omega=-\omega$ 时转轴弯曲平面的进动称为同步反向涡动或同步反进动。

3.3.2 多圆盘转子临界转速的解法

由第 2 章讨论的单圆盘转子的不平衡响应可知，由于存在质量偏心，转子运行时的不平衡激励频率和转子的自转频率是同步的，即大小和方向都相同。当转速逐渐升高直至发生共振时，转子作同步正向涡动。同样地，计算多圆盘转子的临界转速时，一般也只需考察同步正向涡动时的临界角速度。所谓的临界转速，通常就是指转子做同步正向涡动时的转速。

求取同步正向涡动的临界转速时，可将 $\Omega=\omega$ 代入特征方程（3-34）中，则有

$$[(\boldsymbol{J}_1-\boldsymbol{M}_1)\omega^2+\boldsymbol{K}_1]\boldsymbol{w}_0=\boldsymbol{0}$$

合并为

$$(-\boldsymbol{M}_\text{F}\omega^2+\boldsymbol{K}_1)\boldsymbol{w}_0=\boldsymbol{0} \tag{3-45}$$

其中

$$\boldsymbol{M}_\text{F}=\begin{bmatrix} m_1 & & & & & & \\ & J_\text{d1}-J_\text{p1} & & & & \boldsymbol{0} & \\ & & m_2 & & & & \\ & & & J_\text{d2}-J_\text{p2} & & & \\ & & & & \ddots & & \\ & & \boldsymbol{0} & & & m_N & \\ & & & & & & J_{\text{d}N}-J_{\text{p}N} \end{bmatrix}$$

显然，$\boldsymbol{M}_\text{F}$ 是实对角矩阵，$\boldsymbol{K}_1$ 是实对称正定矩阵。式（3-45）的频率方程是关于 ω^2 的 $2N$ 次代数方程，因此 ω^2 有 $2N$ 个实数根，但是由于 $J_{\text{d}i}-J_{\text{p}i}$ 往往不是正数，即 $\boldsymbol{M}_\text{F}$ 通常不是正定矩阵，因此式（3-45）的特征值并非全部是正实数。因为特征值的算术平方根才是进动角速度 ω，因此只有 ω^2 为正实数的特征值才有意义。这意味着在同步正向涡动中，临界转速往往少于 $2N$ 个。

在某些特殊情况下，激励频率与同步反向涡动频率一致时，也可能激发转子的同步反向涡动。同步反向涡动的临界角速度求法与前面类似，即把 $\Omega=-\omega$ 代入特征方程（3-34）中，则有

$$[-(\boldsymbol{M}_1+\boldsymbol{J}_1)\omega^2+\boldsymbol{K}_1]\boldsymbol{w}_0=\boldsymbol{0}$$

可写为

$$(-\boldsymbol{M}_\text{B}\omega^2+\boldsymbol{K}_1)\boldsymbol{w}_0=\boldsymbol{0} \tag{3-46}$$

其中

$$\boldsymbol{M}_\text{B}=\begin{bmatrix} m_1 & & & & & & \\ & J_\text{d1}+J_\text{p1} & & & & 0 & \\ & & m_2 & & & & \\ & & & J_\text{d2}+J_\text{p2} & & & \\ & & & & \ddots & & \\ & & 0 & & & m_N & \\ & & & & & & J_{\text{d}N}+J_{\text{p}N} \end{bmatrix}$$

因为 $\boldsymbol{M}_\text{B}$ 和 $\boldsymbol{K}_1$ 都是实对称正定矩阵，其特征值全部为正实数，那么可知同步反向涡动的临界转速总有 $2N$ 个。

关于同步正向涡动和同步反向涡动的临界转速个数，通过 2.5 节的单圆盘转子

算例也可以看出类似结论：单圆盘转子（N=1）的同步正向涡动的临界转速只有 1 个而不足 2 个，而同步反向涡动的临界转速却有 2 个。

3.3.3 多圆盘转子算例

如图 3-13 所示的双圆盘转子，圆盘的质量 m_i=102kg，直径转动惯量 J_{di}=6.377×10^4kg·cm^2，极转动惯量 $J_{pi}=2J_{di}$（i=1, 2），转轴的抗弯刚度 EI=6.136×10^8N·cm^2，a=0.4m。不计外部阻尼和质量偏心，试求该双圆盘转子的临界角速度及模态振型。

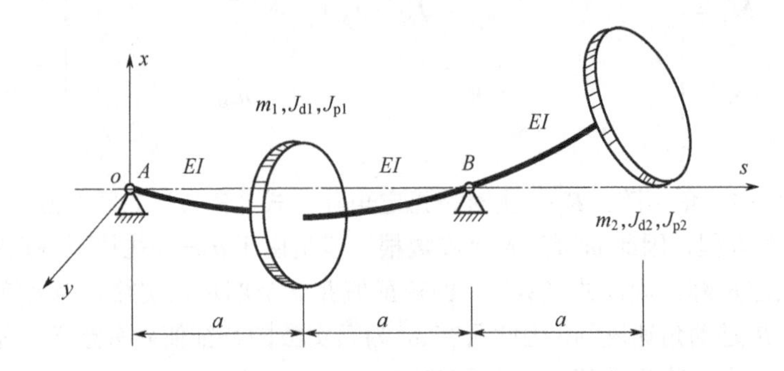

图 3-13　双圆盘转子模型

解：双圆盘转子不计阻尼且无质量偏心时，其运动微分方程为

$$\begin{cases}\boldsymbol{M}_1\ddot{\boldsymbol{u}}_1+\Omega\boldsymbol{J}_1\dot{\boldsymbol{u}}_2+\boldsymbol{K}_1\boldsymbol{u}_1=\boldsymbol{0}\\ \boldsymbol{M}_1\ddot{\boldsymbol{u}}_2-\Omega\boldsymbol{J}_1\dot{\boldsymbol{u}}_1+\boldsymbol{K}_1\boldsymbol{u}_2=\boldsymbol{0}\end{cases}$$

其中

$$\boldsymbol{u}_1=[x_1,\ \theta_{y1},\ x_2,\ \theta_{y2}]^{\mathrm{T}}$$

$$\boldsymbol{u}_2=[y_1,\ -\theta_{x1},\ y_2,\ -\theta_{x2}]^{\mathrm{T}}$$

$$\boldsymbol{M}_1=\begin{bmatrix}m_1&0&0&0\\0&J_{d1}&0&0\\0&0&m_2&0\\0&0&0&J_{d2}\end{bmatrix};\ \boldsymbol{J}_1=\begin{bmatrix}0&0&0&0\\0&J_{p1}&0&0\\0&0&0&0\\0&0&0&J_{p2}\end{bmatrix}$$

柔度矩阵为

$$\boldsymbol{a}_1=\frac{a}{EI}\begin{bmatrix}a^2/6&0&-a^2/4&-a/4\\0&1/6&-a/12&-1/12\\-a^2/4&-a/12&a^2&7a/6\\-a/4&-1/12&7a/6&5/3\end{bmatrix}$$

则刚度矩阵为

$$\boldsymbol{K}_1=\boldsymbol{a}_1^{-1}=\frac{EI}{2a^3}\begin{bmatrix}21 & 3a & 9 & -3a\\ 3a & 13a^2 & 3a & -a^2\\ 9 & 3a & 15 & -9a\\ -3a & -a^2 & -9a & 7a^2\end{bmatrix}$$

如前面所述，为求解双圆盘转子的模态频率和模态振型，只需保留其在 osx 平面的运动微分方程，即

$$\boldsymbol{M}_1\ddot{\boldsymbol{u}}_1+\Omega\boldsymbol{J}_1\dot{\boldsymbol{u}}_2+\boldsymbol{K}_1\boldsymbol{u}_1=\boldsymbol{0}$$

由式（3-40）、式（3-41）可得到 osx 平面的特征方程为

$$(-\boldsymbol{M}_1\omega^2+\boldsymbol{J}_1\Omega\omega+\boldsymbol{K}_1)\boldsymbol{\phi}_1=\boldsymbol{0}$$

其中

$$\boldsymbol{\phi}_1=[x_{10},\theta_{y10},x_{20},\theta_{y20}]^{\mathrm{T}}$$

将特征方程展开，有

$$\begin{cases}\left(\dfrac{21EI}{2a^3}-m_1\omega^2\right)x_{10}+\dfrac{3EI}{2a^2}\theta_{y10}+\dfrac{9EI}{2a^3}x_{20}-\dfrac{3EI}{2a^2}\theta_{y20}=0\\ \dfrac{3EI}{2a^2}x_{10}+\left(\dfrac{13EI}{2a}+J_{\mathrm{p1}}\Omega\omega-J_{\mathrm{d1}}\omega^2\right)\theta_{y10}+\dfrac{3EI}{2a^2}x_{20}-\dfrac{EI}{2a}\theta_{y20}=0\\ \dfrac{9EI}{2a^3}x_{10}+\dfrac{3EI}{2a^2}\theta_{y10}+\left(\dfrac{15EI}{2a^3}-m_2\omega^2\right)x_{20}-\dfrac{9EI}{2a^2}\theta_{y20}=0\\ -\dfrac{3EI}{2a^2}x_{10}-\dfrac{EI}{2a}\theta_{y10}-\dfrac{9EI}{2a^2}x_{20}\left(\dfrac{7EI}{2a}+J_{\mathrm{p2}}\Omega\omega-J_{\mathrm{d2}}\omega^2\right)\theta_{y20}=0\end{cases}$$

故得频率方程为

$$\begin{vmatrix}\dfrac{21EI}{2a^3}-m_1\omega^2 & \dfrac{3EI}{2a^2} & \dfrac{9EI}{2a^3} & -\dfrac{3EI}{2a^2}\\ \dfrac{3EI}{2a^2} & \dfrac{13EI}{2a}+J_{\mathrm{p1}}\Omega\omega-J_{\mathrm{d1}}\omega^2 & \dfrac{3EI}{2a^2} & -\dfrac{EI}{2a}\\ \dfrac{9EI}{2a^3} & \dfrac{3EI}{2a^2} & \dfrac{15EI}{2a^3}-m_2\omega^2 & -\dfrac{9EI}{2a^2}\\ -\dfrac{3EI}{2a^2} & -\dfrac{EI}{2a} & -\dfrac{9EI}{2a^2} & \dfrac{7EI}{2a}+J_{\mathrm{p2}}\Omega\omega-J_{\mathrm{d2}}\omega^2\end{vmatrix}=0$$

这是一个关于 ω 的 8 次代数方程，对于每个给定的自转角速度 Ω，可解得 8 个进动角速度，其中有 4 个正进动角速度和 4 个反进动角速度。按一定步长给定不同的 Ω，求解相应的进动角速度并绘制成曲线，如图 3-14 所示。在图中作 $\Omega=\omega_{\mathrm{n}}$ 和 $\Omega=-\omega_{\mathrm{n}}$ 两条直线，在一定的自转角速度范围内找到与各进动角速度曲线的交点，所对应的

角速度即为该转子的临界角速度。其中满足 $\Omega=\omega_n$ 的临界角速度就是同步正向涡动的临界角速度，而满足 $\Omega=-\omega_n$ 的临界角速度就是同步反向涡动的临界角速度。

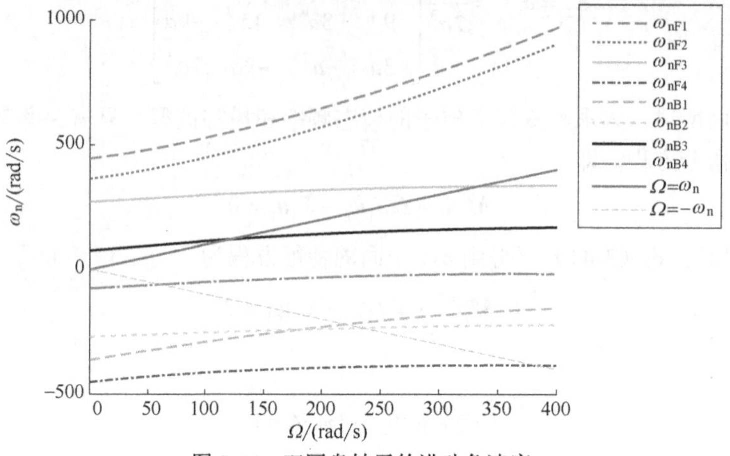

图 3-14　双圆盘转子的进动角速度

从图 3-14 中可以找到 2 个同步正向涡动的临界角速度和 4 个同步反向涡动的临界角速度，如表 3-1 所示。也可以将 $\Omega=\pm\omega_n$ 分别代入频率方程中，方程的根即为转子的临界角速度。

表 3-1　双圆盘转子的临界角速度

	同步正向涡动			同步反向涡动		
临界角速度 ω_c/（rad/s）	121.22	333.33	−57.10	−219.92	−232.80	−378.89

需要注意的是，在求取同步正向涡动的临界角速度时，由于 $\boldsymbol{M}_F$ 并非正定矩阵，频率方程的根 ω^2 会出现负数，由此得到的特征值 ω 是虚数，而只有 ω 为实数时才是转子的临界角速度，所以同步正向涡动的临界角速度可能会少于 4 个；求取同步反向涡动的临界角速度时，由于 $\boldsymbol{M}_B$ 是正定矩阵，所以频率方程的根 ω^2 全部为正数，由此可得到 4 个正负成对的实数特征值，代表转子有 4 个同步反向涡动的临界角速度。

将求得的各个临界角速度代入特征方程 $(-\boldsymbol{M}_1\omega^2+\boldsymbol{J}_1\Omega\omega+\boldsymbol{K}_1)\boldsymbol{\phi}_1=\boldsymbol{0}$ 中，得到 4 个齐次方程，任取其中 3 个方程联立，并令 x_{20}=1cm，即可求得 x_{10}、θ_{y10}、x_{20} 和 θ_{y20} 的比例解，从而构成各阶模态振型，如表 3-2 所示。

表 3-2　双圆盘转子的模态振型[❶]

临界角速度 ω_c/（rad/s）	x_{10}/cm	θ_{y10}/rad	x_{20}/cm	θ_{y20}/rad
121.22	−0.329106	−0.184060	1	0.024141

❶ 模态振型中线位移和角位移的比例关系为：线位移 1m 对应角位移 1rad。

续表

临界角速度 ω_c/（rad/s）	x_{10}/cm	θ_{y10}/rad	x_{20}/cm	θ_{y20}/rad
333.33	1.978013	−0.009035	1	0.022437
−57.10	−0.235333	−0.001982	1	0.033195
−219.92	0.724356	−0.162680	1	−0.023037
−232.80	−1.252470	0.003222	1	−0.020603
−378.89	1.179279	0.007655	1	−0.011147

模态振型代表着转子在各阶主振动下各圆盘处振动的幅值比例及方向，如图 3-15 所示。在各阶主振动中，转轴虽然发生弯曲变形，但始终是一条平面曲线，并以该阶临界角速度绕轴线转动。本算例的 Matlab 计算程序请参看附录 A.4。

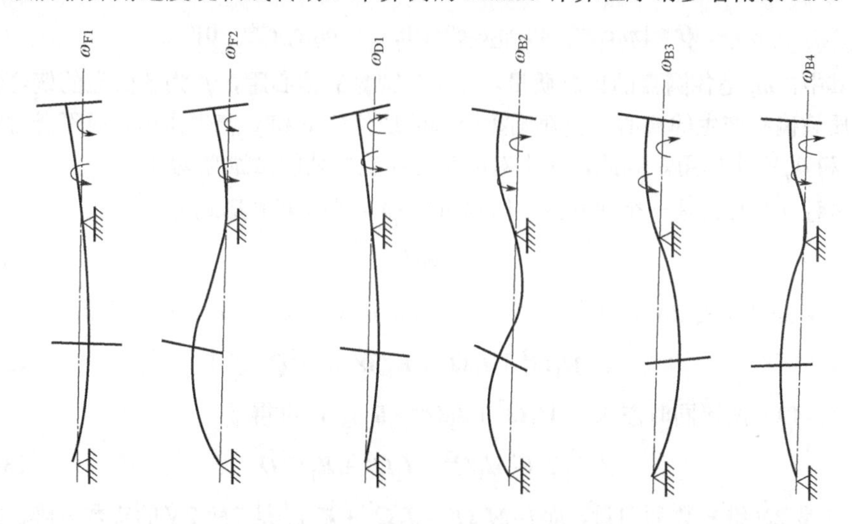

图 3-15　双圆盘转子的主振动形态

3.4　多圆盘转子的不平衡响应

前面讨论的多圆盘转子没有考虑质量偏心的影响，而实际的转子往往存在质量偏心，而且对于多圆盘转子来讲，每个圆盘的质量偏心分布又是不同的。质量偏心的作用使转子受到了不平衡离心力的激励作用，其运动就称为不平衡响应。质量偏心的作用效果会导致转子的运动形态发生更加复杂的变化，需要对此问题进行进一步的讨论。

求取多圆盘转子的不平衡响应通常有两种方法：一是建立有质量偏心的多圆盘转子的运动微分方程，而运动微分方程的解就是多圆盘转子的不平衡响应；二是将多圆盘转子的不平衡质量引起的振动分解到各阶模态振动上，再采用模态叠加原理求取不平衡响应。下面对这两种方法分别进行介绍。

3.4.1 运动微分方程法求解多圆盘转子的不平衡响应

当多圆盘转子的各个圆盘存在质量偏心时，若不计外部阻尼，其运动微分方程可写为式（3-13）或式（3-14）的形式，仍令

$$\boldsymbol{w}=\boldsymbol{u}_1+\mathrm{i}\boldsymbol{u}_2$$

则式（3-13）可改写为

$$\boldsymbol{M}_1\ddot{\boldsymbol{w}}-\mathrm{i}\Omega\boldsymbol{J}_1\dot{\boldsymbol{w}}+\boldsymbol{K}_1\boldsymbol{w}=\Omega^2\boldsymbol{Q}\mathrm{e}^{\mathrm{i}\Omega t} \tag{3-47}$$

$\boldsymbol{Q}$ 是多圆盘转子的不平衡激励，有

$$\boldsymbol{Q}=[m_1e_1\mathrm{e}^{\mathrm{i}\phi_1},\ 0,\ m_2e_2\mathrm{e}^{\mathrm{i}\phi_2},\ 0,\ \cdots,\ m_Ne_N\mathrm{e}^{\mathrm{i}\phi_N},\ 0]^{\mathrm{T}}$$

其中，m_i 是各圆盘的集总质量，e_i 是各圆盘的偏心距，ϕ_i 为各圆盘的偏位角。由于质量偏心产生的离心力会对圆盘中心的线位移 x_i 和 y_i 产生作用，而不会对角位移 θ_{xi} 和 θ_{yi} 产生作用。因此，$\boldsymbol{Q}$ 中对应角位移坐标处的激励项为 0。

方程（3-47）是一个非齐次二阶微分方程，其特解的形式为

$$\boldsymbol{w}=\boldsymbol{W}\mathrm{e}^{\mathrm{i}\Omega t} \tag{3-48}$$

其中，$\boldsymbol{W}$ 是待定的 $2N$ 维列向量。将式（3-48）代入式（3-47）中，可得

$$(-\boldsymbol{M}_1\Omega^2+\boldsymbol{J}_1\Omega^2+\boldsymbol{K}_1)\boldsymbol{W}=\Omega^2\boldsymbol{Q} \tag{3-49}$$

在式（3-49）两端同时左乘 $(-\boldsymbol{M}_1\Omega^2+\boldsymbol{J}_1\Omega^2+\boldsymbol{K}_1)^{-1}$，可得

$$\boldsymbol{W}=\Omega^2(-\boldsymbol{M}_1\Omega^2+\boldsymbol{J}_1\Omega^2+\boldsymbol{K}_1)^{-1}\boldsymbol{Q} \tag{3-50}$$

因为 $\boldsymbol{Q}$ 是 $2N$ 维复数列向量，而 $(-\boldsymbol{M}_1\Omega^2+\boldsymbol{J}_1\Omega^2+\boldsymbol{K}_1)^{-1}$ 是 $2N\times2N$ 的实数方阵，故可知 $\boldsymbol{W}$ 也是 $2N$ 维复数列向量，可表示为

$$\boldsymbol{W}=[w_1\mathrm{e}^{\mathrm{i}\varphi_1},\ w_2\mathrm{e}^{\mathrm{i}\varphi_2},\ \cdots,\ w_{2N}\mathrm{e}^{\mathrm{i}\varphi_{2N}}]^{\mathrm{T}}$$

其中，w_i、ϕ_i（i=1,2, ⋯,2N）均为实数，在 $\boldsymbol{Q}$ 已知并给定 Ω 值的情况下，其数值可由式（3-49）得到，再代入式（3-48）中，即可得到多圆盘转子的不平衡响应，有

$$\boldsymbol{w}=[w_1\mathrm{e}^{\mathrm{i}\varphi_1},\ w_2\mathrm{e}^{\mathrm{i}\varphi_2},\ \cdots,\ w_{2N}\mathrm{e}^{\mathrm{i}\varphi_{2N}}]^{\mathrm{T}}\mathrm{e}^{\mathrm{i}\Omega t} \tag{3-51}$$

考察式（3-51）可知，存在质量偏心且不计阻尼的多圆盘转子以给定的自转角速度 Ω 转动时，其不平衡响应有以下特点：

① 各圆盘中心的运动可表示为 $w_i\mathrm{e}^{\mathrm{i}(\Omega t+\varphi_i)}$，因此轨迹均为圆。

② 各圆盘中心运动的初相角为 φ_i，与各圆盘的偏位角 ϕ_i 有关。由于各圆盘质量偏心的分布是随机的，一般情况下 ϕ_i 均不相等，故此 φ_i 也往往各不相等，这说明

转轴一般情况下会弯曲成一条空间曲线，而非平面曲线。由式（3-51）还可以推断出，只有当所有圆盘的偏位角均相等，或只有一个圆盘存在质量偏心时，转轴才会弯曲成一条平面曲线。

③ 各圆盘在偏心质量的作用下，转轴以转子的自转角速度 Ω 绕 os 轴涡动，因此可知不平衡响应是同步正进动。

由上述三个特点决定了多圆盘转子的运动形态如图 3-16 所示。

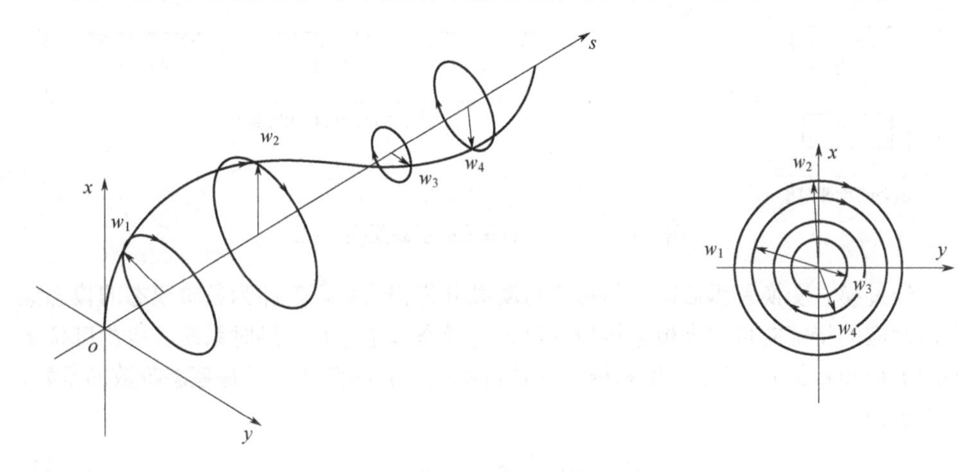

图 3-16　多圆盘转子的不平衡响应

3.4.2　模态叠加法求解多圆盘转子的不平衡响应

2.4.4 节中初步介绍了多自由度系统的模态及其性质，由相关结论可知，以物理坐标 x_i（i=1,2, ⋯,N，N 为系统的自由度个数）表示的多自由度系统的运动微分方程往往是耦合的，对耦合的微分方程直接求解通常是比较困难的。解决这个问题的一种方法是通过多自由度系统的模态来实现运动微分方程的解耦，再利用模态振型的完备性原理来得到不平衡响应，这种方法就称为模态叠加法。

模态叠加法首先采用特征值求解和坐标变换方法，将物理坐标 x_i 变换为模态坐标 q_i，多自由度系统的运动微分方程即可转化为用模态坐标 q_i 表示的一组单自由度运动微分方程，方程的个数等于自由度的数目。在求解到模态坐标后，再利用模态坐标和物理坐标的关系，将模态坐标重新变换为物理坐标，这个过程称为模态变换。通过模态变换，就可以用一组单自由度系统来描述一个多自由度系统的结构和特性。这一组解耦的单自由度运动微分方程所表达的就是系统的模态空间，其中每个单自由度系统称为模态空间的一个模态，其模态质量、模态刚度和模态阻尼均可由多自由度系统的物理参量通过模态变换方法得到。模态变换的原理可以用图 3-17 来表示。

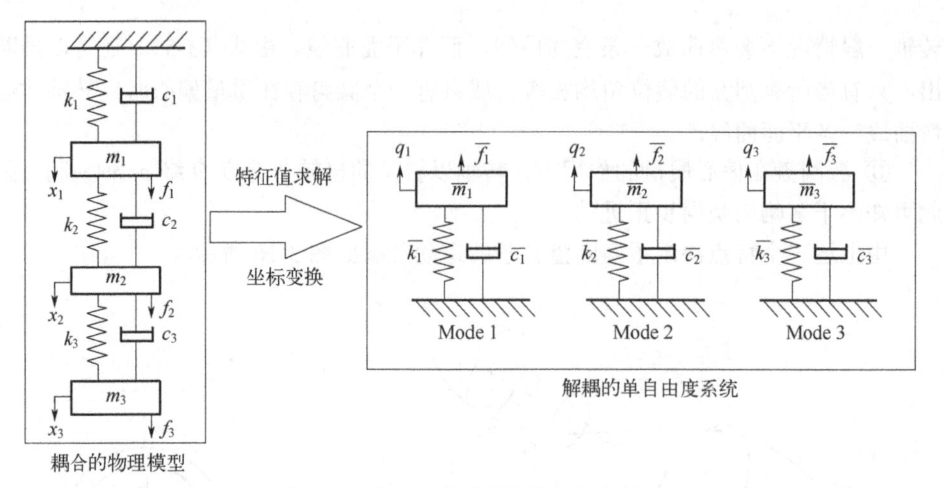

图 3-17　多自由度系统的模态变换原理

经过模态变换解耦后得到的每个运动微分方程的特征值即为各阶模态的模态频率，对应的特征向量即为模态振型（以该阶模态频率进行激励时系统各自由度位置处的振幅和相位）。所以，模态振型既是自由度位置的函数，又是模态阶数的函数，可表示为

$$\boldsymbol{\phi}^{(r)}=[\varphi_1^{(r)},\varphi_2^{(r)},\cdots,\varphi_N^{(r)}]^{\mathrm{T}} \tag{3-52}$$

式中，r 为模态的阶数，r=1, 2, ⋯, N。

由以上分析可知，模态振型的物理意义是：当对系统以某一阶模态频率进行激励时，系统各自由度振动响应的幅值比例及相位关系。也就是说，此时只需要知道系统任意一个自由度的振幅和相位，即可由模态振型得到其他所有自由度的振幅和相位。从数学意义上讲，每个模态振型都可以写为一个向量，向量各维的数值代表各自由度的振幅比例和相位关系，模态振型就是模态空间的一个“基”向量，这样的一组“基”向量就可以用来描述和刻画整个模态空间。另外需要注意的是，模态只与系统的结构有关，而与外部条件无关，即无论系统有无外部阻尼和激励，其模态都是一样的。因此，求解模态时先假设系统作无阻尼的自由振动，所建立的运动微分方程为齐次形式。

当系统存在外部激励时，为求得系统的响应，可先求解系统的各阶模态振型 $\boldsymbol{\phi}^{(r)}$，再将各阶模态振型 $\boldsymbol{\phi}^{(r)}$ 组成振型矩阵 $\boldsymbol{\Phi}$，也称为模态矩阵，即

$$\boldsymbol{\Phi}=[\boldsymbol{\phi}^{(1)},\ \boldsymbol{\phi}^{(2)},\ \cdots,\ \boldsymbol{\phi}^{(N)}]=\begin{bmatrix}\varphi_1^{(1)} & \varphi_1^{(2)} & \cdots & \varphi_1^{(N)}\\ \varphi_2^{(1)} & \varphi_2^{(2)} & \cdots & \varphi_2^{(N)}\\ \vdots & \vdots & \vdots & \vdots\\ \varphi_N^{(1)} & \varphi_N^{(2)} & \cdots & \varphi_N^{(N)}\end{bmatrix} \tag{3-53}$$

设激励频率为 ω，可将各模态坐标记为

$$\boldsymbol{q}(\omega)=[q_1(\omega),\ q_2(\omega),\ \cdots,\ q_N(\omega)]^{\mathrm{T}} \tag{3-54}$$

则系统以物理坐标表示的响应为

$$\boldsymbol{X}(\omega)=[x_1(\omega),\ x_2(\omega),\ \cdots,\ x_N(\omega)]^{\mathrm{T}}=\boldsymbol{\Phi}\boldsymbol{q}(\omega) \tag{3-55}$$

由上述过程可知，对于线性时不变系统而言，以任意频率 ω 进行激励时，系统第 i 个自由度位置处的响应的物理坐标均可表示为各阶模态值 $\varphi_i^{(r)}$ 与模态坐标 q_i 的乘积和，或者说是各阶模态在第 i 个自由度位置处产生的响应的叠加，这就是求解响应的模态叠加原理，即

$$x_i(\omega)=\varphi_i^{(1)}q_1(\omega)+\varphi_i^{(2)}q_2(\omega)+\cdots+\varphi_i^{(N)}q_N(\omega)=\sum_{r=1}^{N}\varphi_i^{(r)}q_r(\omega) \tag{3-56}$$

多圆盘转子实际上也是一个多自由度振动系统，当圆盘存在质量偏心时，可将质量偏心引起的离心力视为激励，且激励频率为自转角速度 Ω，那么系统的不平衡响应同样可以采用模态叠加原理来进行求解。这是因为，转子的任意一个不平衡量的作用效果都相当于一个外力，都能激起转子的各阶模态振动；当多个不平衡量同时存在时，总的不平衡响应其实就是单个不平衡量引起的响应的叠加。因此，如果已知转子的偏心分布，就可以将这一组偏心分布按模态振型来展开，计算出每个不平衡量所引起的各阶模态振动对不平衡响应的贡献（用比例系数来表示），然后再将它们叠加起来，就可以得到总的不平衡响应。

已知多圆盘转子的不平衡量分布 $\boldsymbol{Q}$ 和自转角速度 Ω，为简单起见，不考虑圆盘转动惯量 J_{d} 以及陀螺效应，也就是只考察各圆盘的线位移 x_i 和 y_i，则以复变量 $z_i=x_i+\mathrm{i}y_i$ 表示的多圆盘转子的运动微分方程可写为

$$\boldsymbol{m}\ddot{\boldsymbol{z}}+\boldsymbol{c}\dot{\boldsymbol{z}}+\boldsymbol{k}\boldsymbol{z}=\Omega^2\boldsymbol{Q}\mathrm{e}^{\mathrm{i}\Omega t} \tag{3-57}$$

式中，$\boldsymbol{m}$ 是由各圆盘的质量 $m_1,m_2,\cdots,m_N$ 组成的对角矩阵；$\boldsymbol{c}$ 为阻尼矩阵；$\boldsymbol{k}$ 为刚度矩阵；$\boldsymbol{Q}$ 是由各圆盘的不平衡量构成的复数列向量，即

$$\boldsymbol{Q}=[m_1e_1\mathrm{e}^{\mathrm{i}\alpha_1},\ m_1e_1\mathrm{e}^{\mathrm{i}\alpha_2},\ \cdots,\ m_1e_1\mathrm{e}^{\mathrm{i}\alpha_N}]^{\mathrm{T}}$$

应用模态叠加法首先需要求解模态频率和模态振型，为此给出多圆盘转子的无阻尼自由振动微分方程，即

$$\boldsymbol{m}\ddot{\boldsymbol{z}}+\boldsymbol{k}\boldsymbol{z}=\boldsymbol{0} \tag{3-58}$$

设多圆盘转子的第 r 阶模态频率为 ω_r，对应的模态振型为 $\boldsymbol{\phi}^{(r)}$，根据特征值与特征向量的关系，有

$$(-\boldsymbol{m}\omega_r^2+\boldsymbol{k})\boldsymbol{\phi}^{(r)}=\boldsymbol{0} \tag{3-59}$$

当 $\boldsymbol{m}$ 和 $\boldsymbol{k}$ 是对称阵时，可以证明模态振型满足正交性，即

$$\begin{cases}\boldsymbol{\phi}^{(r)\mathrm{T}}\boldsymbol{m}\boldsymbol{\phi}^{(s)}=0\\ \boldsymbol{\phi}^{(r)\mathrm{T}}\boldsymbol{k}\boldsymbol{\phi}^{(s)}=0\end{cases}\quad (r\neq s) \tag{3-60}$$

当 $r=s$ 时，式（3-60）等号右边不再为 0，称 $\boldsymbol{\phi}^{(r)\mathrm{T}}\boldsymbol{m}\boldsymbol{\phi}^{(s)}$ 为第 r 阶主质量，记为 M_r，称 $\boldsymbol{\phi}^{(r)\mathrm{T}}\boldsymbol{k}\boldsymbol{\phi}^{(s)}$ 为第 r 阶主刚度，记为 K_r，则第 r 阶模态频率 ω_r 满足

$$\omega_r^2=\frac{K_r}{M_r} \tag{3-61}$$

但是，由于模态振型只给出了一组比值，所以利用式（3-60）无法得到主质量的确定值。可以在模态振型 $\boldsymbol{\phi}^{(r)}$ 中令第 s 个元素为 1，将这样的模态振型称为归一化振型，其他元素可按比例确定具体数值，但是归一化位置不同，在求取各阶主质量时会得到不同的数值。为了能够得到统一的主质量，可为模态振型增加一个附加条件，即令

$$\boldsymbol{\phi}^{(r)\mathrm{T}}\boldsymbol{m}\boldsymbol{\phi}^{(r)}=1 \tag{3-62}$$

通过式（3-62）即可求得一组特定的模态振型，这组模态振型不仅具有一般模态振型的比例性，而且各元素都有确定的数值，称之为正则化振型。正则化振型所对应的各阶主质量都等于 1，可由主质量的表达式和式（3-62）来求得，即

$$\boldsymbol{\psi}^{(r)}=\frac{\boldsymbol{\phi}^{(r)}}{\sqrt{M_r}}$$

为使模态频率的计算更加简便，可令式（3-62）的附加条件为

$$\boldsymbol{\phi}^{(r)\mathrm{T}}\boldsymbol{m}\boldsymbol{\phi}^{(r)}=M \tag{3-63}$$

式中，$M=m_1+m_2+\cdots+m_N$，称为主质量。这表明各阶主质量均为 M，由此可得出一组模态振型，此时得到的第 r 阶主刚度记为

$$\boldsymbol{\phi}^{(r)\mathrm{T}}\boldsymbol{k}\boldsymbol{\phi}^{(r)}=K_r \tag{3-64}$$

则第 r 阶模态频率可写为

$$\omega_r^2=\frac{K_r}{M} \tag{3-65}$$

由这组模态振型构成的模态矩阵记为

$$\boldsymbol{\Phi}=[\boldsymbol{\phi}^{(1)},\ \boldsymbol{\phi}^{(2)},\ \cdots,\ \boldsymbol{\phi}^{(N)}]$$

代入式（3-60）中可拓展为

$$\begin{cases}\boldsymbol{\Phi}^{\mathrm{T}}\boldsymbol{m}\boldsymbol{\Phi}=\begin{bmatrix}M & & & \\ & M & \boldsymbol{0} & \\ & \boldsymbol{0} & \ddots & \\ & & & M\end{bmatrix}=\begin{bmatrix}\ddots & & \\ & M & \\ & & \ddots\end{bmatrix}\\ \boldsymbol{\Phi}^{\mathrm{T}}\boldsymbol{k}\boldsymbol{\Phi}=\begin{bmatrix}K_1 & & & \\ & K_2 & \boldsymbol{0} & \\ & \boldsymbol{0} & \ddots & \\ & & & K_N\end{bmatrix}=\begin{bmatrix}\ddots & & \\ & K & \\ & & \ddots\end{bmatrix}\end{cases} \tag{3-66}$$

物理坐标 $\boldsymbol{z}$ 与模态坐标 $\boldsymbol{q}$ 的变换关系为

$$\boldsymbol{z}=\boldsymbol{\Phi q} \tag{3-67}$$

将之代入多圆盘转子的运动微分方程（3-57）中，并在方程两边同时左乘 $\boldsymbol{\Phi}^{\mathrm{T}}$，可以得到

$$\boldsymbol{\Phi}^{\mathrm{T}}\boldsymbol{m\Phi}\ddot{\boldsymbol{q}}+\boldsymbol{\Phi}^{\mathrm{T}}\boldsymbol{c\Phi}\dot{\boldsymbol{q}}+\boldsymbol{\Phi}^{\mathrm{T}}\boldsymbol{k\Phi q}=\Omega^2\boldsymbol{\Phi}^{\mathrm{T}}Q\mathrm{e}^{\mathrm{i}\Omega t} \tag{3-68}$$

令 $\boldsymbol{p}=\boldsymbol{\Phi}^{\mathrm{T}}\boldsymbol{Q}$，再结合式（3-66），有

$$\left[\ddots M\ddots\right]\ddot{\boldsymbol{q}}+\boldsymbol{\Phi}^{\mathrm{T}}\boldsymbol{c\Phi}\dot{\boldsymbol{q}}+\left[\ddots K\ddots\right]\boldsymbol{q}=\Omega^2\boldsymbol{p}\mathrm{e}^{\mathrm{i}\Omega t} \tag{3-69}$$

需要注意的是，一般情况下阻尼矩阵 $\boldsymbol{c}$ 为非对称矩阵，因此微分方程（3-69）中的第二项 $\boldsymbol{\Phi}^{\mathrm{T}}\boldsymbol{c\Phi}$ 并非对角阵[1]，因此该微分方程依然是耦合的。为了能够求解，可以在满足一定条件的情况舍弃掉 $\boldsymbol{\Phi}^{\mathrm{T}}\boldsymbol{c\Phi}$ 矩阵中的非对角元素，从而将 $\boldsymbol{\Phi}^{\mathrm{T}}\boldsymbol{c\Phi}$ 转化为对角阵。实际转子在运行时阻尼都比较小，如果多圆盘转子的各阶模态频率并不是很接近，$\boldsymbol{\Phi}^{\mathrm{T}}\boldsymbol{c\Phi}$ 矩阵中的非对角元素通常远远小于对角元素，此时就可以舍弃掉非对角元素，将其近似视为对角阵，即

$$\boldsymbol{\Phi}^{\mathrm{T}}\boldsymbol{c\Phi}=\begin{bmatrix} C_1 & & & \\ & C_2 & \boldsymbol{0} & \\ & \boldsymbol{0} & \ddots & \\ & & & C_N \end{bmatrix}=\left[\ddots C\ddots\right]$$

这样方程（3-69）可简化为解耦形式，有

$$\left[\ddots M\ddots\right]\ddot{\boldsymbol{q}}+\left[\ddots \boldsymbol{C}\ddots\right]\dot{\boldsymbol{q}}+\left[\ddots \boldsymbol{K}\ddots\right]\boldsymbol{q}=\Omega^2\boldsymbol{p}\mathrm{e}^{\mathrm{i}\Omega t} \tag{3-70}$$

其中 $\boldsymbol{p}$ 为复数列阵，称为广义不平衡量，第 r 个复数元素 $\boldsymbol{p}_r$ 为

$$\boldsymbol{p}_r=\boldsymbol{\phi}^{(r)\mathrm{T}}\boldsymbol{Q}$$

称 $\boldsymbol{p}_r$ 为转子的第 r 阶广义不平衡量，它是由转子的原始不平衡量 $\boldsymbol{Q}$ 经模态变换后得到的，可以理解为是原始不平衡量 $\boldsymbol{Q}$ 在第 r 阶模态振型上的分量；称 $\Omega^2\boldsymbol{p}\mathrm{e}^{\mathrm{i}\Omega t}$ 为模态广义力，其中第 r 个元素 $\Omega^2\boldsymbol{p}_r\mathrm{e}^{\mathrm{i}\Omega t}$ 称为第 r 阶模态广义力。

将方程（3-70）展开，可得到 N 个互不耦合的以模态坐标表示的运动微分方程，即

$$\begin{cases} M\ddot{q}_1+C_1\dot{q}_1+K_1q_1=\Omega^2\boldsymbol{p}_r\mathrm{e}^{\mathrm{i}\Omega t} \\ M\ddot{q}_2+C_2\dot{q}_2+K_2q_2=\Omega^2\boldsymbol{p}_r\mathrm{e}^{\mathrm{i}\Omega t} \\ \cdots\cdots \\ M\ddot{q}_N+C_N\dot{q}_N+K_Nq_N=\Omega^2\boldsymbol{p}_r\mathrm{e}^{\mathrm{i}\Omega t} \end{cases} \tag{3-71}$$

[1] 只有满足某些特殊条件时，例如比例阻尼时，即 $\boldsymbol{c}=a\boldsymbol{m}+b\boldsymbol{k}$ 时，才能够将 $\boldsymbol{\Phi}^{\mathrm{T}}\boldsymbol{c\Phi}$ 化为对角阵。

其中，每一个方程都类似于具有质量偏心的单圆盘转子的运动微分方程，求解每个微分方程即可得到以模态坐标表示的各阶模态不平衡响应，有

$$q_r = \frac{\eta_r^2}{\sqrt{(1-\eta_r^2)^2 + 4\xi_r^2\eta_r^2}} \times \frac{\boldsymbol{p}_r}{M} \mathrm{e}^{\mathrm{i}(\Omega t - \theta_r)} \tag{3-72}$$

其中

$$\eta_r = \frac{\Omega}{\omega_r};\ \ \zeta_r = \frac{C_r}{2\sqrt{K_r M}};\ \ \theta_r = \arctan\frac{2\zeta_r\eta_r}{1-\eta_r^2} \tag{3-73}$$

再令

$$D_r = \frac{\eta_r^2}{\sqrt{(1-\eta_r^2)^2 + 4\zeta_r^2\eta_r^2}} \tag{3-74}$$

称 D_r 为第 r 阶模态的动力系数。式（3-72）表明模态不平衡响应是展开到各阶模态振型上的不平衡量引起的响应。

求得模态坐标 $\boldsymbol{q}$ 后，再根据式（3-67）将模态坐标重新变换为物理坐标 $\boldsymbol{z}$，即可得到以第 i 个圆盘中心复位移 z_i 表示的总不平衡响应为

$$z_i = \sum_{r=1}^{N} \phi_i^{(r)} q_r = \frac{1}{M}\sum_{r=1}^{N} D_r \phi_i^{(r)} \boldsymbol{p}_r \mathrm{e}^{\mathrm{i}(\Omega t - \theta_r)} \tag{3-75}$$

式中，$\phi_i^{(r)}$ 是第 r 阶模态振型 $\boldsymbol{\phi}^{(r)}$ 中的第 i 个元素，$i=1,2,\cdots,N$。

当多圆盘转子以恒定的自转角速度 Ω 转动时，由式（3-75）可以得到如下结论：

① 多圆盘转子中任一圆盘中心的不平衡响应 z_i 是由各阶模态不平衡响应线性叠加而成的。某阶模态在 z_i 中所占的比重（即所乘的比例系数），不仅与该阶广义不平衡量 $\boldsymbol{p}_r$ 的大小有关，还与该阶模态的动力系数 D_r 的大小有关。由式（3-74）可知，如果 ζ_r 较小，转子的自转角速度 Ω 越接近某一阶模态频率 ω_r，η_r 就越接近 1，则该阶模态的动力系数 D_r 就越接近最大值，这意味着该阶模态的不平衡响应在转子的总不平衡响应中占据的比重增大，而其他模态对转子不平衡响应的贡献则相应减小。

② $\mathrm{e}^{\mathrm{i}(\Omega t - \theta_r)}$ 的轨迹是圆，而各圆盘中心的不平衡响应 z_i 由 r 个 $\mathrm{e}^{\mathrm{i}(\Omega t - \theta_r)}$ 乘以相应系数后叠加而成，即 z_i 是由 r 个半径和相角都不同的圆叠加而成的，因此叠加后的轨迹依然是圆，其半径由 $|z_i|$ 决定。例如：有两个圆 $a\mathrm{e}^{\mathrm{i}(\Omega t+\alpha)}$、$b\mathrm{e}^{\mathrm{i}(\Omega t+\beta)}$，半径分别为 a、b，相角分别为 α、β，当二者叠加时，有

$$a\mathrm{e}^{\mathrm{i}(\Omega t+\alpha)} + b\mathrm{e}^{\mathrm{i}(\Omega t+\beta)} = a\mathrm{e}^{\mathrm{i}\alpha}\mathrm{e}^{\mathrm{i}\Omega t} + b\mathrm{e}^{\mathrm{i}\beta}\mathrm{e}^{\mathrm{i}\Omega t} = (a\mathrm{e}^{\mathrm{i}\alpha} + b\mathrm{e}^{\mathrm{i}\beta})\mathrm{e}^{\mathrm{i}\Omega t}$$

这说明，这两个圆叠加后的轨迹依然是圆，其半径由 $\left|a\mathrm{e}^{\mathrm{i}\alpha} + b\mathrm{e}^{\mathrm{i}\beta}\right|$ 决定，初相位则由复数 $(a\mathrm{e}^{\mathrm{i}\alpha} + b\mathrm{e}^{\mathrm{i}\beta})$ 的相角决定。由于自转角速度 Ω 恒定，显然 $|z_i|$ 是确定不变的值，故各圆盘中心能够保持稳定的圆轨迹涡动。

③ 由于在各圆盘处不平衡响应叠加时需要乘以各不相等的 $\phi_i^{(r)}$，因此叠加后各

圆盘的不平衡响应 z_i 的相角是各不相等的，因此多圆盘转子的转轴弯曲成一条空间曲线。这一空间曲线以角速度 Ω 绕轴承中心线匀速转动，说明转子的不平衡响应是一种同步正进动。

④ 如果在第 r 阶模态广义力中 $\boldsymbol{p}_r \neq \boldsymbol{0}$，而在其他各阶模态广义力中 $\boldsymbol{p}_s=\boldsymbol{0}$（$s=1,2,\cdots,r-1,r+1,\cdots,N$），此时任一圆盘中心的不平衡响应就只包含第 r 阶模态所引起的不平衡响应，称为纯模态的不平衡响应，即

$$z_i = \frac{D_r \phi_i^{(r)}}{M} \boldsymbol{p}_r \mathrm{e}^{\mathrm{i}(\Omega t - \theta_r)} \tag{3-76}$$

式（3-76）表明，多圆盘转子各圆盘中心的涡动轨迹都是圆，初相位均为复数 $\boldsymbol{p}_r \mathrm{e}^{\mathrm{i}(\Omega t-\theta_r)}$ 的相角，因此转子的轴线弯曲成一条平面曲线。这一平面曲线同样以角速度 Ω 绕轴承中心线匀速转动，是一种同步正进动，其相位比模态广义力 $\boldsymbol{p}_r \mathrm{e}^{\mathrm{i}\Omega t}$ 滞后 θ_r，如图 3-18 所示。

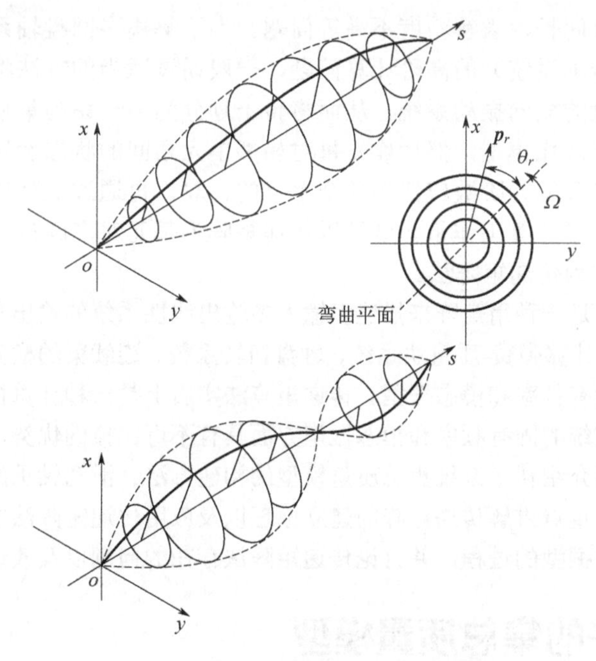

图 3-18　多圆盘转子的纯模态不平衡响应

第4章

转子的传递矩阵计算方法

在求解多圆盘转子的固有频率和模态振型时，随着自由度数目的增加，求解运动微分方程的计算工作量增大，往往非人力可为，即使借助计算机，也存在编程复杂、运行时间长、求解精度不高等问题。为了解决多圆盘轴系结构（如汽轮机和发电机的转轴系统）的高阶计算问题，一般通过适当的方法将其简化为若干个集中质量圆盘的横向振动系统，从而将转子划分为由一系列集总质量、轴段以及支承构成的离散化模型，然后建立每对相邻单元之间的状态参量方程，这样就将全系统的计算分解为阶数较低的各个单元的计算，再通过矩阵传递的方式加以综合，大大减少了计算工作量。这种以传递矩阵为基元对多圆盘转子进行计算和求解的方法，称为传递矩阵法。

传递矩阵法是一种用矩阵来描述多输入多输出线性系统的输出与输入之间关系的方法，适用于计算弹簧-质量块系统、轴盘扭转系统、连续梁的横向弯曲振动系统等链状结构的固有频率和模态振型。传递矩阵法实质上是一种计算振动的线性近似方法，在估算系统的固有频率和模态振型方面具有不可比拟的优势。

本章将详细介绍转子系统集总质量模型的构建方法、滑动轴承的动力学模型和支承简化方法，重点讲解传递矩阵的建立原理以及应用传递矩阵法求解转子系统的临界转速和模态振型的过程，并讨论传递矩阵法存在的问题以及改进措施。

4.1 转子的集总质量模型

4.1.1 转子质量的离散化

在进行转子临界转速、模态振型和不平衡响应的计算分析时，由于流体密封交叉刚度、油膜轴承、阻尼项往往是不对称的，还存在陀螺力矩的影响，得到的单元刚度矩阵和系统总体刚度矩阵往往也是不对称的，阻尼也不可以简单地以小阻尼或比例阻尼来替代。求解这样一个非对称系统的复特征值问题，目前还没有较为理想的方法。传递矩阵法则没有这些困难，求解转子的临界转速和不平衡响应时，可以实现较为简单的计算过程，编写程序非常容易，运行时间短，转子自由度数目增大时计算量并不会显著增加，因此在转子动力学问题的研究中一直占有主导地位。

传递矩阵法适用于离散质量模型，应用传递矩阵法进行计算时，需要首先建立转子的离散化模型。但是，实际转子或转子系统的质量是连续分布的，理论上其自由度有无穷多个，不能直接应用传递矩阵，也无法按照多圆盘转子的建模方法来直接建立运动微分方程。为此，可以将转子简化为具有若干个集总质量和转动惯量的多自由度系统，即沿轴线将转子的分布质量及转动惯量集中在被称为结点的某些位置，如圆盘、叶轮、联轴器、轴颈中心、轴端等，而其他位置则视为不存在质量和转动惯量的轴段，这称为转子的质量离散化。

如图 4-1 所示的质量和转动惯量均为连续分布的转子模型，称为转子的分布质量模型。转子的第 i 个结点包含一个圆盘和一个等截面轴段，二者均具有连续分布的质量和转动惯量，该结点的左端轴段（编号为 i-1）和右端轴段（编号为 i）的质量及转动惯量可以等效集总到第 i 个结点上，有以下关系：

$$\begin{cases} M_i = M_i^{(\mathrm{d})} + \dfrac{1}{2}(\mu l)_{i-1} + \dfrac{1}{2}(\mu l)_i \\ J_{\mathrm{p}i} = J_{\mathrm{p}i}^{(\mathrm{d})} + \dfrac{1}{2}(j_{\mathrm{p}} l)_{i-1} + \dfrac{1}{2}(j_{\mathrm{p}} l)_i \\ J_{\mathrm{d}i} = J_{\mathrm{d}i}^{(\mathrm{d})} + \left(\dfrac{1}{2} j_{\mathrm{d}} l - \dfrac{1}{12}\mu l^3\right)_{i-1} + \left(\dfrac{1}{2} j_{\mathrm{d}} l - \dfrac{1}{12}\mu l^3\right)_i \end{cases} \tag{4-1}$$

式中，M_i、$J_{\mathrm{p}i}$ 和 $J_{\mathrm{d}i}$ 分别为集总到第 i 个结点处的质量、极转动惯量和直径转动惯量；$M_i^{(\mathrm{d})}$ 、$J_{\mathrm{p}i}^{(\mathrm{d})}$ 和 $J_{\mathrm{d}i}^{(\mathrm{d})}$ 分别为第 i 个结点处圆盘原有的质量、极转动惯量和直径转动惯量；μ_i、$j_{\mathrm{p}i}$ 和 $j_{\mathrm{d}i}$ 分别为第 i 个轴段的单位长度上的质量、极转动惯量和直径转动惯量；l_i 是第 i 个轴段的长度。

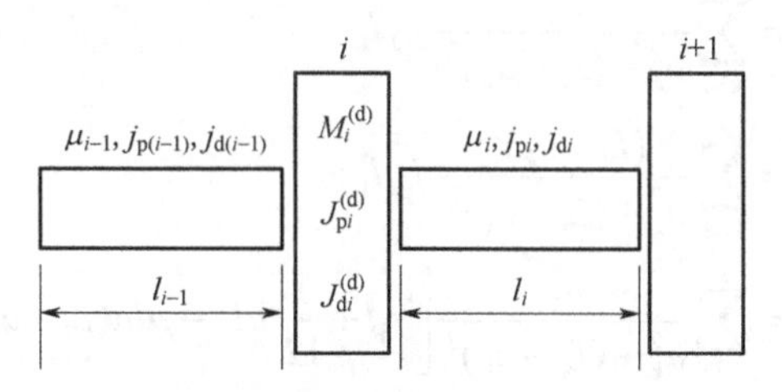

图 4-1　转子的结点及其连接轴段

式（4-1）表明，对于等截面轴的转子，将第 i 个轴段的质量和转动惯量集总到该结点上时，是将该结点左右两端的轴段各取一半进行计算的，而轴段的另一半则要集总到与其相邻的另一侧结点上。通过质量和转动惯量集总后，将每个结点都简化为具有质量和转动惯量，但不考虑弹性和厚度的圆盘，称为刚性薄圆盘；将轴段简化为具有弹性但没有质量和转动惯量的等截面轴，其弹性大小用等效抗弯刚度 E_iI_i 来表示，其中 E_i 是该轴段的弹性模量，I_i 是该轴段截面的惯性矩。

如果结点间的第 i 个轴段是由 s 个不同截面尺寸轴段（即阶梯轴）组成的，如图 4-2 所示，那么可以将阶梯轴的质量和转动惯量集总到该阶梯轴两端的结点上，将结点简化为刚性薄圆盘，阶梯轴则简化为没有质量和转动惯量的等截面弹性轴。

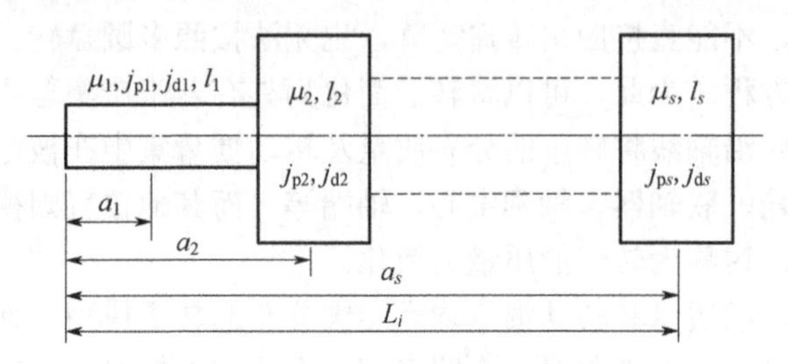

图 4-2　两结点间的阶梯轴

设阶梯轴的总长度为 L_i，其中第 k 个轴段的单位长度的质量、极转动惯量、直径转动惯量和长度分别为 μ_k、j_{pk}、j_{dk} 和 l_k（k=1,2,⋯,s），各段的质心与阶梯轴左端面的距离为 a_k（k=1,2,⋯,s）。按照质心位置不变原则，该阶梯轴集总到左、右两端结点上的质量分别为

$$\begin{cases} m_i^{\mathrm{L}} = \sum_{k=1}^{s} \dfrac{[\mu l(L_i - a)]_k}{L_i} \text{ [1]} \\ m_i^{\mathrm{R}} = \sum_{k=1}^{s} \dfrac{(\mu l a)_k}{L_i} \end{cases} \tag{4-2}$$

同样地，按照转动惯量不变原则可以得到该阶梯轴集总到两端结点上的转动惯量，有

$$\begin{cases} J_{\mathrm{p}i}^{\mathrm{R}} = \sum_{k=1}^{s} \dfrac{a_k^2}{a_k^2 + (L_i - a_k)^2} j_{\mathrm{p}k} l_k \\ J_{\mathrm{p}i}^{\mathrm{L}} = \sum_{k=1}^{s} \dfrac{(L_i - a_k)^2}{a_k^2 + (L_i - a_k)^2} j_{\mathrm{p}k} l_k \\ J_{\mathrm{d}i}^{\mathrm{R}} = \sum_{k=1}^{s} \dfrac{a_k^2}{a_k^2 + (L_i - a_k)^2} \left[j_{\mathrm{d}} l + \dfrac{1}{12} \mu l^3 - \mu l a (L_i - a) \right]_k \\ J_{\mathrm{d}i}^{\mathrm{L}} = \sum_{k=1}^{s} \dfrac{(L_i - a_k)^2}{a_k^2 + (L_i - a_k)^2} \left[j_{\mathrm{d}} l + \dfrac{1}{12} \mu l^3 - \mu l a (L_i - a) \right]_k \end{cases} \tag{4-3}$$

由此即可得到第 i 个结点的总质量和转动惯量分别为

[1] 为简洁，本书采用括号（或矩阵符号）加下角标的方式来表示其中多个相关参量具有相同的下标，例如$[\mu l(L_i-a)]_k$表示 $\mu_k l_k(L_i-a_k)$，$(\mu la)_k$表示 $\mu_k l_k a_k$。另外，采用上标 L 和 R 分别表示某轴段左右两端结点的参量。

$$
\begin{cases}
M_i = M_i^{(\mathrm{d})} + m_i^{\mathrm{L}} + m_{i-1}^{\mathrm{R}} \\
J_{\mathrm{p}i} = J_{\mathrm{p}i}^{(\mathrm{d})} + J_{\mathrm{p}i}^{\mathrm{L}} + J_{\mathrm{p}(i-1)}^{\mathrm{R}} \\
J_{\mathrm{d}i} = J_{\mathrm{d}i}^{(\mathrm{d})} + J_{\mathrm{d}i}^{\mathrm{L}} + J_{\mathrm{d}(i-1)}^{\mathrm{R}}
\end{cases}
\tag{4-4}
$$

最后，再根据转轴弯曲时两端面相对转角不变原则来得到等截面弹性轴的等效抗弯刚度，即等截面梁发生纯弯曲时，两端面的相对转角保持不变。如图 4-3（a）所示，长度为 dl、抗弯刚度为 EI 的轴段受弯矩 M 作用时发生弯曲，转角为 dθ，弯曲半径为 r，根据材料力学理论有

$$
\mathrm{d}\theta = \frac{\mathrm{d}l}{r} = \frac{M}{EI}\mathrm{d}l \tag{4-5}
$$

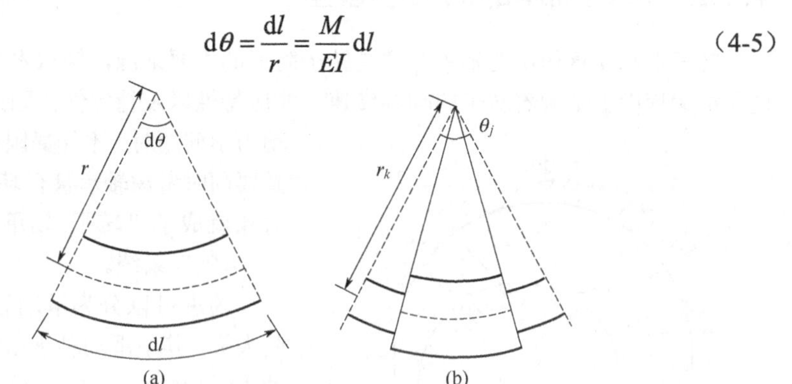

图 4-3　转轴的等效刚度计算

如果是阶梯轴，可以按照上述原则将组成阶梯轴的各个轴段进行整体等效。如图 4-3（b）所示为转子的第 j 个阶梯轴，设该阶梯轴总长度为 l_j，共有 s 个轴段，各轴段长度为 l_k，令整个阶梯轴所受弯矩 M=1，产生的转角为 θ_k，弯曲半径为 r_k，则该阶梯轴产生的总转角按下式计算

$$
\theta_j = \left(\frac{l}{EI}\right)_j = \sum_{k=1}^{s}\theta_k = \sum_{k=1}^{s}\left(\frac{l}{EI}\right)_k \tag{4-6}
$$

由此可知第 j 个阶梯轴的等效抗弯刚度$(EI)_j$满足的关系为

$$
\left(\frac{l}{EI}\right)_j = \sum_{k=1}^{s}\left(\frac{l}{EI}\right)_k \tag{4-7}
$$

综上所述，将转子的每一个结点都等效为如图 4-4 所示的离散化模型，那么整个转子就可以简化为由若干个结点通过不同的等截面弹性轴段连接起来的离散化模型，其中各结点的集总质量和集总转动惯量由式（4-4）来确定，各连接轴段的等效抗弯刚度由式（4-7）

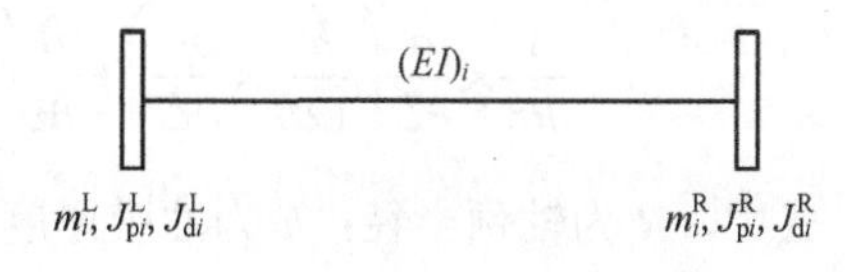

图 4-4　阶梯轴的质量离散化

来确定，这种通过质量离散化得到的模型就称为转子的质量离散化模型，如图 4-5 所示。

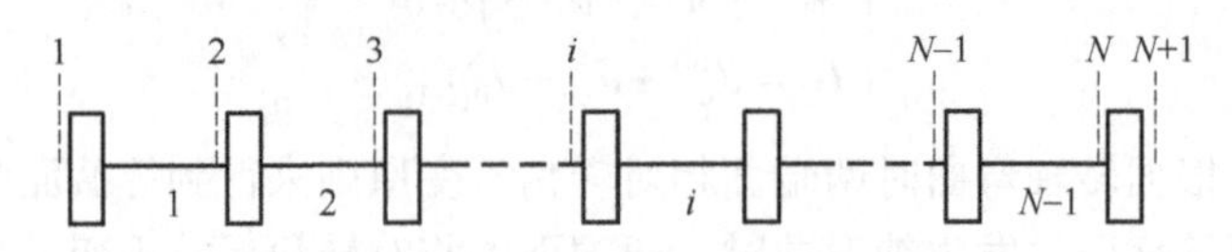

图 4-5　转子系统的质量离散化模型

4.1.2　滑动轴承的动力学模型

转子中起支承作用的轴承通常是转子阻尼的主要来源，轴承本身的刚度和阻尼也在很大程度上影响着转子的临界转速、响应特性以及稳定性。因此，在研究转子动力学问题时，不能局限于转子本体，而是要同时考虑轴承甚至基础的作用，研究对象就成了“转子-轴承”或“转子-轴承-基础”系统。

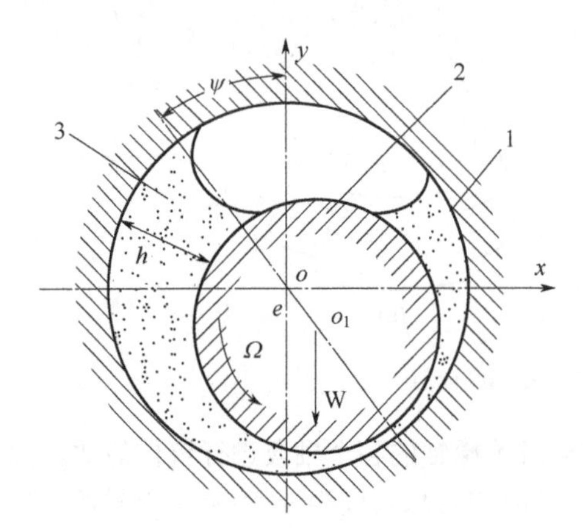

图 4-6　滑动轴承的构造

1—轴瓦；2—轴颈；3—润滑油膜

轴承可以分为滑动轴承和滚动轴承两大类，其中滑动轴承虽然结构简单，但动力学特性比较复杂，对转子工作特性的影响更大，因此在转子动力学的研究中往往更加重视滑动轴承的特性。最简单的轴颈滑动轴承由圆柱形轴颈和轴瓦组成，称为全圆轴承，其构造如图 4-6 所示。转轴被轴承支承的部分称为轴颈，与轴颈相配合的固定不动的部件称为轴瓦，轴瓦的直径一般比轴颈大千分之一到千分之二。滑动轴承在工作时，轴颈在轴瓦中转动，承受稳定的静载荷 W 并保持一个静平衡位置，即轴颈中心 o_1 相对于轴瓦中心 o 的位置基本保持不变。润滑油进入轴瓦与轴颈之间的间隙形成油膜，使轴颈与轴瓦不发生直接接触，大大减少摩擦损失和表面磨损。油膜的流体动压力为轴颈提供支承作用，并带走摩擦产生的热量，同时还具有一定的吸振能力。

对轴承油膜进行动力学分析所采用的基本方程是雷诺（Reynolds）方程，其形式为

$$\frac{1}{R^2}\times\frac{\partial}{\partial\zeta}\left(\frac{h^3}{12\eta}\times\frac{\partial p}{\partial\zeta}\right)+\frac{\partial}{\partial z}\left(\frac{h^3}{12\eta}\times\frac{\partial p}{\partial z}\right)=\frac{1}{2}\Omega\frac{\partial h}{\partial\zeta}+\frac{\partial h}{\partial t} \tag{4-8}$$

式中，R 为轴颈半径；h 为油膜厚度；p 为油膜压力；η 为润滑油黏度；z 为轴瓦的轴向坐标，原点位于中间；t 为时间。

分析时首先通过求解雷诺方程来得到油膜压力的分布函数 $p(\zeta,z)$，然后进一步求得轴承的静特性参数，包括轴颈的静平衡位置、油膜的承载能力、润滑油的流量和温升，以及轴承动力特性参数，如油膜的刚度系数和阻尼系数等。由于雷诺方程是二元变系数非齐次偏微分方程，直接对其求解是非常困难的，通常采用在微小扰动下的线性化近似方法来进行简化分析。

当轴颈在静平衡位置上受到位移或速度扰动时，油膜对轴颈的支反力（也称为油膜力）会发生变化，而且油膜力与扰动呈现非线性关系。此时，可以在微小扰动的前提下，采用泰勒（Taylor）级数[❶]将油膜力展开，只保留一阶微分量，得到的线性方程为

$$\begin{cases} F_x = F_{x0} + \left.\dfrac{\partial F_x}{\partial x}\right|_0 \Delta x + \left.\dfrac{\partial F_x}{\partial y}\right|_0 \Delta y + \left.\dfrac{\partial F_x}{\partial \dot{x}}\right|_0 \Delta \dot{x} + \left.\dfrac{\partial F_x}{\partial \dot{y}}\right|_0 \Delta \dot{y} \\ F_y = F_{y0} + \left.\dfrac{\partial F_y}{\partial x}\right|_0 \Delta x + \left.\dfrac{\partial F_y}{\partial y}\right|_0 \Delta y + \left.\dfrac{\partial F_y}{\partial \dot{x}}\right|_0 \Delta \dot{x} + \left.\dfrac{\partial F_x}{\partial \dot{y}}\right|_0 \Delta \dot{y} \end{cases} \tag{4-9}$$

式中 F_x、F_y——油膜力在 x、y 轴方向上的分量；

F_{x0}、F_{y0} ——轴颈处于静态平衡位置时，油膜力在 x、y 方向上的分量。

方程（4-9）将油膜力近似为轴颈微小位移变化量（Δx、Δy）和微小速度变化量（$\Delta\dot{x}$、$\Delta\dot{y}$）的线性函数。定义油膜刚度系数为轴颈在静态平衡位置发生单位位移时所引起的油膜力变化量，即

$$\begin{aligned} k_{xx} &= \left.\frac{\partial F_x}{\partial x}\right|_0, \quad k_{xy} = \left.\frac{\partial F_x}{\partial y}\right|_0 \\ k_{yx} &= \left.\frac{\partial F_y}{\partial x}\right|_0, \quad k_{yy} = \left.\frac{\partial F_y}{\partial y}\right|_0 \end{aligned} \tag{4-10}$$

再定义油膜阻尼系数为轴颈在静态平衡位置发生单位速度变化时所引起的油膜力变化量，即

$$\begin{aligned} c_{xx} &= \left.\frac{\partial F_x}{\partial \dot{x}}\right|_0, \quad c_{xy} = \left.\frac{\partial F_x}{\partial \dot{y}}\right|_0 \\ c_{yx} &= \left.\frac{\partial F_y}{\partial \dot{x}}\right|_0, \quad c_{yy} = \left.\frac{\partial F_y}{\partial \dot{y}}\right|_0 \end{aligned} \tag{4-11}$$

将式（4-10）和式（4-11）代入式（4-9）中可得油膜力的变化量为

---

❶ 泰勒级数展开是常用的数值计算方法，可以对非线性系统进行线性化，或对连续系统进行离散化。因为需要在展开式中略去 2 次及以上的高阶项，所以自变量的变化必须限定在很小的范围内，以避免略去高阶项时造成过大的误差。

$$\begin{cases}\Delta F_x = F_x - F_{x0} = k_{xx}\Delta x + k_{xy}\Delta y + c_{xx}\Delta\dot{x} + c_{xy}\Delta\dot{y} \\ \Delta F_y = F_y - F_{y0} = k_{yx}\Delta x + k_{yy}\Delta y + c_{yx}\Delta\dot{x} + c_{yy}\Delta\dot{y}\end{cases} \tag{4-12}$$

将式（4-12）写为矩阵形式，有

$$\begin{bmatrix}\Delta F_x \\ \Delta F_y\end{bmatrix} = \boldsymbol{K}\begin{bmatrix}\Delta x \\ \Delta y\end{bmatrix} + \boldsymbol{C}\begin{bmatrix}\Delta\dot{x} \\ \Delta\dot{y}\end{bmatrix} \tag{4-13}$$

称 $\boldsymbol{K}$ 为油膜的刚度系数矩阵，$\boldsymbol{C}$ 为油膜的阻尼系数矩阵，二者统称为油膜的动力系数矩阵，分别有

$$\boldsymbol{K} = \begin{bmatrix}k_{xx} & k_{xy} \\ k_{xy} & k_{yy}\end{bmatrix}, \quad \boldsymbol{C} = \begin{bmatrix}c_{xx} & c_{xy} \\ c_{xy} & c_{yy}\end{bmatrix} \tag{4-14}$$

实际工作中的轴承通常是各向异性的，即 $k_{xx} \neq k_{yy}$，$k_{xy} \neq k_{yx}$，同时 $c_{xx} \neq c_{yy}$，$c_{xy} \neq c_{yx}$。在进行滑动轴承的动力学分析时，一般把坐标系 xoy 的原点设在轴颈中心 o_1 的静态平衡位置，令 x、y 为轴颈中心的动位移，f_x、f_y 为油膜的动态力，则可将式（4-13）改写为

$$\begin{bmatrix}f_x \\ f_y\end{bmatrix} = \boldsymbol{K}\begin{bmatrix}x \\ y\end{bmatrix} + \boldsymbol{C}\begin{bmatrix}\dot{x} \\ \dot{y}\end{bmatrix} \tag{4-15}$$

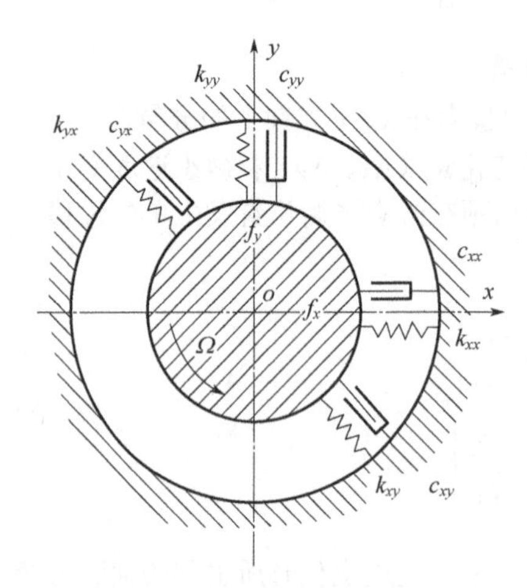

图 4-7　滑动轴承的动力学模型

这样就可以把滑动轴承简化为如图 4-7 所示的动力学模型。

需要注意的是，刚度系数矩阵和阻尼系数矩阵中的 k_{xy}、k_{yx} 和 c_{xy}、c_{yx} 分别称为交叉刚度系数和交叉阻尼系数，统称为交叉动力系数，分别表示油膜力在两个相互垂直方向的耦合作用。交叉动力系数能够反映出油膜力的变化方向与轴颈的位移方向常常不一致的特性，因此其大小和正负性在很大程度上影响滑动轴承工作的稳定性。

4.1.3　转子支承的简化

转子采用滑动轴承支承时，轴承油膜的动力特性系数矩阵用式（4-14）表示。在基础刚性较好的情况下，可以将轴承座及基础简化为“质量-弹簧-阻尼器”的振动模型。将轴承座及基础在 x、y 方向的等效质量分别用 M_{bx}、M_{by} 表示，则综合了轴承座及基础的刚度与阻尼特性的动力特性系数矩阵可表示为

$$\boldsymbol{K}_b = \begin{bmatrix}k_{bxx} & k_{bxy} \\ k_{bxy} & k_{byy}\end{bmatrix}, \quad \boldsymbol{C} = \begin{bmatrix}c_{bxx} & c_{bxy} \\ c_{bxy} & c_{byy}\end{bmatrix} \tag{4-16}$$

此时，转子的支承可简化为如图 4-8 所示的各向异性模型。

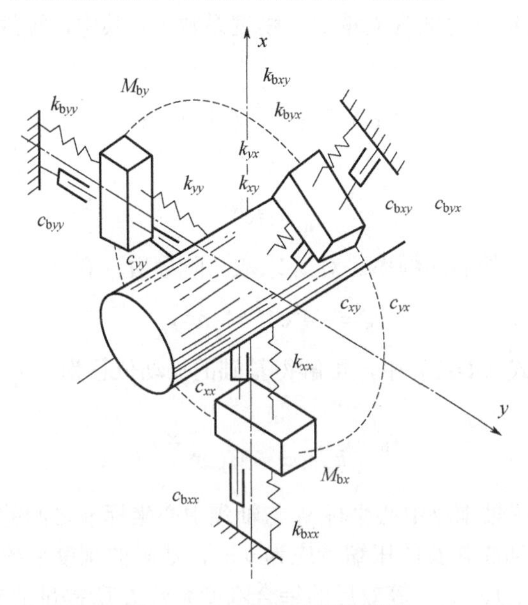

图 4-8 支承的各向异性模型

当支承在 x、y 方向的刚度及等效质量差别不大且耦合较弱时，通常可以忽略阻尼的影响，认为支承是各向同性的，即有

$$k_{xx}=k_{yy}=k_p;\ k_{bxx}=k_{byy}=k_b;\ M_{bx}=M_{by}=M_b;\ k_{xy}=k_{yx}=k_{bxy}=k_{byx}=0$$

则支承就可以简化为如图 4-9（a）所示的各向同性模型，其中 k_p 为轴承油膜的刚度系数，M_b 和 k_b 分别为轴承座及基础的等效质量和等效静刚度系数。理论上讲，轴承油膜刚度系数 k_p 与转子的涡动频率有关，但在进行转子临界转速计算时，可以在预设的临界转速搜索范围内以平均值来代替，因此可将 k_p 视为常数，这样处理所引起的误差通常可忽略不计。

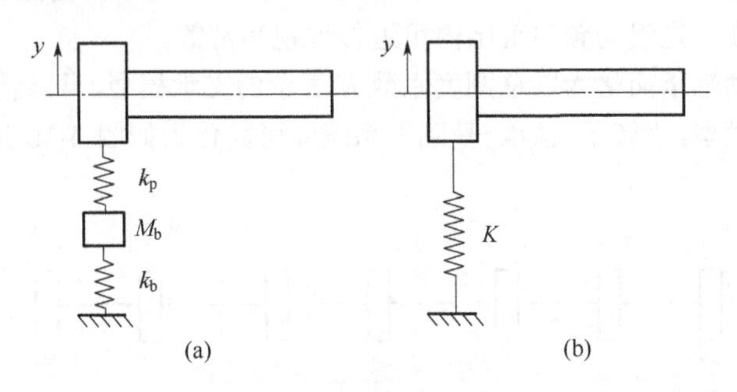

图 4-9 简化的支承模型

为进一步简化计算，可以采用如图 4-9（b）所示的没有等效质量的弹性支承模

型。在该模型中，将滑动轴承的油膜刚度系数 k_p、轴承座及基础的等效质量 M_b 和等效静刚度系数 k_b 综合等效为支承的总刚度系数 K。其中，等效质量的运动微分方程为

$$M_b\ddot{y}_b = k_p(y - y_b) - k_b y_b \tag{4-17}$$

其解的形式为

$$y_b = Ae^{i\omega t}$$

式中，ω 为转子的涡动频率。对 y_b 求取二阶导数，有

$$\ddot{y}_b = -A^2 e^{i\omega t} = -\omega^2 y_b \tag{4-18}$$

将式（4-18）代入式（4-17）中，可解得基础的振动位移为

$$y_b = \frac{k_p}{k_p + k_b - M_b\omega^2} \times y \tag{4-19}$$

式（4-19）表示轴承座中心坐标 y_b 与轴颈中心坐标 y 之间的关系。因为轴颈是被油膜力支承的，油膜弹簧的压缩量应为 $y-y_b$，油膜的刚度系数为 k_p，因此油膜提供的支反力大小为 $k_p(y-y_b)$。等效后的综合刚度系数 K 所提供的支反力为 Ky，则可建立力平衡方程为

$$Ky = k_p(y - y_b) \tag{4-20}$$

由此可求得滑动轴承的支承总刚度系数为

$$K = \frac{k_p(k_b - M_b\omega^2)}{k_p + k_b - M_b\omega^2} \tag{4-21}$$

轴承座及基础的等效质量 M_b 和等效静刚度系数 k_b 可以通过实验方法测得，根据式（4-21）即可求得支承总刚度系数 K。支承总刚度系数能够综合反映滑动轴承的油膜、轴承座及基础的动力学特性，不过该系数并非常数，而是与转子的涡动频率相关的，但在一定涡动频率范围内可近似地视为常数。

通过将滑动轴承简化为以总刚度系数 K 表示的支承模型，再结合图 4-5 中转子的质量离散化模型，“转子-轴承-基础”系统即可简化为如图 4-10 所示的集总质量模型。

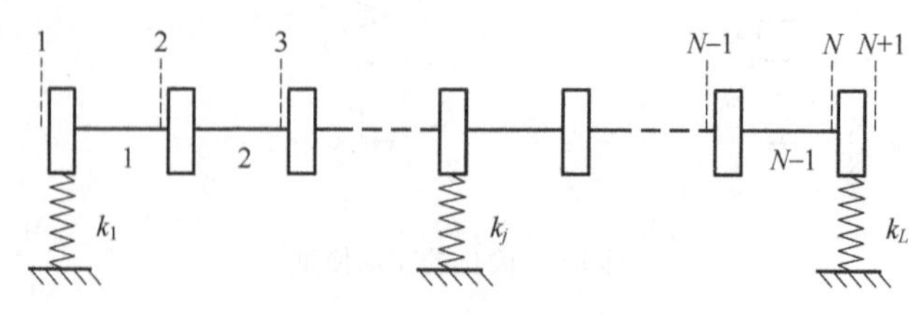

图 4-10　转子的集总质量模型

4.2 传递矩阵

4.2.1 传递矩阵的建立方法

将转子简化为图 4-10 所示的集总质量链状结构后，再将其划分为一系列单元，相邻单元（或截面）之间状态参量的关系可利用力学关系表达为矩阵形式，这种关系矩阵就称为传递矩阵。下面来讨论传递矩阵的建立方法和过程。

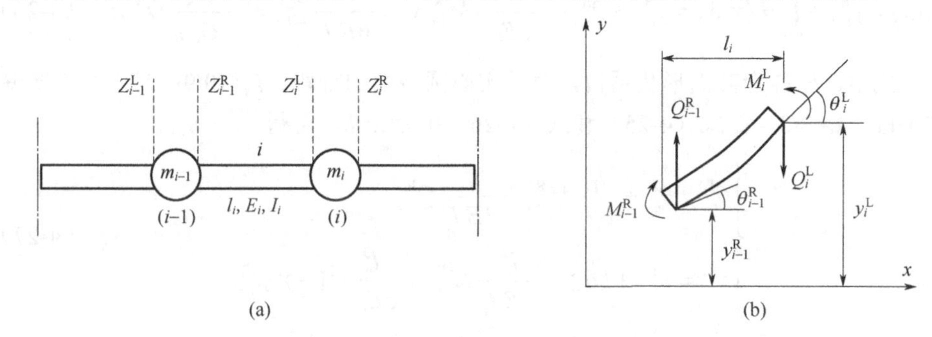

图 4-11　相邻单元状态向量的力学关系

如图 4-11（a）所示的两个相邻单元，编号分别为 i-1 和 i，均由一个集总质量结点及一个无质量弹性轴段组成，其中第 i 个单元的结点质量为 m_i，轴段的长度为 l_i，弹性模量为 E_i，截面惯性矩为 I_i。定义由结点截面上的 4 个初参数构成的状态向量为

$$z=[y,\ \theta,\ M,\ Q]^{\mathrm{T}} \tag{4-22}$$

式中　y——结点截面的挠度；

θ——结点截面的转角；

M——结点截面上所受的弯矩；

Q——结点截面上所受的剪力。

如图 4-11（b）所示，首先对第 i 个单元的轴段进行受力分析，建立力和弯矩平衡方程，分别有

$$\begin{cases} Q_i^{\mathrm{L}}=Q_{i-1}^{\mathrm{R}} \text{ [1]} \\ M_i^{\mathrm{L}}=M_{i-1}^{\mathrm{R}}+Q_{i-1}^{\mathrm{R}}l_i \end{cases} \tag{4-23}$$

式中，上标 L、R 分别表示轴段的左、右端面。

设第 i 个轴段上距离其左端 x 处的截面弯矩、转角和挠度分别为 M_i（x）、θ_i（x）

[1] 本书在表示各结点的初参数时，用上标 L、R 分别表示结点的左、右端面，用下标 i、i-1 等表示结点号。各结点处的状态向量、矩阵和行列式等也都采用这种表示方法。

和 $y_i(x)$，根据弯矩平衡关系可知 $M_i(x)$满足

$$M_i(x)=M_{i-1}^{\mathrm{R}}+Q_{i-1}^{\mathrm{R}}x \tag{4-24}$$

再根据材料力学理论可知转角 $\theta_i(x)$满足

$$\theta_i(x)=\theta_{i-1}^{\mathrm{R}}+\frac{1}{E_iI_i}\int_0^x M_i(x)\mathrm{d}x=\theta_{i-1}^{\mathrm{R}}+\frac{1}{E_iI_i}M_{i-1}^{\mathrm{R}}x+\frac{1}{2E_iI_i}Q_{i-1}^{\mathrm{R}}x^2 \tag{4-25}$$

而挠度 y_i（x）满足

$$y_i(x)=y_{i-1}^{\mathrm{R}}+\int_0^x\theta_i(x)\mathrm{d}x=y_{i-1}^{\mathrm{R}}+\theta_{i-1}^{\mathrm{R}}x+\frac{1}{2E_iI_i}M_{i-1}^{\mathrm{R}}x^2+\frac{1}{6E_iI_i}Q_{i-1}^{\mathrm{R}}x^3-\frac{k_{\mathrm{s}}}{G_iA_i}Q_{i-1}^{\mathrm{R}}x \tag{4-26}$$

式中，k_{s} 称为截面形状系数，对于实心圆截面的轴段，$k_{\mathrm{s}}=10/9$；对于空心薄壁的轴段，$k_{\mathrm{s}}=3/2$。在式（4-25）和式（4-26）中令 $x=l_i$，可得

$$\begin{cases}\theta_i^{\mathrm{L}}=\theta_i^{\mathrm{R}}+\dfrac{l_i}{E_il_i}M_{i-1}^{\mathrm{R}}+\dfrac{l_i^2}{2E_iI_i}Q_{i-1}^{\mathrm{R}}\\ y_i^{\mathrm{L}}=y_{i-1}^{\mathrm{R}}+l_i\theta_{i-1}^{\mathrm{R}}+\dfrac{l_i^2}{2E_iI_i}M_{i-1}^{\mathrm{R}}+\dfrac{l_i^3}{6E_iI_i}(1-\gamma)Q_{i-1}^{\mathrm{R}}\end{cases} \tag{4-27}$$

式中，$\gamma=k_{\mathrm{s}}\dfrac{6E_iI_i}{G_iA_il_i^2}$，称为剪切效应系数；$G_i$ 为轴段的剪切模量；A_i 为轴段的横截面积。剪切效应是轴段的剪切变形对挠度的影响，若不计剪切效应的影响，可令$\gamma=0$。

将式（4-23）和式（4-27）合并表示为

$$\begin{cases}y_i^{\mathrm{L}}=y_{i-1}^{\mathrm{R}}+l_i\theta_{i-1}^{\mathrm{R}}+\dfrac{l_i^2}{2E_iI_i}M_{i-1}^{\mathrm{R}}+\dfrac{l_i^3}{6E_iI_i}(1-\gamma)Q_{i-1}^{\mathrm{R}}\\ \theta_i^{\mathrm{L}}=\theta_{i-1}^{\mathrm{R}}+\dfrac{l_i}{E_iI_i}M_{i-1}^{\mathrm{R}}+\dfrac{l_i^2}{2E_iI_i}Q_{i-1}^{\mathrm{R}}\\ M_i^{\mathrm{L}}=M_{i-1}^{\mathrm{R}}+l_iQ_{i-1}^{\mathrm{R}}\\ Q_i^{\mathrm{L}}=Q_{i-1}^{\mathrm{R}}\end{cases} \tag{4-28}$$

将初参数写为状态向量，可将式（4-28）改写为矩阵形式，有

$$\begin{bmatrix}y\\ \theta\\ M\\ Q\end{bmatrix}_i^{\mathrm{L}}=\begin{bmatrix}1 & l_i & \dfrac{l_i^2}{2E_iI_i} & \dfrac{l_i^3}{6E_iI_i}(1-\gamma)\\ 0 & 1 & \dfrac{l_i}{E_iI_i} & \dfrac{l_i^2}{2E_iI_i}\\ 0 & 0 & 1 & l_i\\ 0 & 0 & 0 & 1\end{bmatrix}\begin{bmatrix}y\\ \theta\\ M\\ Q\end{bmatrix}_{i-1}^{\mathrm{R}} \tag{4-29}$$

令

$$\boldsymbol{F}_i=\begin{bmatrix}1 & l & \dfrac{l^2}{2EI} & \dfrac{l^3}{6EI}(1-\gamma)\\ 0 & 1 & \dfrac{l}{EI} & \dfrac{l^2}{2EI}\\ 0 & 0 & 1 & l\\ 0 & 0 & 0 & 1\end{bmatrix}_i \tag{4-30}$$

称 $\boldsymbol{F}_i$ 为场矩阵，下标 i 为结点号，则有如下关系成立

$$\boldsymbol{z}_i^{\mathrm{L}}=\boldsymbol{F}_i\boldsymbol{z}_{i-1}^{\mathrm{R}} \tag{4-31}$$

式（4-31）表达的是第 i-1 个结点的右端面到第 i 个结点的左端面的状态参量传递关系，相邻结点间完整的状态参量传递关系还需要包含结点本身的传递矩阵。如图 4-12 所示，设结点质量为 m_i，极转动惯量为 $J_{\mathrm{p}i}$，直径转动惯量为 $J_{\mathrm{d}i}$，转子自转角速度为 Ω，涡动角速度为 ω。显然，结点 m_i 两端的挠度 y_i 和转角 θ_i 相等。根据第 2 章的知识可知，结点 m_i 的响应为

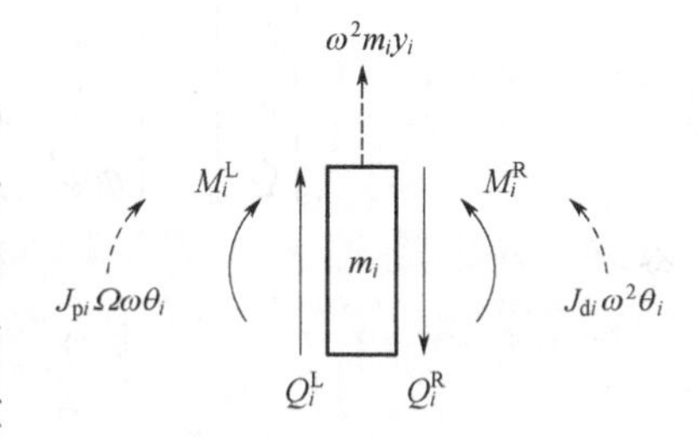

图 4-12　集总质量两端面的状态参量关系

$$\begin{cases}y_i=Y\mathrm{e}^{\mathrm{i}\omega t}\\ \theta_i=\Theta\mathrm{e}^{\mathrm{i}\omega t}\end{cases}$$

式中，Y 和 Θ 为响应的幅值。

由此可知，该结点的线加速度为

$$a_i=\frac{\mathrm{d}^2y_i}{\mathrm{d}t^2}=-Y\omega^2\mathrm{e}^{\mathrm{i}\omega t}=-\omega^2y_i$$

产生的惯性力为

$$F_{\mathrm{I}}=-m_i\omega^2y_i$$

该结点的角加速度为

$$\beta_i=\frac{\mathrm{d}^2\theta_i}{\mathrm{d}t^2}=-\Theta\omega^2\mathrm{e}^{\mathrm{i}\omega t}=-\omega^2\theta_i$$

产生的惯性力矩为

$$M_{\mathrm{I}}=J_{\mathrm{d}i}\omega^2\theta_i$$

产生的陀螺力矩为

$$M_{\mathrm{g}}=-J_{\mathrm{d}i}\Omega\omega\theta_i$$

根据达朗贝尔原理对 m_i 建立力学平衡方程，有

$$\begin{cases} y_i^{\mathrm{R}} = y_i^{\mathrm{L}} \\ \theta_i^{\mathrm{R}} = \theta_i^{\mathrm{L}} \\ M_i^{\mathrm{R}} = M_i^{\mathrm{L}} + (J_{\mathrm{p}i}\Omega\omega - J_{\mathrm{d}i}\omega^2)\theta_i \\ Q_i^{\mathrm{R}} = Q_i^{\mathrm{L}} - m_i\ddot{y}_i = Q_i^{\mathrm{L}} + m_i\omega^2 y_i \end{cases} \tag{4-32}$$

将式（4-32）改写为传递矩阵形式，有

$$\begin{bmatrix} y \\ \theta \\ M \\ Q \end{bmatrix}_i^{\mathrm{R}} = \begin{bmatrix} 1 & 0 & 0 & 0 \\ 0 & 1 & 0 & 0 \\ 0 & J_{\mathrm{p}}\Omega\omega - J_{\mathrm{d}}\omega^2 & 1 & 0 \\ m\omega^2 & 0 & 0 & 1 \end{bmatrix}_i \begin{bmatrix} y \\ \theta \\ M \\ Q \end{bmatrix}_i^{\mathrm{L}} \tag{4-33}$$

令

$$\boldsymbol{P}_i = \begin{bmatrix} 1 & 0 & 0 & 0 \\ 0 & 1 & 0 & 0 \\ 0 & J_{\mathrm{p}}\Omega\omega - J_{\mathrm{d}}\omega^2 & 1 & 0 \\ m\omega^2 & 0 & 0 & 1 \end{bmatrix}_i \tag{4-34}$$

称 $\boldsymbol{P}_i$ 为点矩阵，表达的是第 i 个结点的左右两端面状态参量之间的传递关系，即

$$\boldsymbol{z}_i^{\mathrm{R}} = \boldsymbol{P}_i \boldsymbol{z}_i^{\mathrm{L}} \tag{4-35}$$

由式（4-31）和式（4-35）可知，将相邻两个单元的场矩阵和点矩阵合并，即可得到单元矩阵，可表示为

$$\boldsymbol{z}_i^{\mathrm{R}} = \boldsymbol{P}_i \boldsymbol{z}_i^{\mathrm{L}} = \boldsymbol{P}_i \boldsymbol{F}_i \boldsymbol{z}_{i-1}^{\mathrm{R}} = \boldsymbol{T}_i \boldsymbol{z}_{i-1}^{\mathrm{R}} \tag{4-36}$$

且有

$$\boldsymbol{T}_i = \boldsymbol{P}_i \boldsymbol{F}_i \tag{4-37}$$

由于式（4-36）表示的是相邻两个单元间的传递关系，因此可以略去端面标识 R，简写为

$$\boldsymbol{z}_i = \boldsymbol{T}_i \boldsymbol{z}_{i-1} \tag{4-38}$$

由此可知，包含 N 个单元的部件，可以从第 1 个单元的起始截面 z_1 开始，按照式（4-38）依次计算 z_2、z_3、……，直到最后一个单元的末端截面 z_N，即

$$\begin{cases} \boldsymbol{z}_2 = \boldsymbol{T}_1 \boldsymbol{z}_1 \\ \boldsymbol{z}_3 = \boldsymbol{T}_2 \boldsymbol{z}_2 = \boldsymbol{T}_2 \boldsymbol{T}_1 \boldsymbol{z}_1 \\ \cdots\cdots \\ \boldsymbol{z}_N = \boldsymbol{T}_{N-1} \boldsymbol{z}_{N-1} = \boldsymbol{T}_{N-1} \boldsymbol{T}_{N-2} \cdots \boldsymbol{T}_2 \boldsymbol{T}_1 \boldsymbol{z}_1 = \boldsymbol{A}_{N-1} \boldsymbol{z}_1 \end{cases} \tag{4-39}$$

其中

$$A_i^{[1]}=T_iT_{i-1}\cdots T_2T_1=\prod_{j=i}^{1}T_j \tag{4-40}$$

式（4-39）表达了部件起始截面与末端截面的状态参量传递关系，A_i 为部件第 i 个单元的总传递矩阵。当起始截面的状态参量和各个单元的传递矩阵都已知时，通过式（4-39）的递推关系，即可求得任意截面上的状态参量。

4.2.2 带弹性支承的刚性薄圆盘的传递矩阵

如图 4-10 所示的转子集总质量模型，可将其划分为若干个不计厚度的刚性薄圆盘和不计质量的均质等截面弹性轴段，其中弹性轴段的传递矩阵表示为式（4-30）中的场矩阵 F_i，无弹性支承的刚性薄圆盘的传递矩阵表示为式（4-34）中的点矩阵 P_i。但是，如果刚性薄圆盘带有弹性支承，由于存在弹性力的作用，单元的点矩阵会有所不同。

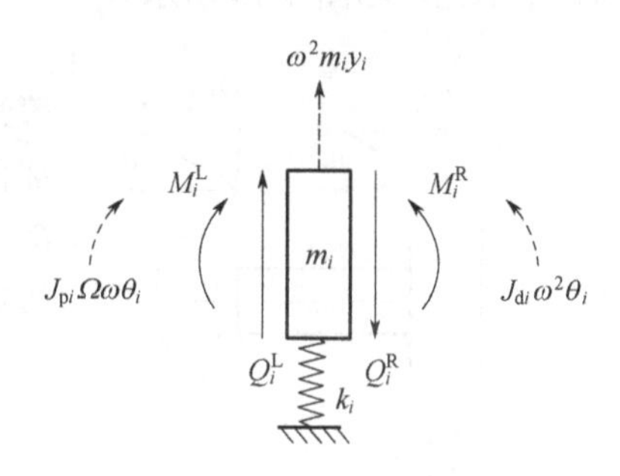

图 4-13　带弹性支承的刚性薄圆盘

如图 4-13 所示的第 i 个单元是一个带弹性支承的刚性薄圆盘，质量为 m_i，极转动惯量为 $J_{\mathrm{p}i}$，直径转动惯量为 $J_{\mathrm{d}i}$，支承刚度为 k_i。状态向量为 z_i，设自转角速度为 Ω，涡动角速度为 ω。根据达朗贝尔原理对圆盘建立力学平衡方程，有

$$\begin{cases} y_i^{\mathrm{R}}=y_i^{\mathrm{L}}=y_i \\ \theta_i^{\mathrm{R}}=\theta_i^{\mathrm{L}}=\theta_i \\ M_i^{\mathrm{R}}=M_i^{\mathrm{L}}+(J_{\mathrm{p}i}\Omega\omega-J_{\mathrm{d}i}\omega^2)\theta_i \\ Q_i^{\mathrm{R}}=Q_i^{\mathrm{L}}-m_i\ddot{y}_i-k_iy_i=Q_i^{\mathrm{L}}+m_i\omega^2y_i-k_iy_i \end{cases} \tag{4-41}$$

将式（4-41）改写为矩阵形式，有

$$\begin{bmatrix} y \\ \theta \\ M \\ Q \end{bmatrix}_i^{\mathrm{R}}=\begin{bmatrix} 1 & 0 & 0 & 0 \\ 0 & 1 & 0 & 0 \\ 0 & J_{\mathrm{p}}\Omega\omega-J_{\mathrm{d}}\omega^2 & 1 & 0 \\ m\omega^2-k & 0 & 0 & 1 \end{bmatrix}_i\begin{bmatrix} y \\ \theta \\ M \\ Q \end{bmatrix}_i^{\mathrm{L}} \tag{4-42}$$

令

[1] 此处的总传递矩阵虽然也采用下标 i，但不同于前述的场矩阵、点矩阵和单元矩阵这三种传递矩阵（表达相邻状态向量间的传递关系），而是从第 1 个到第 i 个单元矩阵进行连乘得到的，表达第 1 个与第 i 个向量间的传递关系，使用时应注意区别。

$$
\boldsymbol{D}_i = \begin{bmatrix} 1 & 0 & 0 & 0 \\ 0 & 1 & 0 & 0 \\ 0 & J_{\mathrm{p}}\Omega\omega - J_{\mathrm{d}}\omega^2 & 1 & 0 \\ m\omega^2 - k & 0 & 0 & 1 \end{bmatrix}_i \tag{4-43}
$$

称 $\boldsymbol{D}_i$ 为带有弹性支承的刚性薄圆盘的单元矩阵，实质上就是第 i 个结点处的点矩阵。比较式（4-43）与式（4-34）可知，如果刚性薄圆盘没有弹性支承，只需要令 $\boldsymbol{D}_i$ 中的 k_i 为零即可。

4.2.3 圆盘与轴段组合部件的传递矩阵

在转子划分单元时，为节省计算时间，可以将刚性薄圆盘与轴段组合在一起作为一个单元，如图 4-14 所示。

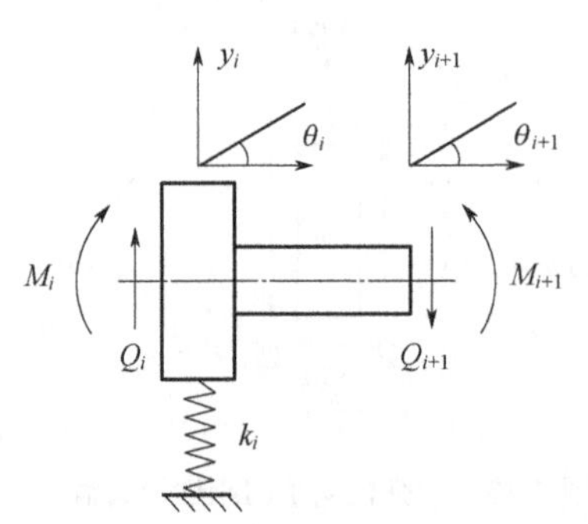

图 4-14 刚性薄圆盘与轴段的组合

设转子中第 i 个单元是一个带弹性支承的刚性薄圆盘与一个无质量弹性轴段的组合部件，推导该部件的单元矩阵时，可先由刚性薄圆盘的点矩阵 $\boldsymbol{D}_i$ 获得其左端面的状态向量 $\boldsymbol{z}_i'$，再根据弹性轴段的场矩阵 $\boldsymbol{F}_i$ 获得整个单元的右端面状态向量 $\boldsymbol{z}_{i+1}$，即

$$
\begin{cases} \boldsymbol{z}_i' = \boldsymbol{D}_i \boldsymbol{z}_i \\ \boldsymbol{z}_{i+1} = \boldsymbol{F}_i \boldsymbol{z}_i' \end{cases} \tag{4-44}
$$

由式（4-44）可以得到

$$
\boldsymbol{z}_{i+1} = \boldsymbol{F}_i \boldsymbol{D}_i \boldsymbol{z}_i = \boldsymbol{T}_i \boldsymbol{z}_i \tag{4-45}
$$

结合式（4-45）、式（4-30）和式（4-43）可以得到该部件的矩阵，有

$$
\begin{aligned}
\boldsymbol{T}_i = \boldsymbol{F}_i\boldsymbol{D}_i &= \begin{bmatrix} 1 & l & \dfrac{l^2}{2EI} & \dfrac{l^3(1-\gamma)}{6EI} \\ 0 & 1 & \dfrac{l}{EI} & \dfrac{l^2}{2EI} \\ 0 & 0 & 1 & l \\ 0 & 0 & 0 & 1 \end{bmatrix}_i \begin{bmatrix} 1 & 0 & 0 & 0 \\ 0 & 1 & 0 & 0 \\ 0 & J_{\mathrm{p}}\Omega\omega - J_{\mathrm{d}}\omega^2 & 1 & 0 \\ m\omega^2 - k & 0 & 0 & 1 \end{bmatrix}_i \\
&= \begin{bmatrix} 1 + \dfrac{l^3(1-\gamma)}{6EI}(m\omega^2 - k) & l + \dfrac{l^2}{2EI}(J_{\mathrm{p}}\Omega\omega - J_{\mathrm{d}}\omega^2) & \dfrac{l^2}{2EI} & \dfrac{l^3(1-\gamma)}{6EI} \\ \dfrac{l^2}{2EI}(m\omega^2 - k) & 1 + \dfrac{l}{EI}(J_{\mathrm{p}}\Omega\omega - J_{\mathrm{d}}\omega^2) & \dfrac{l}{EI} & \dfrac{l^2}{2EI} \\ l(m\omega^2 - k) & J_{\mathrm{p}}\Omega\omega - J_{\mathrm{d}}\omega^2 & 1 & l \\ m\omega^2 - k & 0 & 0 & 1 \end{bmatrix}_i
\end{aligned} \tag{4-46}
$$

由式（4-46）可知，传递矩阵中的元素与转子的自转角速度 Ω 和涡动角速度 ω 有关。另外，如果该单元没有弹性支承，可在式（4-46）中令 k_i=0；若不计剪切效应的影响，则可令 γ=0；若不考虑陀螺效应和陀螺力矩的影响，则可令 J_{di}=0；如果部件中只有圆盘没有轴段，在式（4-46）中令 l_i=0 即可，就成了刚性薄圆盘的点矩阵。

4.3 弹性支承转子的 Prohl 传递矩阵法

4.3.1 临界转速的 Prohl 传递矩阵解法

对一个实际转子应用传递矩阵时，首先要将转子简化为集总质量模型，然后再划分为多个单元。如图 4-15 所示的模型，可将整个转子划分为 N 个单元，设起始截面的状态向量为 z_1，由式（4-39）通过传递矩阵的递推得到第 N 个单元左端面的状态向量 $\boldsymbol{z}_N$，有

$$\boldsymbol{z}_N=\boldsymbol{T}_{N-1}\boldsymbol{z}_{N-1}=\boldsymbol{T}_{N-1}\boldsymbol{T}_{N-2}\cdots\boldsymbol{T}_2\boldsymbol{T}_1\boldsymbol{z}_1=\boldsymbol{A}_{N-1}\boldsymbol{z}_1 \tag{4-47}$$

则末端截面的状态向量 $\boldsymbol{z}_{N+1}$ 为

$$\boldsymbol{z}_{N+1}=\boldsymbol{D}_N\boldsymbol{z}_N=\boldsymbol{D}_N\boldsymbol{A}_{N-1}\boldsymbol{z}_1=\boldsymbol{B}_N\boldsymbol{z}_1 \tag{4-48}$$

其中

$$\boldsymbol{B}_N=\boldsymbol{D}_N\boldsymbol{A}_{N-1}=\boldsymbol{D}_N\boldsymbol{T}_{N-1}\boldsymbol{T}_{N-2}\cdots\boldsymbol{T}_2\boldsymbol{T}_1 \tag{4-49}$$

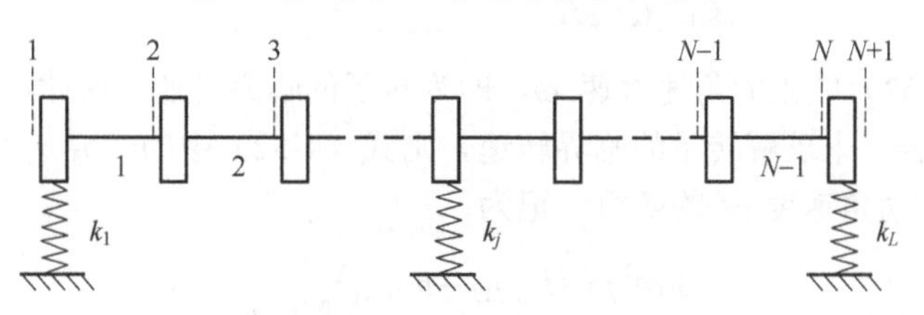

图 4-15 转子的单元划分

已知转子的各个参数时，由式（4-49）可知，传递矩阵 $\boldsymbol{B}_N$ 是一个 4×4 的方阵，方阵的各元素可通过各个单元矩阵的连乘来确定，设

$$\boldsymbol{B}_N=\begin{bmatrix} b_{11} & b_{12} & b_{13} & b_{14} \\ b_{21} & b_{22} & b_{23} & b_{24} \\ b_{31} & b_{32} & b_{33} & b_{34} \\ b_{41} & b_{42} & b_{43} & b_{44} \end{bmatrix}_N$$

由传递矩阵的构成可知，传递矩阵 $\boldsymbol{B}_N$ 的元素包含转动角速度 Ω 和进动角速度为 ω。根据第 2、3 章的转子动力学知识可知，转子的进动角速度 ω 是转子固有的属性，表征的是转子的自由振动频率，由转子本身的结构参数决定。如果令 Ω=ω，则转子

处于同步正向涡动状态，即转子工作在临界转速上，此时转子将发生模态振动。

由图4-15可知，转子的起始截面处有弹性支承，无法承受力矩，且剪力为零，但能够产生y向的位移及绕x向的转角，因此初参数M_1和Q_1为零，而y_1和θ_1不为零，转子起始截面的状态向量$z_1=[y_1,\theta_1,M_1,Q_1]^T=[y_1,\theta_1,0,0]^T$，这被称为转子起始截面的边界条件。由式（4-48）可以得到

$$\begin{bmatrix} y \\ \theta \\ M \\ Q \end{bmatrix}_{N+1} = \begin{bmatrix} b_{11} & b_{12} & b_{13} & b_{14} \\ b_{21} & b_{22} & b_{23} & b_{24} \\ b_{31} & b_{32} & b_{33} & b_{34} \\ b_{41} & b_{42} & b_{43} & b_{44} \end{bmatrix}_N \begin{bmatrix} y \\ \theta \\ M \\ Q \end{bmatrix}_1 = \begin{bmatrix} b_{11} & b_{12} \\ b_{21} & b_{22} \\ b_{31} & b_{32} \\ b_{41} & b_{42} \end{bmatrix}_N \begin{bmatrix} y \\ \theta \end{bmatrix}_1 \tag{4-50}$$

同理，末端截面处也有弹性支承，因此同样有$M_{N+1}=0$，$Q_{N+1}=0$，即转子末端截面的边界条件，故式（4-50）可改写为

$$\begin{bmatrix} M \\ Q \end{bmatrix}_{N+1} = \begin{bmatrix} b_{31} & b_{32} \\ b_{41} & b_{42} \end{bmatrix}_N \begin{bmatrix} y \\ \theta \end{bmatrix}_1 = \begin{bmatrix} 0 \\ 0 \end{bmatrix} \tag{4-51}$$

式（4-51）是一个关于y_1和θ_1的二元一次线性方程组，由线性代数知识可知，该二元一次方程组有非零解的充要条件是系数行列式等于零，临界转速的约束条件为$\varOmega=\omega$，可表示为

$$\begin{cases} \begin{vmatrix} b_{31} & b_{32} \\ b_{41} & b_{42} \end{vmatrix}_N = \left(b_{31}b_{42} - b_{32}b_{41}\right)_N = 0 \\ \text{s.t.} \quad \varOmega=\omega \end{cases} \tag{4-52}$$

解出令式（4-52）成立的角速度速 ω，即为转子的临界转速。由此可知，可以在传递矩阵中令$\varOmega=\omega$来求解转子的临界转速，则式（4-52）中的（$b_{31}b_{42}-b_{32}b_{41}$）$_N$就成为一个关于进动角速度$\omega^2$的函数，记为

$$\varDelta(\omega^2) = \left(b_{31}b_{42} - b_{32}b_{41}\right)_N \Big|_{\varOmega=\omega} \tag{4-53}$$

称$\varDelta(\omega^2)$为剩余量，将式（4-52）称为转子的频率方程，能够使转子的频率方程成立（即剩余量为零）的转速必然使转子作同步正向涡动，且满足转子的边界条件，因此一定是转子的临界角速度。得到转子的临界角速度ω（单位：rad/s）后，转子的临界转速n（单位：r/min）可利用公式$n=60\omega/(2\pi)$来计算。

由式（4-50）可知，应用转子末端截面的边界条件，只需要计算各单元传递矩阵的第1列和第2列元素，大大减少了求解转子临界转速的计算量，这一求解转子临界转速的方法称为Prohl传递矩阵法[1]。

---

[1] 1944年，N. O. Myklestad应用H. Holzer用来解决多圆盘轴扭振问题的初参数法研究了飞机机翼和梁的横向振动问题；1945年，M. A. Prohl推广了Holzer初参数法，成功地解决了轴系的横向振动问题，计算了柔性转子的临界转速，开创了传递矩阵法的理论基础。随着电子计算机的发展，以及矩阵分析方法在力学中的大量应用，初参数法逐渐发展为传递矩阵法。

由于式（4-52）是一个关于 ω^2 的代数方程，实际计算中往往很难得到解析解，通常是采用数值计算的方法得到临界转速的逼近解。常用的求解代数方程的方法有二分法、牛顿迭代法等，二分法比较简单，通过编程来进行解的搜索很容易实现，求解精度也比较高，因此最为常用。下面给出采用 Prohl 传递矩阵搜索转子临界转速的步骤：

① 对实际转子进行质量集总和支承简化，得到转子的集总质量模型。

② 将转子进行单元划分，确定各单元的参数，包括：第 i 个单元的结点质量 m_i、结点的极转动惯量 J_{pi} 和直径转动惯量 J_{di}、弹性支承刚度 k_i、轴段长度 l_i、抗弯刚度（EI）$_i$ 等。

③ 按式（4-49）计算转子的传递矩阵 $\boldsymbol{B}_N$，再根据式（4-53）得到转子的剩余量 $\Delta(\omega^2)$，设定一个足够小的正数 ε 作为近似解的精度，给定转子临界转速的搜索区间或临界转速的个数，以及转速初始值 ω_0 和搜索步长 $\Delta\omega$，令当前解 $\omega=\omega_0$。

④ 将当前解 ω 代入 $\Delta(\omega^2)$ 中，如果 $|\Delta(\omega^2)|<\varepsilon$，说明当前解 ω 已经达到要求，作为一个临界转速记录下来，然后令当前解 $\omega=\omega+\Delta\omega$，重复第④步，计算下一个临界转速，否则继续下一步。

⑤ 比较由 ω 和 $\omega+\Delta\omega$ 计算所得的两个剩余量，如果两个剩余量正负同号，那么令当前解 $\omega=\omega+\Delta\omega$，重复第⑤步，否则采用二分法将区间 $[\omega, \omega+\Delta\omega]$ 减小一半，按照第④和⑤步反复进行搜索，直到找到满足精度要求的解。

⑥ 当超出转速搜索区间或者已经得到足够个数的临界转速时，停止计算过程，输出搜索到的所有临界转速。

上述临界转速搜索过程的流程如图 4-16 所示。

需要说明的是，剩余量曲线一定是关于 ω 连续的，不会出现无穷型奇点，这点很容易证明：如果 $\Delta(\omega^2)\to\infty$，即

$$\Delta(\omega^2)=\begin{vmatrix} b_{31} & b_{32} \\ b_{41} & b_{42} \end{vmatrix}_N \to \infty$$

那么必然有

$$\begin{bmatrix} b_{31} & b_{32} \\ b_{41} & b_{42} \end{bmatrix}_N^{-1}=\mathbf{0}$$

由式（4-51）可得

$$\begin{bmatrix} y \\ \theta \end{bmatrix}_1=\begin{bmatrix} b_{31} & b_{32} \\ b_{41} & b_{42} \end{bmatrix}_N^{-1}\begin{bmatrix} M \\ Q \end{bmatrix}_{N+1}=\mathbf{0}$$

由于起始截面上 $M_1=0$ 和 $Q_1=0$，这意味着转子起始截面的状态向量 $\boldsymbol{z}_1=\mathbf{0}$，由传递矩

阵递推关系可知，转子任意截面上的初参数均为零，这显然不是转子正常运动的状态，因此可反证出转子的剩余量一定不会有无穷型奇点，也就是说剩余量曲线是连续的，如图 4-17 所示。因此，按上述方法来搜索转子的临界转速时，只要搜索时选取的步长不太大，那么就不会出现丢根问题。

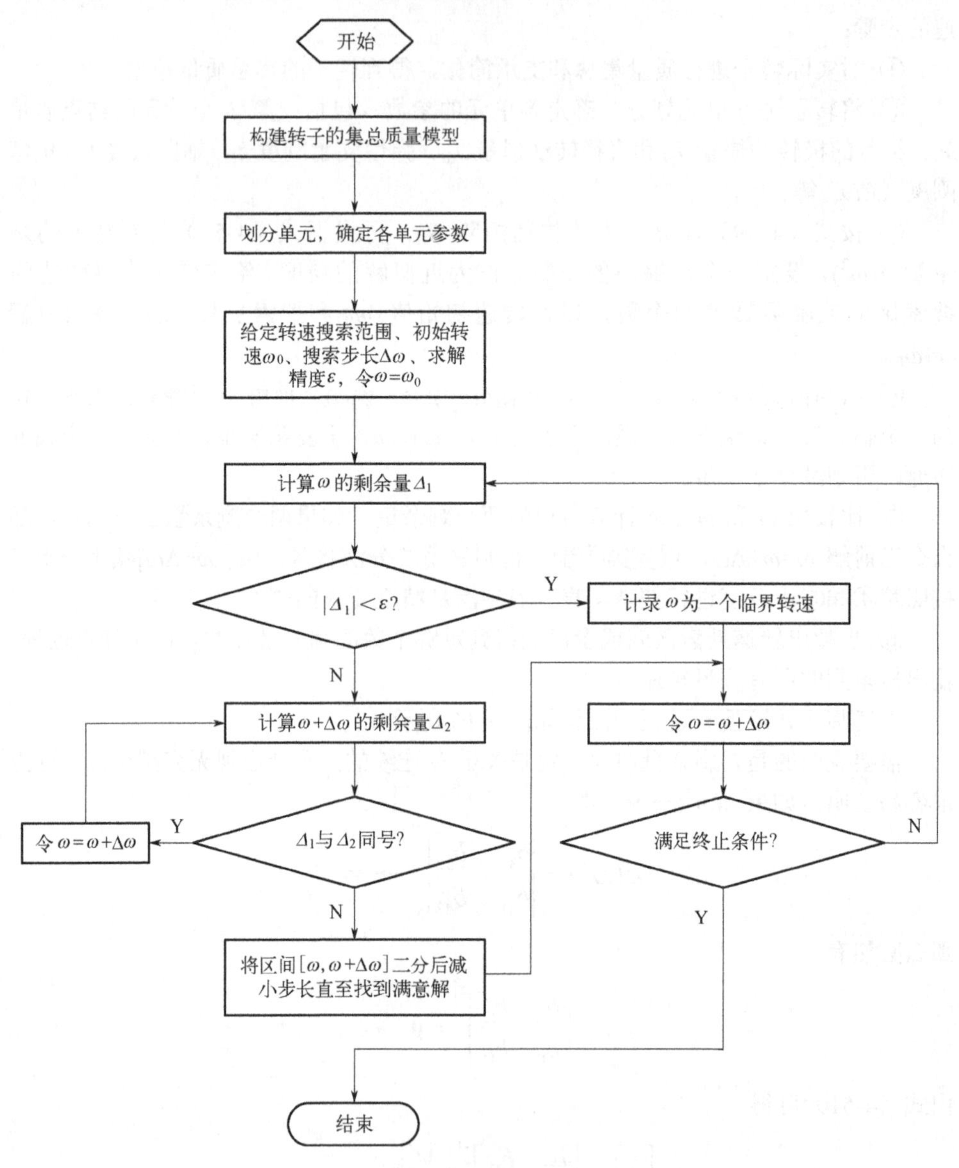

图 4-16　采用二分法搜索临界转速的流程

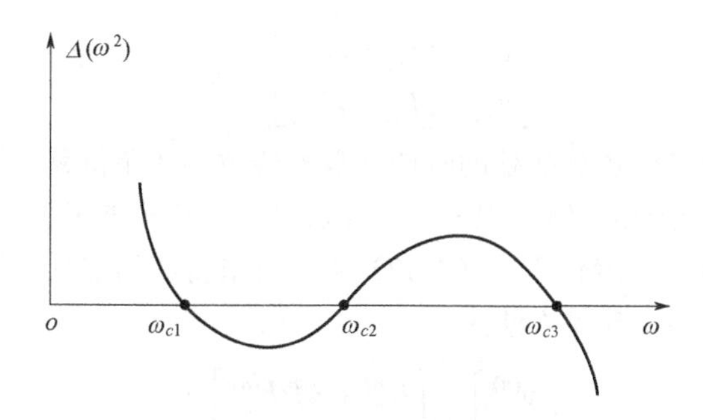

图 4-17　转子的剩余量曲线

4.3.2　转子模态振型的 Prohl 传递矩阵解法

在得到转子的各阶临界转速后，接下来需要求解转子以各阶临界转速运转时的模态振型，而模态振型的求解同样可以采用传递矩阵法。如前所述，当转子以某一阶临界角速度运转时，转子发生该阶模态振动，此时满足式（4-52）所定义的边界条件，由式（4-51）可知

$$Q_{N+1} = (b_{41})_N y_1 + (b_{42})_N \theta_1 = 0 \tag{4-54}$$

由此可以得到转子起始截面上的两个初参数 y_1 和 θ_1 之间的关系，即

$$\theta_1 = -\left(\frac{b_{41}}{b_{42}}\right)_N y_1 \tag{4-55}$$

令

$$\lambda = -\left(\frac{b_{41}}{b_{42}}\right)_N \tag{4-56}$$

则式（4-55）可写为

$$\theta_1 = \lambda y_1 \tag{4-57}$$

式（4-57）表明，在转子以临界转速运转发生模态振动时，转子起始截面上的挠度 y_1（线位移）和转角 θ_1（角位移）之间存在固有的比例关系，比例系数 λ 由转子的参数和临界角速度决定。

求得转子的某阶临界角速度后，将其代入传递矩阵中，就可以利用传递矩阵由起始截面的挠度 y_1 和转角 θ_1 求得任意截面上的挠度 y_i 和转角 θ_i，由式（4-50）可得到

$$\begin{bmatrix} y \\ \theta \end{bmatrix}_i = \begin{bmatrix} b_{11} & b_{12} \\ b_{21} & b_{22} \end{bmatrix}_{i-1} \begin{bmatrix} y \\ \theta \end{bmatrix}_1 \tag{4-58}$$

结合式（4-56），有

$$\begin{bmatrix} y \\ \theta \end{bmatrix}_i = \begin{bmatrix} b_{11} + \lambda b_{12} \\ b_{21} + \lambda b_{22} \end{bmatrix}_{i-1} y_1 \tag{4-59}$$

如果令 $y_1=1$，则转子任意截面处的响应（包括线位移和角位移）均可用传递矩阵中的元素和比例系数λ的线性组合来表示，这就是归一化模态振型。

将第 n 阶临界角速度代入式（4-59）中，可求得各结点处的挠度和转角，从而组成第 n 阶模态振型，计算方法为

$$\begin{bmatrix} y^{(n)} \\ \theta^{(n)} \end{bmatrix}_i = \begin{bmatrix} b_{11}^{(n)} + \lambda^{(n)} b_{12}^{(n)} \\ b_{21}^{(n)} + \lambda^{(n)} b_{22}^{(n)} \end{bmatrix}_{i-1} \tag{4-60}$$

式中，下角标 i 表示结点序号；上角标 n 表示模态振型的阶数。

以结点 i 为横坐标，以各结点处的挠度或转角为纵坐标，按照式（4-60）的数值即可绘制转子的各阶模态振型。如图 4-18 所示，就是某个转子的以挠度表示的前 6 阶模态振型曲线。

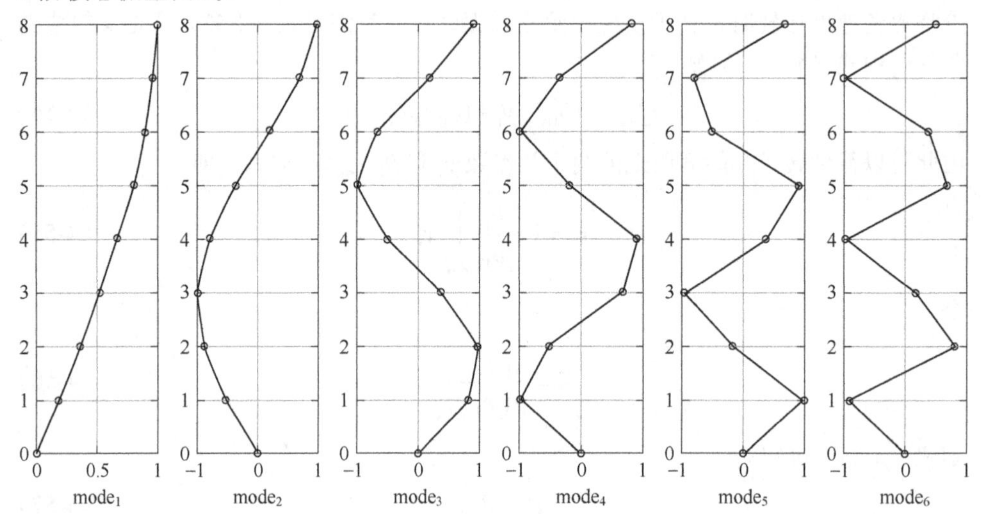

图 4-18　多自由度系统的模态振型图

模态振型曲线能够反映系统在发生某阶模态振动时，各结点振动位移的幅值比例关系以及方向关系。振型数值的绝对值表示该处振动与 y_1 的幅值比例关系，正负性则表示该处振动与 y_1 的振动方向关系，“正”表示同向，“负”表示反向。

4.4 传递矩阵法的拓展与改进

4.4.1 刚性支承转子的 Prohl 传递矩阵法

对于弹性支承的转子，只需要在传递矩阵中相应位置加入支承刚度 k_i，就可以从起

始截面的状态向量开始，通过传递矩阵连续递推，计算出转子任一截面上的状态向量。如果转子存在刚性支承，由于某一结点处的刚性支承会产生支反力，根据力学关系可知，该结点右端面的剪力应等于其左端面上的剪力与支反力之和。但是，该结点处的支反力是未知的，因为刚性支承无法像弹性支承一样通过支承刚度来求得支反力，结点两端面上的剪力会发生未知的变化，因此状态向量的递推过程就会中断，需要在传递过程中重新考察初参数的变化情况。

如图 4-19 所示的转子，在某些结点处存在刚性支承，将第 i 个结点处刚性支承的支反力用 V_i 表示。由于转子的起始结点处是刚性支承，结点处无法产生弯矩和挠度，但可以产生转角。因为结点没有线位移，支承的支反力会在结点的左端面产生剪力，因此起始截面的边界条件为

$$y_1 = 0, M_1 = 0 \tag{4-61}$$

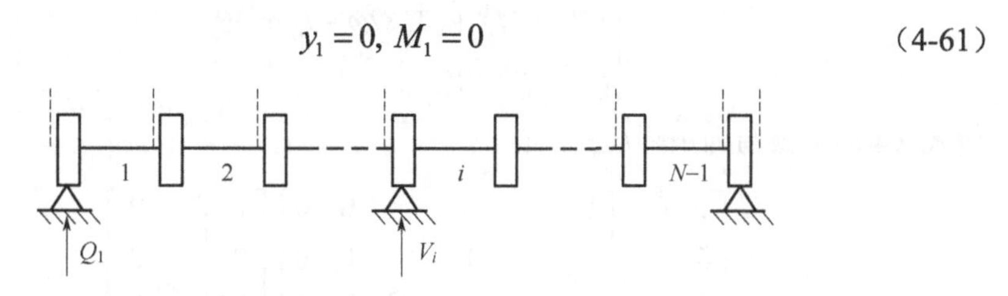

图 4-19　刚性支承转子的传递矩阵

故转子起始截面上的状态向量可写为

$$z_1 = [0,\ \theta,\ 0,\ Q]_1^{\mathrm{T}} \tag{4-62}$$

式中，Q_1 就是起始结点处刚性支承的支反力。

假设第 i 个结点处又出现刚性支承，而之前各结点均无支承，那么按照前述的传递矩阵递推关系，可求得第 i 个结点左端面的状态向量为

$$\begin{bmatrix} y \\ \theta \\ M \\ Q \end{bmatrix}_i^{\mathrm{L}} = \begin{bmatrix} b_{12} & b_{14} \\ b_{22} & b_{24} \\ b_{32} & b_{34} \\ b_{42} & b_{44} \end{bmatrix}_{i-1} \begin{bmatrix} \theta \\ Q \end{bmatrix}_1 \tag{4-63}$$

注意，由于 y_1=0 和 M_1=0，状态向量递推时只需取出传递矩阵的第 2 列和第 4 列进行计算。

由于第 i 个结点处有刚性支承，使得此处的挠度 y_i=0，由式（4-63）有

$$y_i = y_i^{\mathrm{L}} = (b_{11})_{i-1}\theta_1 + (b_{14})_{i-1}Q_1 = 0 \tag{4-64}$$

由此可求得起始截面上的剪力为

$$Q_1 = -\left(\frac{b_{12}}{b_{14}}\right)_{i-1}\theta_1 \tag{4-65}$$

式（4-65）表明转子起始截面上的剪力 Q_1 和转角 θ_1 之间存在固定的比例关系，

因此可以用 θ_1 替换 Q_1，从而将式（4-63）改写为

$$\begin{bmatrix} y \\ \theta \\ M \\ Q \end{bmatrix}_i^{\mathrm{L}} = \begin{bmatrix} b_{12} & b_{14} \\ b_{22} & b_{24} \\ b_{32} & b_{34} \\ b_{42} & b_{44} \end{bmatrix}_{i-1} \begin{bmatrix} 1 \\ -\dfrac{b_{12}}{b_{14}} \end{bmatrix}_{i-1} \theta_1 = \begin{bmatrix} 0 \\ b_{22} - b_{24}b_{12}/b_{14} \\ b_{32} - b_{34}b_{12}/b_{14} \\ b_{42} - b_{44}b_{12}/b_{14} \end{bmatrix} \theta_1 \tag{4-66}$$

这样就得到了第 i 个结点左端面的状态向量，那么第 i 个结点右端面的状态向量可根据力学关系推出，有

$$\begin{cases} y_i^{\mathrm{R}} = y_i^{\mathrm{L}} = 0 \\ \theta_i^{\mathrm{R}} = \theta_i^{\mathrm{L}} \\ M_i^{\mathrm{R}} = M_i^{\mathrm{L}} + (J_{\mathrm{p}i}\Omega\omega - J_{\mathrm{d}i}\omega^2)\theta_i \\ Q_i^{\mathrm{R}} = Q_i^{\mathrm{L}} + V_i \end{cases} \tag{4-67}$$

将式（4-67）改写为矩阵形式，有

$$\begin{bmatrix} y \\ \theta \\ M \\ Q \end{bmatrix}_i^{\mathrm{R}} = \begin{bmatrix} 1 & 0 & 0 & 0 \\ 0 & 1 & 0 & 0 \\ 0 & J_{\mathrm{p}}\Omega\omega - J_{\mathrm{d}}\omega^2 & 1 & 0 \\ 0 & 0 & 0 & 1 \end{bmatrix}_i \begin{bmatrix} y \\ \theta \\ M \\ Q \end{bmatrix}_i^{\mathrm{L}} + \begin{bmatrix} 0 \\ 0 \\ 0 \\ V_i \end{bmatrix} \tag{4-68}$$

再将式（4-66）代入式（4-68），有

$$\boldsymbol{z}_i^{\mathrm{R}} = \begin{bmatrix} y \\ \theta \\ M \\ Q \end{bmatrix}_i^{\mathrm{R}} = \begin{bmatrix} 1 & 0 & 0 & 0 \\ 0 & 1 & 0 & 0 \\ 0 & J_{\mathrm{p}}\Omega\omega - J_{\mathrm{d}}\omega^2 & 1 & 0 \\ 0 & 0 & 0 & 1 \end{bmatrix}_i \begin{bmatrix} 0 & 0 \\ b_{22} - b_{24}b_{12}/b_{14} & 0 \\ b_{32} - b_{34}b_{12}/b_{14} & 0 \\ b_{42} - b_{44}b_{12}/b_{14} & 1 \end{bmatrix}_{i-1} \begin{bmatrix} \theta_1 \\ V_i \end{bmatrix} \tag{4-69}$$

式（4-69）表明，经过第 i 个结点的刚性支承后，传递的初参数向量不再是$[\theta_1,Q_1]^{\mathrm{T}}$，而是$[\theta_1,V_i]^{\mathrm{T}}$，而且该单元右侧截面的状态向量除了乘以刚性薄圆盘的传递矩阵

$$\boldsymbol{P}_i = \begin{bmatrix} 1 & 0 & 0 & 0 \\ 0 & 1 & 0 & 0 \\ 0 & J_{\mathrm{p}}\Omega\omega - J_{\mathrm{d}}\omega^2 & 1 & 0 \\ 0 & 0 & 0 & 1 \end{bmatrix}_i$$

还需要再右乘一个矩阵

$$\begin{bmatrix} 0 & 0 \\ b_{22} - b_{24}b_{12}/b_{14} & 0 \\ b_{32} - b_{34}b_{12}/b_{14} & 0 \\ b_{42} - b_{44}b_{12}/b_{14} & 1 \end{bmatrix}_{i-1} \tag{4-70}$$

然后以初参数$[\theta_1,V_i]^{\mathrm{T}}$继续向后面传递，如果中间再遇到刚性支承，则可按上述方法重新计算初参数，并仿照式（4-70）右乘相应的矩阵，直到末端截面。在此计算过程中，初参数向量中的θ_1始终保持不变，而另一个元素则取决于存在刚性支承的结点处的支反力。传递矩阵法是利用边界条件求解临界转速的，所以在传递过程中也不必知道初参数（如θ_1和V_i）的具体数值。

传递到转子的末端截面时，如果末端结点处也有刚性支承，则边界条件为

$$y_{N+1}=0,\ M_{N+1}=0$$

仿照式（4-51）和式（4-52）的处理方法就可以得到转子的频率方程，在频率方程中令$\Omega=\omega$，通过对角速度ω按一定步长$\Delta\omega$进行搜索，找到满足频率方程的各个角速度，即为转子的各阶临界角速度。

求解刚性支承转子模态振型的方法也与弹性支承转子类似，首先搜索转子的各阶临界角速度，然后将临界角速度代入传递矩阵中，利用刚性支承处挠度y_i=0，建立各结点挠度与初参数θ_1的比例关系。也就是说，只有初参数θ_1是独立的，转子各截面的状态参量都可以表示为θ_1的线性组合，由此即可求得刚性支承转子的各阶模型振型。

4.4.2 利用剩余力矩求解转子的临界转速

在得到弹性支承转子的频率方程后，如果假设转子以某一角速度ω运转，但此ω并非任何一阶临界转速，此时剩余量$\varDelta(\omega^2)\neq0$，说明这一转速并不满足转子的边界条件，表示转子不是自由振动（即模态振动）状态，所以末端截面上的弯矩M_{N+1}并不等于零。不过，由于转子末端截面的右侧无任何部件，因此末端截面上的剪力Q_{N+1}始终为零，这说明利用末端截面上的剪力为零这一条件来求解转子的临界转速和模态振型是不存在任何问题的。

当转子以任意角速度转动时，根据式（4-51）可得末端截面上的弯矩为

$$M_{N+1}=y_1(b_{31}+\lambda b_{32})_N \tag{4-71}$$

末端截面上的弯矩M_{N+1}的物理意义是：对于任意的角速度ω，转子在末端截面上受到幅值为$|y_1(b_{31}+\lambda b_{32})_N|$、频率为$\omega$的周期性力矩的激励作用而做强迫振动。如果令$y_1$=1，则$M_{N+1}=(b_{31}+\lambda b_{32})_N$，称之为剩余力矩，用$M_{\mathrm{R}}$表示。如果转子的转速不是临界转速，那么剩余力矩$M_{\mathrm{R}}\neq0$；反之，如果转子的转速恰好是某一阶临界转速，也就是满足了转子的边界条件，此时剩余力矩M_{R}=0。所以，还可以通过考察剩余力矩是否为零来搜索转子的临界转速，也就是以剩余力矩为剩余量。

采用剩余力矩搜索转子临界转速的方法与采用$\varDelta(\omega^2)$的方法是一样的，随着搜索频率ω的增加，M_{R}曲线与横轴的交点所对应的转速就是转子的临界转速。不过，对于弹性支承的转子而言，如果以剩余力矩为剩余量，那么剩余量曲线可能会出现异号无穷型奇点。例如，图4-20所示的剩余力矩曲线，对于试算频率介于ω_2和ω_3

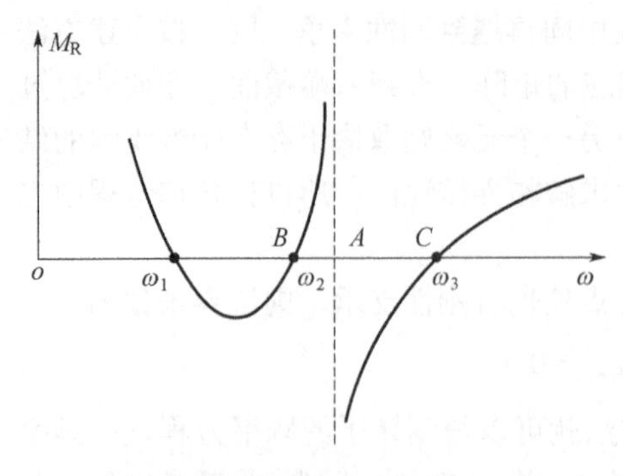

图 4-20 剩余力矩曲线

之间的 A 点，可能会出现 $M_R \to \infty$ 的情况，而且在 A 点的两侧，剩余量还会发生正负异号的变化，即 A 点是一个异号无穷型奇点。出现这一现象通常是由于 $\lambda \to \infty$，因而 $y_1 \to 0$ 导致的。不过，M_R 为无穷大并不意味着转子受到了无穷大的激励力矩，由式（4-71）可知，此时 M_{N+1} 仍为有限值。

在图 4-20 中可以看到，无穷型奇点的位置可能距离某一阶临界转速非常近，在搜索至 B 点之前的某个频率 ω 时，如果试算频率增加了一个较大的步长 $\Delta\omega$，可能会使试算频率直接跨越 B 点和 A 点，这样 ω 和 $\omega+\Delta\omega$ 所对应的两个剩余量均为负，没有出现正负变号，搜索程序会认为在区间$[\omega, \omega+\Delta\omega]$上没有零点，那么 B 点所对应的临界转速就会丢失；或者，试算频率从 B、A 点间跨越至 C 点右侧，同样会因为两次剩余量同号而丢失 C 点的临界转速。另外，如果试算频率在 B、A 两点之间，增加步长后来到 A、C 两点之间，两次剩余量发生正负变号，这时会误认为在 B、C 两点之间有一个零点，但无论怎么减小区间和步长，都无法搜索到临界转速。

综上所述，采用剩余力矩作为剩余量来搜索转子的临界转速时，搜索步长不能取得太大，以避免出现丢根问题。不过，如果将步长取得过小，又会造成临界转速的搜索时间过长。此外，剩余力矩还存在对无穷型奇点的辨识问题。因此，在对临界转速进行搜索时，一般还是选用 $\Delta(\omega^2)$作为剩余量比较好。

4.4.3 Porhl 传递矩阵法的优缺点

在第 3 章中讲解了多圆盘转子的动力学微分方程计算方法，在该方法中，圆盘的数目越多，也就是转子的自由度越多，所建立的运动微分方程就越复杂，其质量矩阵、刚度矩阵和转动惯量矩阵的维数就越大，求解临界转速的计算量就越大，得到结果所需的时间也就越长。而采用 Prohl 传递矩阵法求解转子的临界转速时，传递矩阵的维数仅取决于状态向量中初参数的个数，无论转子有多少个自由度，传递矩阵的维数都保持不变，得到的频率方程都是关于涡动角速度 ω 的代数方程，求解临界转速的难度不会随划分单元个数的增加而显著增大，这正是 Prohl 传递矩阵法最大的优势所在。

另外，应用 Prohl 传递矩阵法求解转子的临界转速时，状态向量的递推过程实际上就是传递矩阵的连乘，转子的各阶临界转速的计算方法也完全相同，编写成计算机程序时可采用循环结构，因此程序非常简单。利用转子的边界条件，只需要计算对应初参数为零部分的传递矩阵元素，所以 Prohl 传递矩阵法的计算程序所需的存储单元也较少。即使转子很复杂，划分的单元很多，Prohl 传递矩阵法的计算程序也能够运行得很快，可以在很短的时间内找到足够多的临界转速，这是 Prohl 传递矩阵法的另一个优点。

不过 Prohl 传递矩阵法也存在缺陷，它所采用的剩余量 $\Delta(\omega^2)$是试算频率 ω^2 的函数，在计算转子高阶的临界转速时，随着试算频率 ω 的增大，传递矩阵中某些元素的数值将会变得很大，由式（4-53）可知，在计算剩余量时可能会出现两个相近的大数相减的情形。从数值计算的角度来讲，两个相近的大数相减会严重损失有效数字。例如：x=1234567.89，y=1234567.86，二者都有 9 位有效数字，但 $x-y$=0.03 却只有 1 位有效数字，这会导致计算结果的相对误差急剧增大。

此外，由于计算机存储单元的字长有限，如果两个数值的数量级相差很多，那么在它们进行加、减运算时，绝对值大的数往往会“吃掉”绝对值小的数，即绝对值小的数对计算结果不起作用，从而造成计算误差。例如：采用 8 位十进制浮点数来计算 x=12345678+0.2，按照浮点数的加法运算规则可写为x=$0.12345678\times10^8+0.000000002\times10^8$。由于存储字长只有 8 位，0.000000002 会被处理为 0，那么 x 的计算结果就是 12345678，而 0.2 并没有起任何作用，这会引起舍入误差。在转子的临界转速计算中，由于转子要划分成很多个单元，传递矩阵就需要进行多次连乘，虽然单个舍入误差非常小，但是在多次连乘后，这种误差可能会不受控制地被放大，最终使计算精度大大降低。尤其是在计算转子的模态振型时，由于将起始截面的挠度 y_1 设为 1，因此其他各结点的 y 值必须精确到个位数才能得到该阶振型的比例解。对于大型轴系来说，这一条件有时难以满足，在计算模态振型时，往往会出现末端幅值急剧增长的失真现象，这正是由于舍入误差造成的“蝴蝶效应”。因此，在设计数值算法时，应尽可能地避免出现两个相近的大数相减。

4.4.4 Riccati 传递矩阵法

如前所述，Prohl 传递矩阵法在求解转子的临界转速时可能会存在数值不稳定的问题。1978 年，G.C.Horner 和 W.D.Pilkey 提出了一种改进的传递矩阵法，因为应用了 Riccati 变换，故将这种方法称为 Riccati 传递矩阵法。该方法保留了 Prohl 传递矩阵法的全部优点，而且在数值上比较稳定，计算精度也很高，因此是一种比较理想的转子动力学计算方法，目前已经得到了普通的应用。下面介绍 Riccati 传递矩阵法的原理和计算步骤。

首先，将转子状态向量中的 r 个元素分为 $\boldsymbol{f}$ 和 $\boldsymbol{e}$ 两组，那么第 i 个单元的状态向量可表示为

$$\boldsymbol{z}_i=\begin{bmatrix}\boldsymbol{f}\\ \cdots\\ \boldsymbol{e}\end{bmatrix}_i$$

式中，$\boldsymbol{f}$ 由起始截面的状态向量 $\boldsymbol{z}_1$ 中具有零值的 $r/2$ 个元素组成，其他的 $r/2$ 个

非零元素组成 $\boldsymbol{e}$。

例如，图 4-15 所示的弹性支承转子，起始截面上有 $M_1=0$，$Q_1=0$，因此第 i 个结点截面上有

$$\boldsymbol{f}_i=[M,\ Q]_i^{\mathrm{T}}$$
$$\boldsymbol{e}_i=[y,\ \theta]_i^{\mathrm{T}}$$

由单元的传递矩阵可以得到第（i+1）个截面上的状态向量，并将单元矩阵 $\boldsymbol{T}_i$ 写为分块矩阵形式，相邻截面的状态向量关系可写为

$$\begin{bmatrix}\boldsymbol{f}\\ \cdots\\ \boldsymbol{e}\end{bmatrix}_{i+1}=\boldsymbol{T}_i\begin{bmatrix}\boldsymbol{f}\\ \cdots\\ \boldsymbol{e}\end{bmatrix}_i=\left[\begin{array}{c|c}\boldsymbol{u}_{11} & \boldsymbol{u}_{12}\\ \hline \boldsymbol{u}_{21} & \boldsymbol{u}_{22}\end{array}\right]_i\begin{bmatrix}\boldsymbol{f}\\ \cdots\\ \boldsymbol{e}\end{bmatrix}_i \tag{4-72}$$

参照式（4-46）可以得到

$$[\boldsymbol{u}_{11}]_i=\begin{bmatrix}1 & l\\ 0 & 1\end{bmatrix}_i,\ [\boldsymbol{u}_{12}]_i=\begin{bmatrix}l(m\omega^2-k) & J_{\mathrm{p}}\Omega\omega-J_{\mathrm{d}}\omega^2\\ m\omega^2-k & 0\end{bmatrix}_i$$

$$[\boldsymbol{u}_{21}]_i=\begin{bmatrix}\dfrac{l^2}{2EI} & \dfrac{l^3(1-\gamma)}{6EI}\\ \dfrac{l}{EI} & \dfrac{l^2}{2EI}\end{bmatrix}_i,\ [\boldsymbol{u}_{22}]_i=\begin{bmatrix}1+\dfrac{l^3(1-\gamma)}{6EI}(m\omega^2-k) & 1+\dfrac{l^2}{2EI}(J_{\mathrm{p}}\Omega\omega-J_{\mathrm{d}}\omega^2)\\ \dfrac{l^2}{2EI}(m\omega^2-k) & 1+\dfrac{l}{EI}(J_{\mathrm{p}}\Omega\omega-J_{\mathrm{d}}\omega^2)\end{bmatrix}_i$$

按分块矩阵乘法将式（4-72）展开，可以得到

$$\begin{cases}\boldsymbol{f}_{i+1}=[\boldsymbol{u}_{11}]_i\boldsymbol{f}_i+[\boldsymbol{u}_{12}]_i\boldsymbol{e}_i\\ \boldsymbol{e}_{i+1}=[\boldsymbol{u}_{21}]_i\boldsymbol{f}_i+[\boldsymbol{u}_{22}]_i\boldsymbol{e}_i\end{cases} \tag{4-73}$$

由 Prohl 传递矩阵法的原理可知，在发生模态振动时，初参数间存在着固定的比例关系，可以仿照式（4-51）的形式，引入 Riccati 变换，即

$$\boldsymbol{f}_i=\boldsymbol{S}_i\boldsymbol{e}_i \tag{4-74}$$

式中，$\boldsymbol{S}_i$ 就称为 Riccati 传递矩阵，这是一个$(r/2)\times(r/2)$的矩阵，各元素的数值待定。将式（4-74）代入式（4-73）中的第二式，有

$$\boldsymbol{e}_{i+1}=[\boldsymbol{u}_{21}]_i\boldsymbol{S}_i\boldsymbol{e}_i+[\boldsymbol{u}_{22}]_i\boldsymbol{e}_i=[\boldsymbol{u}_{21}\boldsymbol{S}+\boldsymbol{u}_{22}]_i\boldsymbol{e}_i$$

由此可得到 $\boldsymbol{e}_i$ 与 $\boldsymbol{e}_{i+1}$ 的关系为

$$\boldsymbol{e}_i=[\boldsymbol{u}_{21}\boldsymbol{S}+\boldsymbol{u}_{22}]_i^{-1}\boldsymbol{e}_{i+1} \tag{4-75}$$

同理，将式（4-74）代入式（4-73）中的第一式，有

$$\boldsymbol{f}_{i+1}=[\boldsymbol{u}_{11}]_i\boldsymbol{S}_i\boldsymbol{e}_i+[\boldsymbol{u}_{12}]_i\boldsymbol{e}_i=[\boldsymbol{u}_{11}\boldsymbol{S}+\boldsymbol{u}_{12}]_i\boldsymbol{e}_i$$

再将式（4-75）代入上式，由此可得到 $\boldsymbol{f}_{i+1}$ 与 $\boldsymbol{f}_i$ 的关系为

$$f_{i+1} = [u_{11}S + u_{12}]_i [u_{21}S + u_{22}]_i^{-1} e_{i+1} \tag{4-76}$$

结合式（4-74）和式（4-76），可以得到 Riccati 传递矩阵的递推公式，即

$$S_{i+1} = [u_{11}S + u_{12}]_i [u_{21}S + u_{22}]_i^{-1} \tag{4-77}$$

式（4-77）表明了相邻截面 Riccati 传递矩阵之间的递推关系，另外还可以看到它的一个鲜明特点是包含逆矩阵。Riccati 传递矩阵法可以像 Prohl 传递矩阵法一样，从转子的起始截面开始，递推到末端截面，再根据转子的边界条件来得到剩余量与转子的频率方程。

仍以图 4-15 所示的转子为例，由起始截面的边界条件 $z_1=[y_1,\theta_1,M_1,Q_1]^T=[y_1,\theta_1,0,0]^T$ 可知，$\boldsymbol{f}_1=\boldsymbol{0}$，$\boldsymbol{e}_1\neq\boldsymbol{0}$，由式（4-74）可知有

$$\begin{bmatrix} s_{11} & s_{12} \\ s_{21} & s_{22} \end{bmatrix}_1 \begin{bmatrix} y_1 \\ \theta_1 \end{bmatrix} = \begin{bmatrix} 0 \\ 0 \end{bmatrix}$$

由于 y_1 和 θ_1 均不为 0，上式如要成立，只有满足 $\boldsymbol{S}_1=\boldsymbol{0}$。将 $\boldsymbol{S}_1=\boldsymbol{0}$ 代入式（4-77），即可依次递推得到 $\boldsymbol{S}_2$，$\boldsymbol{S}_3$，…，$\boldsymbol{S}_{N+1}$，那么对于末端截面有

$$f_{N+1} = S_{N+1} e_{N+1} \tag{4-78}$$

根据转子末端截面的边界条件 $\boldsymbol{f}_{N+1}=\boldsymbol{0}$，$\boldsymbol{e}_{N+1}\neq\boldsymbol{0}$，式（4-78）想要有 $\boldsymbol{e}_{N+1}$ 的非零解就必须满足

$$\begin{cases} |\boldsymbol{S}|_{N+1} = \begin{vmatrix} s_{11} & s_{12} \\ s_{21} & s_{22} \end{vmatrix}_{N+1} = 0 \\ \text{s.t.} \quad \Omega=\omega \end{cases} \tag{4-79}$$

式（4-79）中的 $|\boldsymbol{S}|_{N+1}$[1]就是剩余量，和 Prohl 传递矩阵法一样，令 $\Omega=\omega$，在设定的转速搜索范围内，按照一定步长设置试算频率 ω，代入式（4-79）中，绘制出剩余量曲线，如图 4-21 所示，找到剩余量曲线与横轴的各个交点，就是转子的各阶临界转速。

Riccati 传递矩阵也可以用来求解模态振型。在图 4-15 中，由于转子的最后一个单元没有轴段，即 $l_N=0$，因此 $\boldsymbol{e}_{N+1}=\boldsymbol{e}_N=[y_N,\theta_N]^T$，$\boldsymbol{f}_{N+1}=\boldsymbol{0}$。在求得某阶临界转速后，由式（4-78）可知有

$$\begin{bmatrix} s_{11} & s_{12} \\ s_{21} & s_{22} \end{bmatrix}_{N+1} \begin{bmatrix} y \\ \theta \end{bmatrix}_N = \begin{bmatrix} 0 \\ 0 \end{bmatrix}$$

由此可以得到

$$\theta_N = -\left(\frac{s_{11}}{s_{12}}\right)_{N+1} y_N = \lambda y_N$$

[1] 本书采用 $|\boldsymbol{S}|_{N+1}$ 表示行列式 $\det(\boldsymbol{S}_{N+1})$，下标 $N+1$ 表示经过 N 次递推后得到的 Riccati 传递矩阵，并不等同于状态向量中下标的意义，使用时应注意区别。

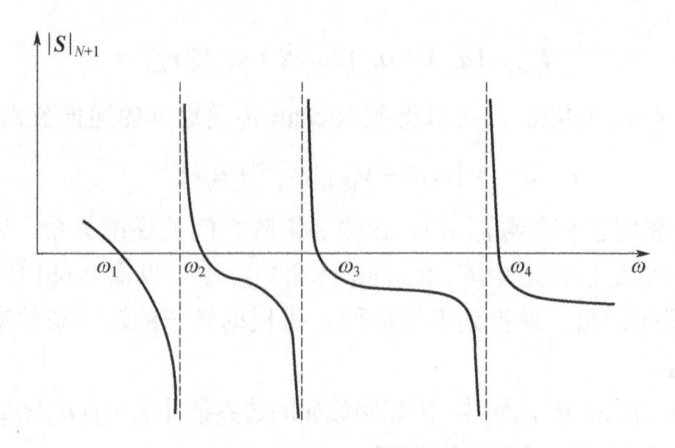

图 4-21　$|\boldsymbol{S}|_{N+1}$剩余量曲线

其中

$$\lambda = -\left(\frac{s_{11}}{s_{12}}\right)_{N+1}$$

或

$$y_N = -\left(\frac{s_{21}}{s_{22}}\right)_{N+1} \quad \theta_N = \eta y_N$$

其中

$$\eta = -\left(\frac{s_{21}}{s_{22}}\right)_{N+1}$$

因此有

$$\boldsymbol{e}_N = \begin{bmatrix} y \\ \theta \end{bmatrix}_N = \begin{bmatrix} 1 \\ \lambda \end{bmatrix} y_N \quad 或 \quad \boldsymbol{e}_N = \begin{bmatrix} y \\ \theta \end{bmatrix}_N = \begin{bmatrix} 1 \\ \eta \end{bmatrix} y_N \tag{4-80}$$

接着再由式（4-75）从右向左递推，可依次求得各截面处的 $\boldsymbol{e}$，从而得各截面的挠度 y 和转角 θ，然后得到该阶临界转速所对应的模态振型。此外，还可以通过式(4-74)求得各截面上的弯矩 M_i 和剪力 Q_i 的比例解。注意，除了起始截面和末端截面上 $\boldsymbol{f}$ 等于 **0** 外，中间各截面上的 $\boldsymbol{f}$ 一般都不等于 **0**。因此，通过从右向左递推，就可以得到各截面初参数的比例解。

4.4.5 Riccati 传递矩阵法的改进

从剩余量的构成上来看，$|\boldsymbol{S}|_{N+1}=s_{11}s_{22}-s_{12}s_{21}$，虽然还是两个数相减，但由于 $\boldsymbol{S}_i$ 中包含逆矩阵，当试算频率增大时，$\boldsymbol{S}_{N+1}$ 中元素的数值不会很大，故计算剩余量$|\boldsymbol{S}|_{N+1}$时不会出现两个相近的大数相减的情况。所以，Riccati 传递矩阵法的数值稳定性要

优于 Prohl 传递矩阵法。

但是，同样是由于 Riccati 传递矩阵中包含逆矩阵，使得剩余量曲线会出现很多异号的无穷型奇点。对应于奇点的剩余量$|\boldsymbol{S}|_{N+1}\to\infty$，即

$$\boldsymbol{S}_{N+1}{}^{-1}=\boldsymbol{0}$$

由式（4-78）可知

$$\boldsymbol{e}_{N+1}=\boldsymbol{S}_{N+1}{}^{-1}\boldsymbol{f}_{N+1}$$

而$\boldsymbol{f}_{N+1}$中的元素数值是有限的，故有

$$\boldsymbol{e}_{N+1}=[y,\ \theta]_{N+1}^{\mathrm{T}}=\boldsymbol{0}$$

这说明奇点处的频率ω就是将转子末端截面处的弹性支承改为刚性支承时转子的模态频率，对应转子的临界转速。

通过以上分析可知，奇点与临界转速通常很接近，实际转子中，临界转速与相邻奇点之间的间隔往往要小于 10^{-4}r/min。如此一来，在搜索临界转速的过程中，步长$\Delta\omega$取得稍大就会发生丢根问题，这就使 Riccati 传递矩阵法的应用受到了很大的限制。

为了克服 Riccati 传递矩阵法容易丢根的问题，可以对 Riccati 传递矩阵法的剩余量加以改造。令$i=N-1$并代入式（4-75）中有

$$\boldsymbol{e}_{N-1}=[\boldsymbol{u}_{21}\boldsymbol{S}+\boldsymbol{u}_{22}]_{N-1}{}^{-1}\boldsymbol{e}_{N}$$

将上式改写为

$$\boldsymbol{e}_{N}=[\boldsymbol{u}_{21}\boldsymbol{S}+\boldsymbol{u}_{22}]_{N-1}\boldsymbol{e}_{N-1} \tag{4-81}$$

由于转子的末端单元存在$\boldsymbol{e}_{N+1}=\boldsymbol{e}_N$，由式（4-78）和式（4-81）可以得到

$$\boldsymbol{f}_{N+1}=\boldsymbol{S}_{N+1}\boldsymbol{e}_{N+1}=\boldsymbol{S}_{N+1}[\boldsymbol{u}_{21}\boldsymbol{S}+\boldsymbol{u}_{22}]_{N-1}\boldsymbol{e}_{N-1} \tag{4-82}$$

一般情况下$\boldsymbol{e}_{N-1}\neq\boldsymbol{0}$，同时边界条件$\boldsymbol{f}_{N+1}=\boldsymbol{0}$需要满足，可以令

$$\varDelta_{N-1}=\left|\boldsymbol{S}_{N+1}[\boldsymbol{u}_{21}\boldsymbol{S}+\boldsymbol{u}_{22}]_{N-1}\right|$$

将$\varDelta_{N-1}$作为剩余量，那么转子的频率方程就成为

$$\left|\boldsymbol{S}_{N+1}[\boldsymbol{u}_{21}\boldsymbol{S}+\boldsymbol{u}_{22}]_{N-1}\right|=0 \tag{4-83}$$

以$\varDelta_{N-1}$为剩余量的曲线不会出现原来的那些奇点，但却会出现另外一些新的异号无穷型奇点，所对应的频率就是$\boldsymbol{e}_{N-1}=\boldsymbol{0}$的情况，即将截面$N-1$处的弹性支承改为刚性支承时转子的模态频率。因此，采用$\varDelta_{N-1}$为剩余量依然解决不了丢根问题。不过，此时已经满足了$\boldsymbol{e}_N\neq\boldsymbol{0}$的边界条件，因此可以按照上述思路继续向左递推，直到各截面处都能够满足$\boldsymbol{e}_i\neq\boldsymbol{0}$的约束。

结合式（4-81），对式（4-82）继续递推，有

$$
\begin{aligned}
\boldsymbol{f}_{N+1} &= \boldsymbol{S}_{N+1}[\boldsymbol{u}_{21}\boldsymbol{S}+\boldsymbol{u}_{22}]_{N-1}\boldsymbol{e}_{N-1} \\
&= \boldsymbol{S}_{N+1}[\boldsymbol{u}_{21}\boldsymbol{S}+\boldsymbol{u}_{22}]_{N-1}[\boldsymbol{u}_{21}\boldsymbol{S}+\boldsymbol{u}_{22}]_{N-2}\cdots[\boldsymbol{u}_{21}\boldsymbol{S}+\boldsymbol{u}_{22}]_{1}\boldsymbol{e}_1 \\
&= \left\{\boldsymbol{S}_{N+1}\prod_{i=1}^{N-1}[\boldsymbol{u}_{21}\boldsymbol{S}+\boldsymbol{u}_{22}]_i\right\}\boldsymbol{e}_1
\end{aligned}
\tag{4-84}
$$

式（4-84）在满足全部边界条件时成立，应该有

$$
\Delta_1 = \left|\boldsymbol{S}_{N+1}\prod_{i=1}^{N-1}[\boldsymbol{u}_{21}\boldsymbol{S}+\boldsymbol{u}_{22}]_i\right| = 0 \tag{4-85}
$$

可以证明，式（4-84）事实上就是式（4-51），因此以 Δ_1 作为剩余量就是式（4-53）中的 $\Delta(\omega^2)$，所以采用 Δ_1 作为剩余量绘制的剩余量曲线是连续的，不会出现奇点，就可以解决 Riccati 传递矩阵法容易丢根的问题。从计算过程来看，这二者是用不同的递推方法得到的，因此数值稳定性也不相同。当 $\Delta(\omega^2)$出现数值不稳定的情况时，Δ_1 的数值计算仍然具有相当程度的精度。

式（4-85）的计算量总体上稍大于式（4-79）的计算量，如果对 Δ_1 再进行改造，还可以在保留不易丢根这个优点的同时，降低搜索转子临界转速的计算量。由于转子的 l_N=0，所以有$[\boldsymbol{u}_{21}\boldsymbol{S}+\boldsymbol{u}_{22}]_N=\boldsymbol{I}$，其中 $\boldsymbol{I}$ 是$(r/2)\times(r/2)$的单位矩阵。这样，可将式（4-85）改写为

$$
\Delta_1 = |\boldsymbol{S}|_{N+1}\prod_{i=1}^{N}|\boldsymbol{u}_{21}\boldsymbol{S}+\boldsymbol{u}_{22}|_i = 0 \tag{4-86}
$$

接下来构造一个更简单的剩余量，即

$$
\begin{aligned}
R_1 &= |\boldsymbol{S}|_{N+1}\prod_{i=1}^{N}\frac{|\boldsymbol{u}_{21}\boldsymbol{S}+\boldsymbol{u}_{22}|_i}{\mathrm{abs}\left(|\boldsymbol{u}_{21}\boldsymbol{S}+\boldsymbol{u}_{22}|_i\right)} \\
&= |\boldsymbol{S}|_{N+1}\prod_{i=1}^{N}\mathrm{sign}\left(|\boldsymbol{u}_{21}\boldsymbol{S}+\boldsymbol{u}_{22}|_i\right)
\end{aligned}
$$

式中，abs(x)是绝对值函数，表示对 x 取绝对值；sign(x)是符号函数，表示取 x 的正负符号。对于任意的试算频率 ω，R_1 所表示的剩余量的绝对值与 Δ_1 所表示的剩余量的绝对值是相等的。以 R_1 来构造转子的频率方程，即

$$
R_1 = |\boldsymbol{S}|_{N+1}\prod_{i=1}^{N}\mathrm{sign}\left(|\boldsymbol{u}_{21}\boldsymbol{S}+\boldsymbol{u}_{22}|_i\right) = 0 \tag{4-87}
$$

在搜索转子临界转速时，式（4-87）的计算量几乎等同于式（4-85）的计算量。由于存在符号运算，R_1 的剩余量曲线实际上是将$|\boldsymbol{S}|_{N+1}$ 的剩余量曲线中的异号无穷型奇点改造为同号无穷型奇点，如图 4-22 所示。如果某阶模态频率与无穷型奇点相距较近，即使试算频率 ω 和 $\omega+\Delta\omega$ 同时跨越了无穷型奇点和其邻近的模态频率，两次

剩余量还是会发生变号，只需在[ω,$\omega+\Delta\omega$]区间内再仔细搜索，就一定能够找到该阶模态频率所对应的临界转速。此外，如果试算频率 ω 和 $\omega+\Delta\omega$ 跨越了某个无穷型奇点，两次剩余量不会发生变号，因此不会将无穷型奇点当成临界转速。如此一来，只需要设置合适的频率步长，一般就不会发生丢根问题。

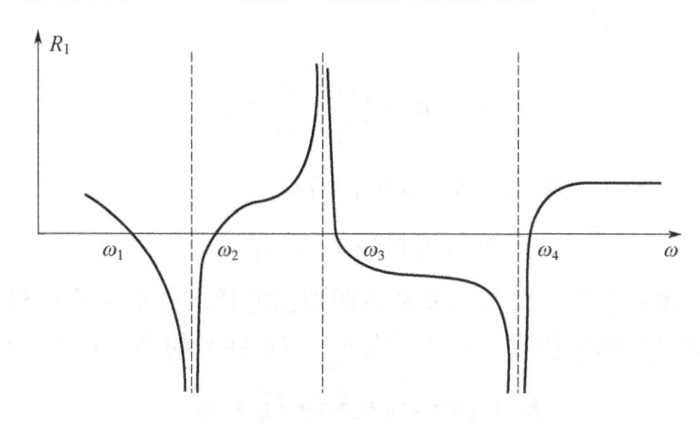

图 4-22　R_1 剩余量曲线

以上方法适用于起始截面和末端截面都是弹性支承的转子，如果转子的起始截面和末端截面是其他约束形式时，则需要对 $\boldsymbol{f}_i$ 和 $\boldsymbol{e}_i$ 进行相应的修改。例如起始截面为刚性支承的转子，应设置

$$\boldsymbol{f}_1=\begin{bmatrix} M_1 \\ y_1 \end{bmatrix},\ \boldsymbol{e}_1=\begin{bmatrix} Q_1 \\ \theta_1 \end{bmatrix}$$

然后再对 Riccati 传递矩阵 $\boldsymbol{S}$ 进行递推，找到剩余量和转子的频率方程。如果在递推过程中遇到刚性支承，Prohl 传递矩阵需要先变换一个初参数，然后在该处的传递矩阵后面乘上一个式（4-70）所示的矩阵，就可以继续向右递推。而在 Riccati 传递矩阵法中，因为总是以末端状态向量中的 $r/2$ 个元素作为初参数，处理方法就有所不同。

假设在结点 i 处有刚性支承❶，可把刚性支承看成是刚度 $k\to\infty$ 的弹性支承，即

$$\begin{bmatrix} \boldsymbol{f} \\ \cdots \\ \boldsymbol{e} \end{bmatrix}_i^{\mathrm{R}}=\left[\begin{array}{c|c} \boldsymbol{I} & \boldsymbol{A} \\ \hline \boldsymbol{K} & \boldsymbol{I} \end{array}\right]_i\begin{bmatrix} \boldsymbol{f} \\ \cdots \\ \boldsymbol{e} \end{bmatrix}_i^{\mathrm{L}} \tag{4-88}$$

式中，$\boldsymbol{K}_i=\begin{bmatrix} 0 & -k \\ 0 & 0 \end{bmatrix}$；$\boldsymbol{A}_i=\begin{bmatrix} 0 & J_{\mathrm{p}}\Omega\omega-J_{\mathrm{d}}\omega^2 \\ 0 & 0 \end{bmatrix}_i$；$\boldsymbol{I}=\begin{bmatrix} 1 & 0 \\ 0 & 1 \end{bmatrix}$。

❶ 因为该处存在刚性支承，初参数需要从结点的左端面推导至右端面，因此使用的 Riccati 矩阵不同于前述的弹性支承的情况，故采用了上标 L、R 来表示这种区别。L 表示左端面上的两个状态向量 $\boldsymbol{f}$ 和 $\boldsymbol{e}$ 之间的关系，R 表示右端面的情况。下标 i 表示结点号。

将式（4-88）展开，有

$$\begin{cases} \boldsymbol{f}_i^{\mathrm{R}} = \boldsymbol{f}_i^{\mathrm{L}} + \boldsymbol{A}_i \boldsymbol{e}_i^{\mathrm{L}} \\ \boldsymbol{e}_i^{\mathrm{R}} = \boldsymbol{e}_i^{\mathrm{L}} + \boldsymbol{K}_i \boldsymbol{f}_i^{\mathrm{L}} \end{cases} \tag{4-89}$$

按照 Riccati 传递矩阵法有

$$\boldsymbol{f}_i^{\mathrm{L}} = \boldsymbol{S}_i^{\mathrm{L}} \boldsymbol{e}_i^{\mathrm{L}} = \begin{bmatrix} s_{11} & s_{12} \\ s_{21} & s_{22} \end{bmatrix}_i^{\mathrm{L}} \boldsymbol{e}_i^{\mathrm{L}} \tag{4-90}$$

将式（4-90）代入式（4-89）的第二式中，可得

$$\boldsymbol{e}_i^{\mathrm{L}} = ([\boldsymbol{KS} + \boldsymbol{I}]_i^{\mathrm{L}})^{-1} \boldsymbol{e}_i^{\mathrm{R}} \tag{4-91}$$

式（4-91）表示了第 i 个结点处左右两端面的状态向量 $\boldsymbol{e}$ 在刚性支承作用下的传递关系。将式（4-90）和式（4-91）代入式（4-89）的第一式中，可以得到

$$\boldsymbol{f}_i^{\mathrm{R}} = [\boldsymbol{S} + \boldsymbol{A}]_i^{\mathrm{L}} ([\boldsymbol{KS} + \boldsymbol{I}]_i^{\mathrm{L}})^{-1} \boldsymbol{e}_i^{\mathrm{R}} \tag{4-92}$$

又有

$$\boldsymbol{f}_i^{\mathrm{R}} = \boldsymbol{S}_i^{\mathrm{R}} \boldsymbol{e}_i^{\mathrm{R}} \tag{4-93}$$

比较式（4-92）和式（4-93），得到

$$\boldsymbol{S}_i^{\mathrm{R}} = [\boldsymbol{S} + \boldsymbol{A}]_i^{\mathrm{L}} ([\boldsymbol{KS} + \boldsymbol{I}]_i^{\mathrm{L}})^{-1} \tag{4-94}$$

这就是经过刚性支承时 Raccati 传递矩阵的递推关系，由于 $k \to \infty$，故有

$$\begin{aligned} \boldsymbol{S}_i^{\mathrm{R}} &= \lim_{k \to \infty} [\boldsymbol{S} + \boldsymbol{A}]_i^{\mathrm{L}} ([\boldsymbol{KS} + \boldsymbol{I}]_i^{\mathrm{L}})^{-1} \\ &= [\boldsymbol{S} + \boldsymbol{A}]_i^{\mathrm{L}} \lim_{k \to \infty} ([\boldsymbol{KS} + \boldsymbol{I}]_i^{\mathrm{L}})^{-1} \end{aligned} \tag{4-95}$$

式中，

$$\begin{aligned} \lim_{k \to \infty} ([\boldsymbol{KS} + \boldsymbol{I}]_i^{\mathrm{L}})^{-1} &= \lim_{k \to \infty} \left(\begin{bmatrix} 1 - ks_{21} & -ks_{22} \\ 0 & 1 \end{bmatrix}_i^{\mathrm{L}} \right)^{-1} \\ &= \lim_{k \to \infty} \frac{1}{1 - ks_{21}} \begin{bmatrix} 1 & ks_{22} \\ 0 & 1 - ks_{21} \end{bmatrix}_i^{\mathrm{L}} = \begin{bmatrix} 0 & -s_{22} / s_{21} \\ 0 & 1 \end{bmatrix}_i^{\mathrm{L}} \end{aligned} \tag{4-96}$$

将式（4-96）代入式（4-95）中，有

$$\begin{aligned} \boldsymbol{S}_i^{\mathrm{R}} &= \begin{bmatrix} s_{11} & s_{12} + J_{\mathrm{p}} \Omega \omega - J_{\mathrm{d}} \omega^2 \\ s_{21} & s_{22} \end{bmatrix}_i^{\mathrm{L}} \begin{bmatrix} 0 & -s_{22} / s_{21} \\ 0 & 1 \end{bmatrix}_i^{\mathrm{L}} \\ &= \begin{bmatrix} 0 & \dfrac{-|\boldsymbol{S}|_i^{\mathrm{L}}}{s_{21}} + J_{\mathrm{p}} \Omega \omega - J_{\mathrm{d}} \omega^2 \\ 0 & 0 \end{bmatrix}_i^{\mathrm{L}} \end{aligned} \tag{4-97}$$

利用式（4-97）求得 $\boldsymbol{S}_i^{\mathrm{R}}$ 后，就可以继续向下一个单元递推。如果再遇到刚性支承，就采用相同的方法处理，直到求出末端截面的剩余量，即可得到转子的频率方程，再通过试算频率搜索，找到转子的各阶临界转速。求得各阶临界转速后，利用末端截面的比例解根据式（4-75）从右向左反向递推，即可求得各阶模态振型，其中通过刚性支承时的递推关系由式（4-91）确定，式中的逆矩阵 $([\boldsymbol{KS}+\boldsymbol{I}]_i^{\mathrm{L}})^{-1}$ 则由式（4-96）计算获得。

4.5 传递矩阵法的转子算例

如图 4-23 所示为由某对称转子转化而来的阶梯轴模型，将其划分为 13 个结点，包含 3 个子轴，各子轴的抗弯刚度、长度及划分后各子轴包含的单元数及单元质量见表 4-1。若不计圆盘的转动惯量、剪切变形及陀螺力矩，将阶梯轴简化为集总质量模型，如图 4-24 所示，其中支承简化后，分别位于 j=1、4、7、10、13 结点处，支承参数为：$k_{\mathrm{p}j}$=1.96×10^{9}N/m、$k_{\mathrm{b}j}$=2.7048×10^{9}N/m、$M_{\mathrm{b}j}$=3577kg。试计算该转子的临界转速与模态振型。

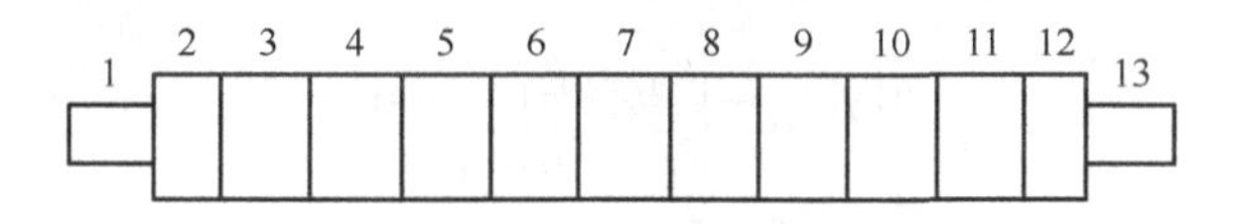

图 4-23 阶梯轴模型

表 4-1 阶梯轴的相关参数

子轴序号	抗弯刚度/N·m^2	盘轴单元长度/m	盘轴单元数目	盘轴单元质量/kg	结点号
1	4.393079×10^8	1.3	1	2940	1
2	4.393079×10^8	1.3	11	5880	2～12
3	4.393079×10^8	1.3	1	2940	13

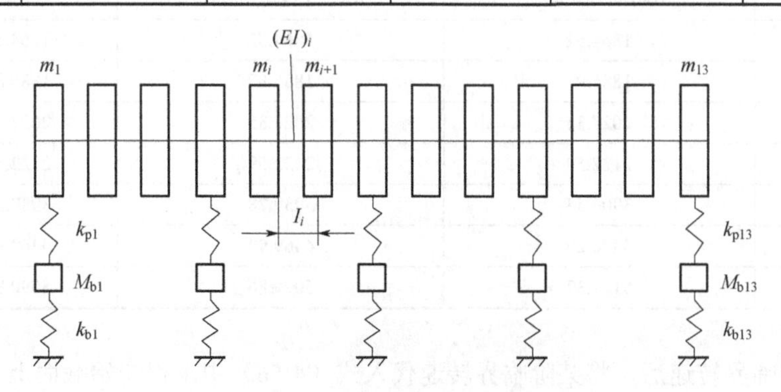

图 4-24 阶梯轴的集总质量模型

调用式（4-46）自左向右依次写出每个结点的传递矩阵 $\boldsymbol{T}_i$，再按照式（4-40）将各传递矩阵连乘，得到起始截面到末端截面的传递矩阵 $\boldsymbol{B}$，其形式为

$$\boldsymbol{B}=\begin{bmatrix} b_{11} & b_{12} & b_{13} & b_{14} \\ b_{21} & b_{22} & b_{23} & b_{24} \\ b_{31} & b_{32} & b_{33} & b_{34} \\ b_{41} & b_{42} & b_{43} & b_{44} \end{bmatrix}$$

已知转子的边界条件为

$$y_1 \neq 0,\ \theta_1 \neq 0,\ Q_1=0,\ M_1=0;\ y_{14} \neq 0,\ \theta_{14} \neq 0,\ Q_{14}=0,\ M_{14}=0$$

根据式（4-52）计算剩余量，有

$$\begin{cases} \begin{vmatrix} b_{31} & b_{32} \\ b_{41} & b_{42} \end{vmatrix} = b_{31}b_{42}-b_{32}b_{41}=0 \\ \text{s.t.} \quad \boldsymbol{\Omega}=\boldsymbol{\omega} \end{cases}$$

设置角速度步长 $\Delta\omega$，搜索各阶临界转速。

另外，还可以根据式（4-77）计算 Riccati 传递矩阵 $\boldsymbol{S}$，并采用同样的边界条件，再由式（4-79）计算剩余量$|\boldsymbol{S}|$，有

$$\begin{cases} |\boldsymbol{S}|_{N+1} = \begin{vmatrix} s_{11} & s_{12} \\ s_{21} & s_{22} \end{vmatrix}_{N+1} = 0 \\ \text{s.t.} \quad \boldsymbol{\Omega}=\boldsymbol{\omega} \end{cases}$$

同样通过设置角速度步长搜索各阶临界转速。

按上述两种方法分别求解转子的临界转速，结果如表 4-2 所示，其中精确解是通过转子的运动微分方程直接求取的特征值。

表 4-2　转子的前 7 阶临界转速

阶次	临界转速/（r/min）		
	Prohl 传递矩阵法	Riccati 传递矩阵法	精确解
1	1864.52	1864.52	1864.5117
2	1885.91	1885.87	1885.8635
3	2027.31	2027.35	2027.3451
4	2122.59	2122.59	2122.5907
5	3906.54	3939.28	3939.2799
6	4470.20	4469.99	4469.9867
7	5121.37	5090.86	5090.8574

得到临界转速后，将某阶临界转速代入式（4-56）中求得起始截面上 y_1 与 θ_1 的比例λ，再根据式（4-60）即可求得该阶临界转速下各结点处挠度和转角的比例值，

即该阶的模态振型。表 4-3、表 4-4 分别给出了该转子第 2 阶和第 6 阶模态振型的数值，图 4-25、图 4-26 分别是该转子第 2 阶和第 6 阶模态振型的图形。

表 4-3　转子的第 2 阶模态振型

结点位置	第 2 阶模态振型的数值		
	Prohl 传递矩阵法	Riccati 传递矩阵法	精确解
1	1.000000	1.000000	1.000000
2	4.926933	4.926764	4.926788
3	4.812535	4.812108	4.812151
4	1.302587	1.301345	1.301465
5	−1.295724	−1.295680	−1.295420
6	−1.820654	−1.822671	−1.822478
7	−1.421021	−1.418795	−1.419006
8	−1.829449	−1.821725	−1.822478
9	−1.301577	−1.294758	−1.301465
10	1.301159	1.301193	1.301193
11	4.824473	4.810753	4.812151
12	4.939576	4.925355	4.926788
13	1.002794	0.999793	1.000000

表 4-4　转子的第 6 阶模态振型

结点位置	第 6 阶模态振型的数值		
	Prohl 传递矩阵法	Riccati 传递矩阵法	精确解
1	1.000000	1.000000	1.000000
2	0.707236	0.707557	0.707556
3	−0.455524	−0.455223	−0.455223
4	−0.797829	−0.808199	−0.808200
5	−0.070518	−0.081201	−0.081202
6	0.554581	0.562397	0.562398
7	−0.015587	−0.000001	0.000000
8	−0.564342	−0.562398	−0.562398
9	0.097691	0.081201	0.081202
10	0.0828969	0.808199	0.808200
11	0.524142	0.455224	0.455223
12	−0.359412	−0.707556	−0.707556
13	−0.730395	−0.999997	−1.000000

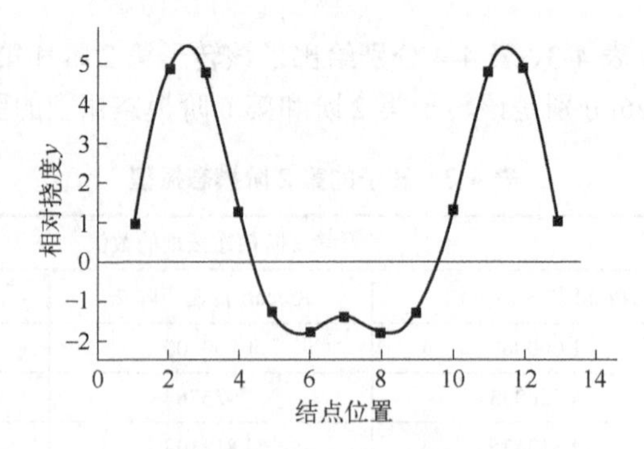

图 4-25　转子的第 2 阶模态振型

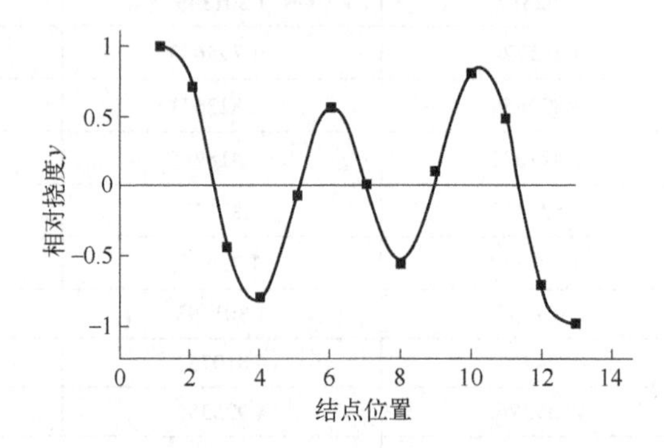

图 4-26　转子的第 6 阶模态振型

从表 4-3 和表 4-4 中的数值可以看出，在计算转子较低阶的临界转速和模态振型时，Prohl 传递矩阵法和 Riccati 传递矩阵法的计算结果相差不大，但是在计算较高阶的模态振型时，二者在末端结点位置上的计算结果就存在明显差别了，同时高阶的临界转速计算结果相差也比较大。通过与精确解的对比可知，Riccati 传递矩阵法的计算精度要高于传统的 Prohl 传递矩阵法。

采用 Prohl 传递矩阵法求解本算例的 Matlab 程序请参阅附录 A.5。

第5章

转子的平衡技术

转子不平衡是旋转机械主要的激振源，除了会导致转子发生振动、产生噪声外，还会增加支承的动反力，加速轴承、轴封等部件的磨损，降低机械的使用寿命和工作效率，严重时会造成破坏性事故。此外，转子不平衡还是转子产生自激振动的诱发因素，对转子运行的稳定性有很大的影响。当转子振动较大时，可能会通过轴承、机座等部件传到基础上，影响附近机械设备的正常工作。为此，在转子制造、运行和维修过程中，都需要进行转子平衡，以消除或减小转子的不平衡，改善其工作状况。

转子的平衡处理是旋转机械制造和维修中的一个工艺过程，采用在转子的适当部位增减质量的方法来改变转子的质量分布，将不平衡力引起的转子振动或作用在轴承上的动载荷减小到允许的范围之内，达到允许的平衡精度等级。平衡的具体目标是减小转子本身的挠曲、振动以及轴承的动反力。这三个目标有时是一致的，有时则是矛盾的。需要说明的是，转子不平衡是不可能、也无必要完全消除的，对转子进行平衡的最终目标是要保证机械平稳、安全、可靠地运行。

本章将讲解转子不平衡的基本概念和转子平衡的原理与方法，重点介绍刚性转子的两平面影响系数平衡法和转子的模态平衡法，并简要讨论转子和轴系现场平衡的步骤、常用的转子平衡技术以及有关平衡的标准。

5.1 转子不平衡的基本概念

5.1.1 不平衡量及其分布

由于转子在制造过程中存在材质不均、毛坯缺陷、加工及装配误差和运行过程中不均匀变形、磨损、局部缺损等因素的影响，实际转子各截面的惯性中心（即质心）连线总是或多或少地偏离转子的旋转轴线（即支承中心的连线）。当转子转动时，转子轴线上各个微元质量就会因为这种偏离而产生不同方向和大小的离心惯性力，从而组成了一个不平衡力系，转子的支承就需要额外增加支反力来抵抗这个不平衡力。这种不平衡力通过支承作用于转子及其基础上，相当于给转子增加了外部激励作用，使转子在运行中发生挠曲、产生振动，这种现象称为转子不平衡或转子失衡。

如图 5-1 所示的转子，不计重力引起的转子静变形，以转子某端面的中心 o 点为原点建立固定坐标系 $oxys$ 和固结在转子端面上的转动坐标系 $o\xi\eta s$，其中 s 轴是转子的旋转轴线，自转角速度为 Ω。由于转子跨度较长，其质量沿 s 轴分布，不能简化为单一的集总质量。此时可以将转子假想成是由很多具有质量的薄片沿着 s 轴堆叠在一起的，将每一个薄片视为一个质量微元。设某质量微元的轴向坐标为 s，质量为 $m(s)$，存在质量偏心时，该质量微元的质心 c 偏离圆心 o，将偏心量表示为一个向径 $\boldsymbol{e}(s)$。由于 $\boldsymbol{e}(s)$ 与转动坐标系以相同的角速度 Ω 转动，因此在转动坐标系 $o\xi\eta s$ 中 $\boldsymbol{e}(s)$ 是一个常矢量，可以用复数 $z(s)$ 表示，记为

$$z(s)=e_{\xi}(s)+\mathrm{i}e_{\eta}(s)=e(s)\mathrm{e}^{\mathrm{i}\alpha(s)} \tag{5-1}$$

其中，$e(s)$ 为质心 c 到圆心 o 的距离，表示向径 $\boldsymbol{e}(s)$ 的大小，称为偏心距；$\alpha(s)$ 是向径 $\boldsymbol{e}(s)$ 与基准的夹角，称为偏位角；e_{ξ} 和 e_{η} 分别为向径 $\boldsymbol{e}(s)$ 在 ξ 轴和 η 轴上的投影。

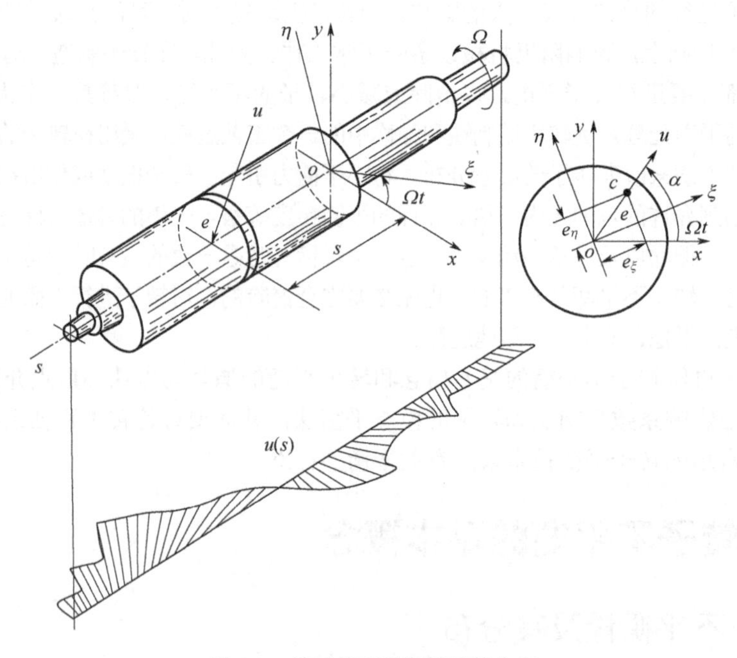

图 5-1 转子的不平衡量及其分布

一般情况下各个质量微元均存在偏心量，且偏心距和偏位角各不相同。由于存在质量偏心，各个质量微元均会引起不平衡的离心惯性力。根据力学理论可知，不平衡离心力的大小与该微元的质量 $m(s)$ 以及偏心量 $\boldsymbol{e}$、自转角速度 Ω 有关。为此，定义各质量微元的不平衡质量矩，有

$$\boldsymbol{u}(s)=m(s)\boldsymbol{e}(s) \tag{5-2}$$

将 $\boldsymbol{u}$(s)称为不平衡矢量。则质心 c 处的离心惯性力系 $\boldsymbol{F}(s)$可表示为

$$\boldsymbol{F}(s)=m(s)\boldsymbol{e}(s)\Omega^2=\Omega^2\boldsymbol{u}(s) \tag{5-3}$$

式（5-3）表明，当转子以角速度 Ω 绕轴线转动时，在转子各质量微元的质心处所引起的离心惯性力将会形成一个离心惯性力系。如果在转动坐标系 $o\xi\eta s$ 中来考察，偏心量分布 $\boldsymbol{e}(s)$、不平衡量分布 $\boldsymbol{u}(s)$和离心惯性力系 $\boldsymbol{F}(s)$都是固定不变的。

如图 5-2 所示的某质量微元，设其质量为 Δm，质心位于 c 点，与中心 o 点的偏心距大小为 e。当转子以角速度 Ω 绕轴线转动时，不平衡离心力作用于 c 点，大小为 $\Delta me\Omega^2$，方向由 o 点指向 c 点。为了平衡该离心力，可以在 oc 的反向延长线上距离 o 点为 r 的 c'点处增加一个质量 m，使 m 产生的离心力大小满足 $mr\Omega^2=\Delta me\Omega^2$，方向与 Δm 产生的离心力方向相反，则二者可以相互抵消，使该质量微元达到平衡。因此，对每一个质量微元均采用上述方法进行偏心纠正处理，使得任一位置处的不平衡量 $\boldsymbol{u}(s)\equiv\boldsymbol{0}$，那么转子就能够达到理想平衡。同样地，还可以通过在转子上合适的部位减去质量的方法来消除转子的质量偏心。无论是增加质量还是减去质量，目的都是要设法使质心 c 与转动中心 o 重合。

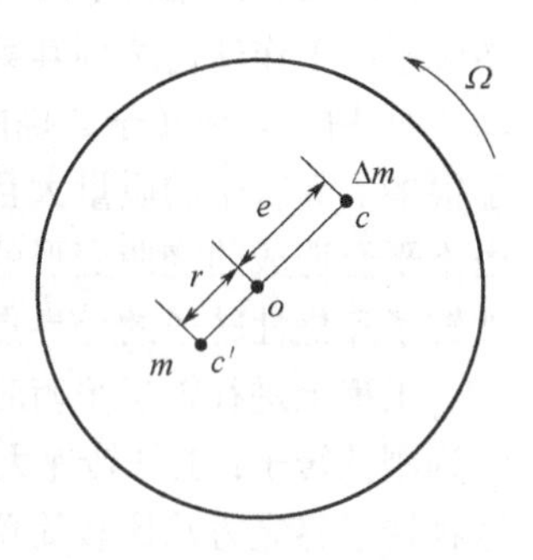

图 5-2　转子的偏心纠正

如果要使转子达到理想平衡，就必须对所有的质量微元进行偏心纠正。从理论上讲，实际转子应该划分为无穷多个质量微元，每个微元上不平衡量的分布都是未知的，转子不具备在每个质量微元上增减质量的条件。因此，平衡每个质量微元在技术上是无法实现的，而且在经济上也不可取。转子平衡的目标是从总体上减小由于不平衡导致的转子挠曲或振动，没有必要达到理想平衡。实际转子在平衡处理时，是根据转子在不平衡离心力激励下产生的挠曲和振动的特点，在转子轴向有限数量的平面（称为校正平面）上增加或减去质量（称为校正质量），校正质量到旋转轴线的径向距离（称为加重半径）固定，使转子以某个或某几个转速（称为平衡转速）转动时校正质量所引发的振动与转子原始不平衡产生的振动尽可能地抵消，从而达到转子总体平衡的目的。因此，转子在经过实际平衡处理后，依然存在不平衡量的分布，从某一质量微元或轴段来看，$\boldsymbol{e}(s)$或 $\boldsymbol{u}(s)$并非处处为零。

5.1.2　刚性转子和挠性转子

旋转机械的转子虽然在结构上千差万别，但是从平衡的角度来讲，可以根据转子在不平衡离心力作用下的挠曲程度，将转子分为刚性转子和挠性转子两大类。由于刚性转子和挠性转子的平衡方法有很大的不同，在转子进行平衡前，必须对转子

的类型进行界定。

如果转子的工作转速较小，远低于其第一阶临界转速，转子不平衡造成的离心惯性力比较小，引起的转子挠曲变形也很小，相比于转子的偏心量可以忽略不计。此时，由于转子整体变形量很小，显得比较“刚硬”，因此称为刚性转子；反之，如果转子的工作转速较高，超过其第一阶临界转速，此时转子不平衡造成的离心惯性力就比较大，引起的转子挠曲变形会很明显，使得转子的整体变形量比较大，外观看起来似乎很“柔软”，因此称为挠性转子或柔性转子。

之所以采用第一阶临界转速作为刚性转子和挠性转子的分界点，主要是因为：当转子的工作转速达到其第一阶临界转速时，转子不平衡将引发转轴剧烈的横向振动（即共振），使转子的挠曲变形变得很大，转子的性质会随之发生剧变。不过，由于很多实际转子的质量大且外形细长，在工作转速尚未达到其第一阶临界转速时，由不平衡造成的挠曲变形就已经不可忽略了。因此，从转子平衡的角度来说，将刚性转子和挠性转子的分界点设置在第一阶临界转速之下才更加合理。

工程上进行转子平衡时，可以将工作转速低于 0.7 倍的第一阶临界转速的转子称为刚性转子；工作转速大于或等于 0.7 倍的第一阶临界转速的转子称为挠性转子。这种转子界定方法比较简单，通常适用于结构不十分复杂的中小型转子。对于大型转子，通常需要运用更严格的方法，其中由 K. Fdern 提出的界定方法较为常用：如图 5-3 所示的转子，首先在转子的两个端面上增加两个相同的质量 P，在工作转速下测量转子两端轴承的振幅 A_1；然后将两个质量块同时移至转子的中央位置，再次测量两端轴承的振幅 A_2。按式（5-4）计算转子的柔度系数 δ

$$\delta=\frac{A_2-A_1}{A_1} \tag{5-4}$$

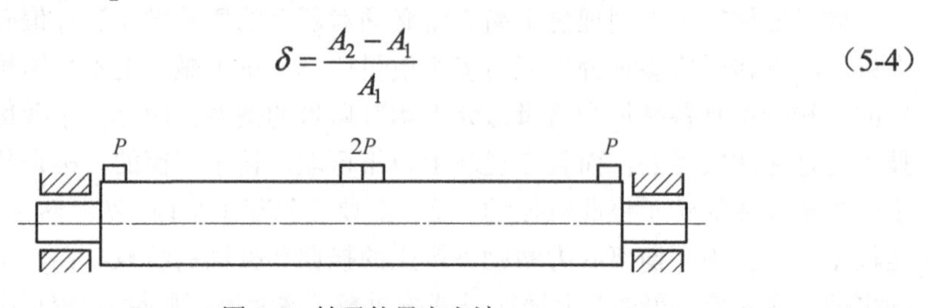

图 5-3　转子的界定方法

当 $0<\delta<0.4$ 时，将转子界定为刚性转子。对于等截面转子来说，这相当于工作转速 n 与第一阶临界转速 n_{c1} 之比 $n/n_{c1}<0.5$；当 $0.4\leqslant\delta<1.25$ 时，将转子界定为准刚性转子，这相当于 $0.5\leqslant n/n_{c1}<0.7$；当 $\delta\geqslant1.25$ 时，将转子界定为挠性转子，这相当于 $n/n_{c1}\geqslant0.7$。

刚性转子与挠性转子的动力学特性有很大的不同，因而平衡方法也有较大的差异。准刚性转子在不平衡激励下产生的挠曲变形介于刚性转子和挠性转子之间，属于能够在低于转子发生明显挠曲变形的转速下进行良好平衡的挠性转子。如果校正平面选择得当的话，通常可以按照刚性转子的平衡方法来处理。

5.1.3 静不平衡、偶不平衡与动不平衡

转子不平衡的分布在很大程度上取决于转子的结构、材质、制造和装配工艺等因素，了解实际转子的不平衡分布情况，有助于提高转子平衡的效率。

对于刚性转子而言，由于忽略了转子的挠曲变形，可以将其视为一个刚体，其质量分布状态不随转速变化而发生改变，故称其为恒态转子。刚性转子不平衡有 3 种形式：

① 静不平衡　如果转子不平衡造成的离心惯性力系可以简化为质心处的一个合力，则称转子具有静不平衡。静不平衡通常是转子质心偏离了轴线中心，不平衡量可表示为 $\boldsymbol{u}_c=m\boldsymbol{e}_c$，其中 m 是转子的质量，$\boldsymbol{e}_c$ 是转子质心的静偏心矢量，也称为主矢。静不平衡是转子不平衡中最简单的形式，当转子的圆盘只存在质量偏心，而没有轴向偏摆时，即圆盘端面与转轴的轴线垂直，转子就具有静不平衡，如图 5-4 所示。

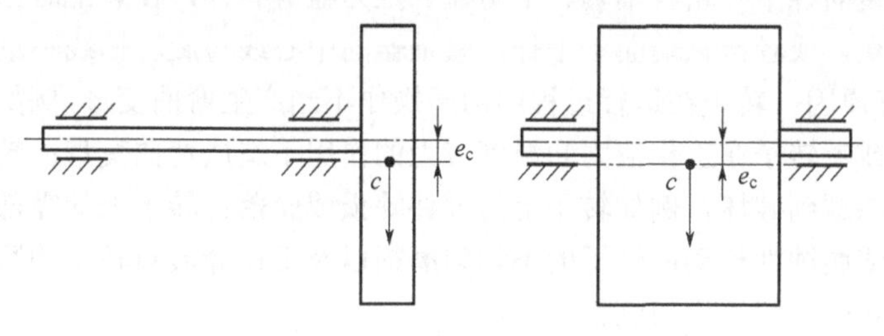

图 5-4　转子的静不平衡

② 偶不平衡　如果转子的圆盘没有质量偏心，但存在轴向偏摆，此时圆盘的中心惯性主轴与旋转轴线相交于质心并构成一个夹角。转子在旋转时，质心左右两侧等距的分布质量所引起的离心惯性力大小相等、方向相反，因而可以将所有质量微元的离心惯性力向质心合并，简化为一个力偶 $\boldsymbol{M}_c$，也称为主矩，则称转子具有偶不平衡，如图 5-5 所示。

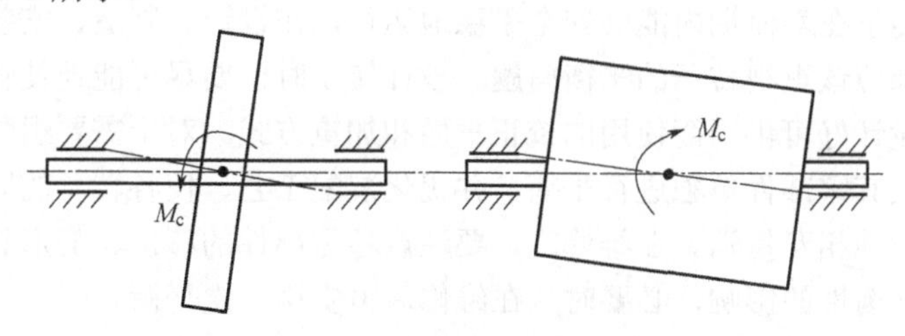

图 5-5　转子的偶不平衡

③ 动不平衡　如果转子同时存在静不平衡和偶不平衡，此时转子的质心偏离旋转轴线，同时其中心惯性主轴与旋转轴线存在夹角，交点不在质心处，则称转子具有动不平衡。动不平衡是实际转子最常见的不平衡形式，是静不平衡和偶不平衡的综合。静不平衡和偶不平衡都是动不平衡的特殊情况。转子存在动不平衡时，可以

将不平衡量分解为一个主矢（即静不平衡矢量）和一个主矩（即离心力合力偶）。

5.1.4　转子不平衡的产生原因

转子产生不平衡的原因很多，主要有以下几类：

① 设计原因　由于机械功能上的要求，设计的转子结构本身就是不对称的，例如凸轮轴、曲轴，或者在转轴上开有键槽等。

② 制造原因　毛坯在制造过程中壁厚不均匀；材料密度不均匀产生缩孔、砂眼和气孔等；在机械加工时产生的圆度和同轴度误差，如轴颈偏心、轴颈倾斜、端面与轴线不垂直等；在对零件进行热处理时产生的金相组织不均匀等；加工的键槽、销和孔的位置不对称等。

③ 装配原因　零件装配时存在装配误差，使转子的质心与旋转轴线不重合，例如转子上套装的各个叶轮、轴套、平衡盘、推力盘等零件，在装配时出现端面与旋转轴线不垂直，或者接触端面不平行，联轴器的中心线与旋转轴线不重合等。

④ 运行原因　转子在运行过程中由于操作不当产生弯曲变形，例如动静部分发生局部碰摩或者转子在工作应力和温度应力的作用下造成弯曲变形；转子在运行过程中平衡状态遭到破坏，例如转子上的零件缺损或脱落；转子上的零部件松动，包括配合松动或腐蚀性松动；转子的不均匀磨损以及工作介质对转子的磨蚀；固体粉尘或杂质在转子上的不均匀沉积等。

⑤ 维修原因　转子在维修时调整或更换了零部件，改变了转子整体原有的平衡状态。

由于制造而引起的不平衡称为转子的固有不平衡，通常采用比较简单的平衡方法（如静平衡处理）就可以将其消除或减小。其他原因造成的转子不平衡的差异性较大，对转子进行平衡时常常经过多次平衡都难以达到满意的效果，需要进一步明确不平衡产生的原因，有针对性地采用相应的处理措施和平衡方法来改善转子平衡的效果。

为保证转子在寿命期内能够安全平稳地运行，在设计、制造、安装、运行、维修等各阶段都应该重视转子的平衡问题。设计转子时，要尽可能地使转子具有对称结构，预先设计好可供平衡使用的校正平面和加重方式。对于需要组装的转子，应该对各转子及其零部件单独进行平衡，并优化装配工艺，使各转子的固有不平衡在装配后尽可能地相互抵消。在维修时，要注意各零部件的移位、变形和更换等因素对转子总体平衡性的影响，必要时应在维修后再安排一次平衡。

5.2　刚性转子的平衡技术

5.2.1　刚性转子的平衡原理

由于刚性转子的工作转速远低于其第一阶临界转速，由离心惯性力引起的转子挠曲变形可以忽略不计，因此可以采用刚体力学的方法来进行平衡。对刚性转子进行平衡时，所选取的平衡转速远低于转子的第一阶临界转速，故又称为低速平衡。

当转子轴向尺寸不大、工作转速较低时，可以认为转子主要具有静不平衡，采用转子静平衡的方法来对转子进行平衡。如图 5-6 所示，把转子的转轴搭在两条水平的平行导轨或滚轮架上，任由转子自由滚动。由于质心 c 处重力产生转矩作用，当转子停止滚动时，质心 c 必然位于转轴支承点的正下方。根据平衡原理，在支承点正上方的校正位置加上或减去一定的校正质量，使其产生的不平衡量能够抵消转子原有的不平衡量，即可达到平衡目的。由于转子原有的不平衡量是未知的，需要经过几次加重或减重的尝试，当观察到转子在导轨上近似处于随遇平衡状态（即转子能够在任意位置平衡）时，就意味着当前的校正质量能够使转子的不平衡量减小到许可的程度。这种平衡方法不需要让转子运转，因此称为转子静平衡。

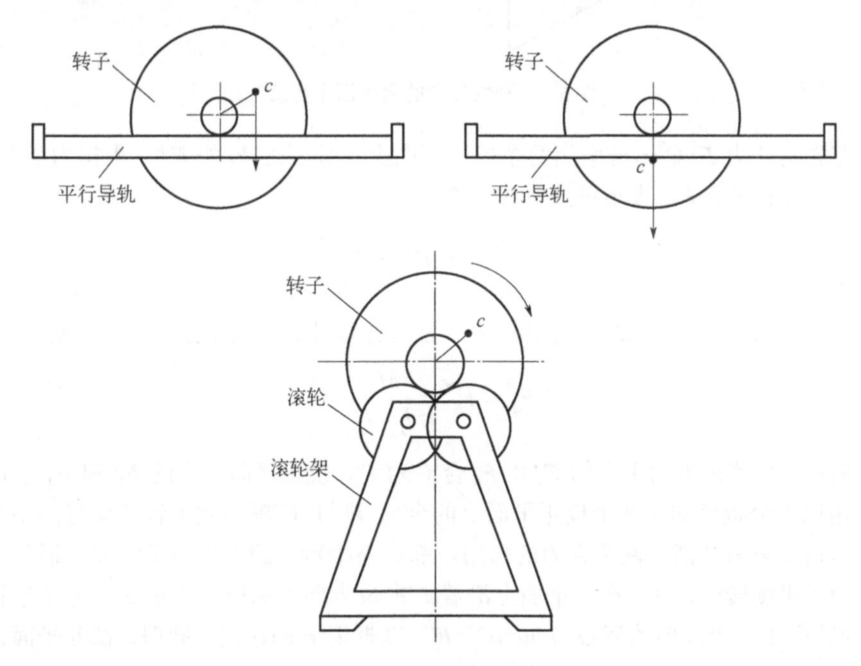

图 5-6　转子静平衡的原理

如果转子轴向尺寸较大、工作转速较高，或者是有悬臂的转子（对轴端的挠曲较敏感），通常认为转子具有动不平衡，需要选取两个校正平面分别增减校正质量，并使转子在平衡转速下运转，这样才能消除或减小转子的动不平衡，因此称为转子动平衡。

如图 5-7 所示，任选垂直于旋转轴线的两个平面Ⅰ、Ⅱ作为校正平面，与转子质心 c 所在平面的距离分别为 l_1 和 l_2，加重半径分别为 r_1 和 r_2。转子以角速度 Ω 转动时，其不平衡离心力系可以向质心简化为一个合力 $\boldsymbol{F}$ 和一个合力偶 $\boldsymbol{M}_c$，大小均

正比于 Ω^2。

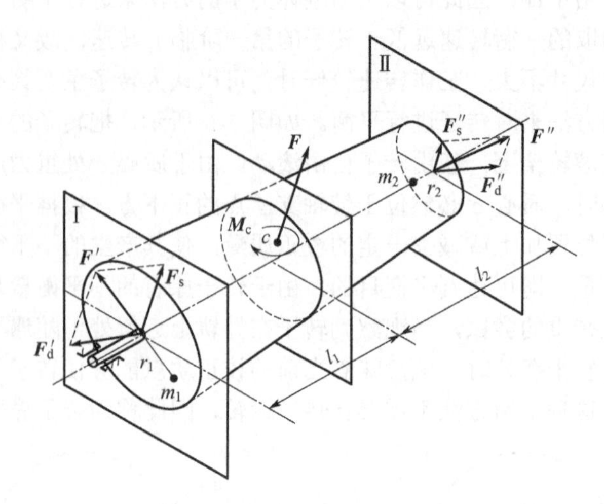

图 5-7　刚性转子的两平面平衡法

首先将合力 $\boldsymbol{F}=\Omega^2\boldsymbol{u}_c$ 分解到两个校正平面上，分别为 $\boldsymbol{F}_s'$和 $\boldsymbol{F}_s''$。根据力学关系，$\boldsymbol{F}_s'$和 $\boldsymbol{F}_s''$均平行于 $\boldsymbol{F}$，大小可按下式计算

$$F_s' = F\frac{l_2}{l_1+l_2};\ F_s'' = F\frac{l_1}{l_1+l_2} \tag{5-5}$$

然后，再将合力偶 $\boldsymbol{M}_c$ 用两个校正平面上的力偶 $\boldsymbol{F}_d'$和 $\boldsymbol{F}_d''$来等效，又有

$$F_d' = F_d'' = \frac{M_c}{l_1+l_2} \tag{5-6}$$

最后，将校正平面Ⅰ上的 $\boldsymbol{F}_s'$和 $\boldsymbol{F}_d'$合成为 $\boldsymbol{F}'$，校正平面Ⅱ上的 $\boldsymbol{F}_s''$和 $\boldsymbol{F}_d''$合成为 $\boldsymbol{F}''$。由以上分析可知，两个校正平面上的合力 $\boldsymbol{F}'$与 $\boldsymbol{F}''$就等效于转子原有的不平衡离心力系。只需抵消这两个合力的作用，那么整个转子的不平衡量就能够消除。

为了平衡转子，可以在Ⅰ平面上沿着 $\boldsymbol{F}'$的反方向增加校正质量 m_1，加重半径为 r_1，使其产生一个反向的离心力 $m_1r_1\Omega^2=\boldsymbol{F}'$，以抵消 $\boldsymbol{F}'$的作用；同理，在Ⅱ平面上沿着 $\boldsymbol{F}''$的反方向增加校正质量 m_2，加重半径为 r_2，使其产生一个反向的离心力 $m_2r_2\Omega^2=\boldsymbol{F}''$，以抵消 $\boldsymbol{F}''$的作用。当然，也可以沿着合力方向在加重位置减去相应的质量来达到平衡的目的，校正质量的计算方法同上，此处不再赘述。

由于将刚性转子视为刚体，所以其平衡状态是基本稳定的，与工作转速无关，也就是说，在某一个转速下将刚性转子平衡好之后，那么在其他转速下该转子仍然是平衡的。为保证平衡的实际效果，通常可以将工作转速作为平衡转速。校正平面一般选择容易安装校正质量的平面，如转子的端面或者是转子设计制造时预留的能够加减质量的地方。静平衡时采用一个校正平面，动平衡时采用两个校正平面，可依据转子的尺寸和工作转速按照图 5-8 进行选择。

不过，刚性转子进行动平衡时，需要事先知道不平衡的分布情况，才能够得到 $\boldsymbol{F}$ 和 $\boldsymbol{M}_c$，然后计算出校正质量的大小和方位。一般情况下，转子的不平衡分布是未知的，这就需要对转子采取一定的测试方法来得到校正质量的大小和方位，具体方法有两种：一是采用刚性转子的通用平衡机来进行平衡，二是采用振动测试仪器在转子原配支承和基础上进行现场动平衡。

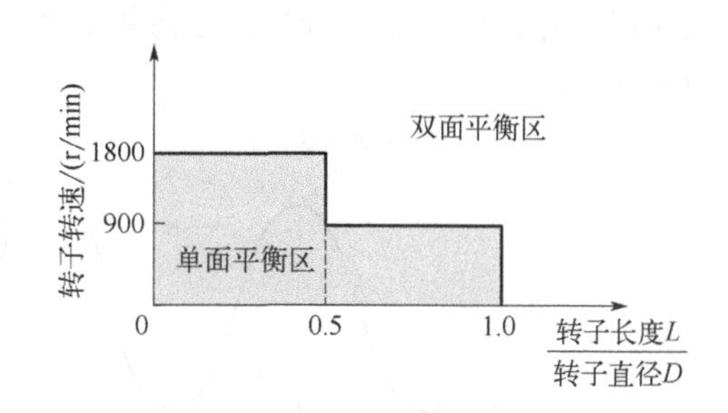

图 5-8　刚性转子校正平面数的选择

5.2.2　刚性转子的通用平衡机

平衡机是专门用于转子平衡的机电设备。为适应不同的平衡要求，平衡机种类繁多，按适用对象可分为通用型和专用型，按结构可分为卧式和立式，按驱动转子的方式可分为联轴器驱动、带驱动、摩擦轮驱动、气驱动、磁驱动、转子自身驱动等，按测量系统可分为机电式和计算机化等。

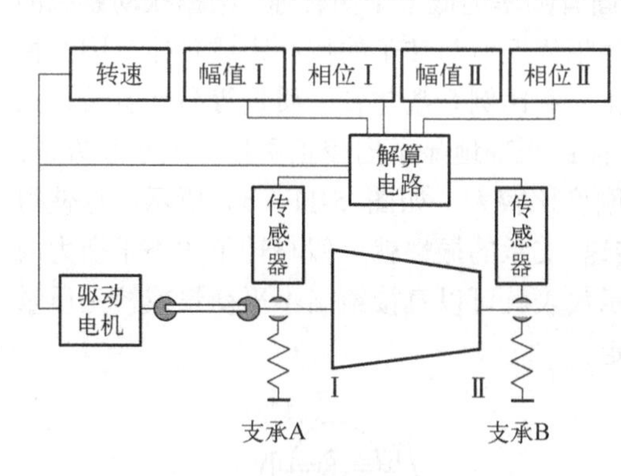

图 5-9　通用平衡机的结构

下面主要介绍通用平衡机。通用平衡机一般由驱动系统、支承系统、测量系统、解算电路以及指示系统组成，其结构框图如图 5-9 所示。

在通用平衡机上进行转子动平衡的主要步骤为：将待平衡转子安放在两端的支承上，驱动电机带动转子以选定的平衡转速转动，转子在不平衡离心力的作用下产生振动，通过安装在两个支承上的振动传感器测量出振动信号，交由解算电路进行分析和计算，针对具体转子及所选用的校正平面位置，由幅值和相位指示系统分别给出两个校正平面上所需加重或减重的质量大小及方位角（加重位置相对于基准的相位）。操作者根据指示值，在转子的两个校正平面上安装校正质量，然后再次运转转子，检测转子的振动是否减小到许可范围之内。如果振动仍然不满足要求，可按照上述步骤再次进行平衡，直到满足规定的平衡精度为止。

校正质量方位角的获得依赖于振动相位的测量。振动相位是指振动信号与基准（键相标记）的相对位置，表示振动相对于某一基准（如转轴上的键槽）的时差或角度差。不同的振动测量仪表关于相位的定义可能不同（详见后续章节关于相位检测的相关内容)，一般认为相位是指从振动高点转至振动传感器位置经过的角度，如图 5-10 所示。

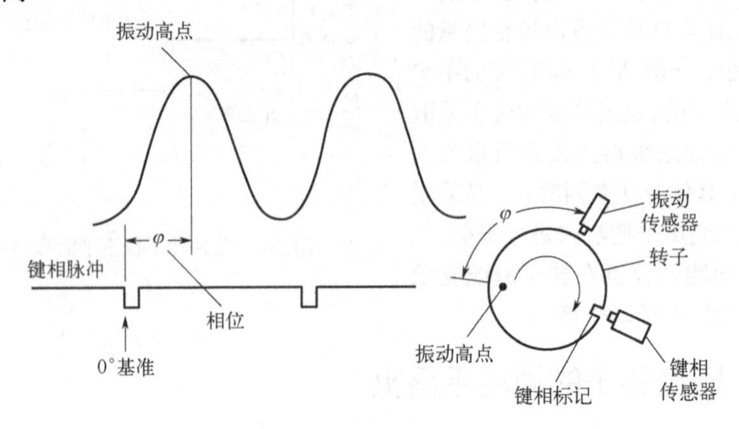

图 5-10　相位测量原理

根据支承系统的不同，平衡机还可以分为软支承和硬支承两大类。软支承平衡机中，支承是在水平方向上可以自由摆动的摆架，如图 5-11（a）所示。摆架在水平方向上的刚度很小，使转子-支承系统的固有频率远低于平衡转速。根据振动系统的原理可知，此时转子在旋转时摆架的振动幅值近似与转子的偏心距成正比，因此振动传感器输出的电信号也与偏心距成正比，而比例系数与转子质量等参数有关，还需要针对具体转子进行标定，指示仪表才能够正确地显示出校正质量的大小和方位。硬支承平衡机的支承系统在水平方向上刚度比较大，如图 5-11（b）所示，这使得转子-支承系统的固有频率远高于平衡转速，支承的振幅就近似与转子的不平衡力成正比，而与转子的质量等参数无关，指示仪表就可以直接给出不平衡量或校正质量的大小和方位，不需要再对转子进行标定。

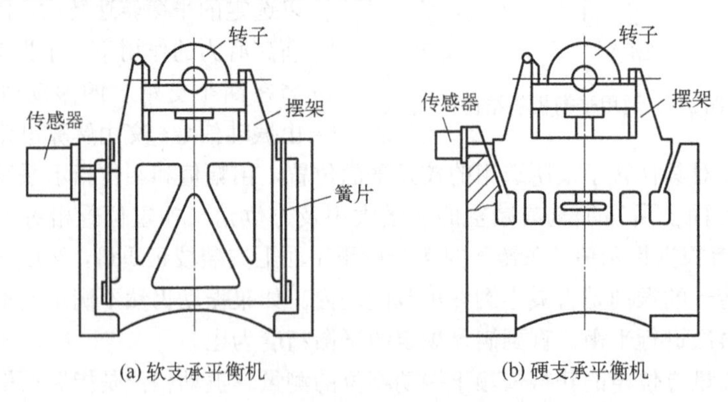

(a) 软支承平衡机　　(b) 硬支承平衡机

图 5-11　软支承平衡机与硬支承平衡机

硬支承平衡机操作简单，平衡效率高，适用范围广，因而应用非常广泛。表 5-1

对比了硬支承平衡机和软支承平衡机的性能。

表 5-1 硬支承平衡机与软支承平衡机的性能对比

平衡性能	硬支承平衡机	软支承平衡机
不平衡检测	直接检测不平衡离心力	检测不平衡引起的振动
平衡时支承条件	支承刚度大，振动小，接近转子的实际工作条件	支承刚度小，振动大，与转子的实际工作条件差别较大
平衡所需的时间	启动、停车快，效率高	启动、停车较慢，操作时间长
解算电路的标定	只需调整轴承和校正平面位置，不需要试车标定	需要根据待平衡转子进行试车标定，操作复杂，费时
平衡精度	一般可达 0.5μm，难以进一步提高精度	一般可达 0.5μm，高精度可达 0.005μm
适用范围	大的重量范围和初始不平衡； 转子尺寸、外形经常变动的场合； 机械结构坚固，适于生产车间现场等环境	大批量同类零件的平衡； 微型及精密转子的平衡； 实验室的转子平衡

5.2.3 刚性转子的现场平衡

很多旋转机械的转子由于外形尺寸过大，转子拆装和运输都比较困难，往往也没有合适的平衡机可供使用，此时可以在转子原有的安装条件下进行平衡，这称为现场平衡或就地平衡。现场平衡时不需要专门的平衡机设备，转子的拆装工作量小，也不需要运输，可大大节省操作时间和费用，减少停机损失。另外，现场平衡的转子就处于其工作状态，能够得到更好的平衡效果，因此在机械维修和调试现场常采用现场平衡。不过，现场平衡需要使用测试仪器测量振动幅值和相位，对操作人员的技术水平要求较高，从工作效率上来讲不如平衡机。

开展转子现场平衡需要满足一定的条件，主要包括：

① 待平衡的设备能够从生产线上脱离出来，使其不会影响附近的设备和生产环境；

② 由于平衡过程中可能要进行多次试车，待平衡的设备必须能够多次启动并升速到工作转速或其他选定的平衡转速；

③ 待平衡的转子必须有能接触到的校正平面，可以在校正平面上增减试重和校正质量；

④ 平衡时需要有测量振动幅值和相位的平衡仪器及其他必需工具，并有相关的专业技术人员能够正确操作和使用这些设备。

另外，与平衡机车间或实验室相比，转子现场平衡的环境比较复杂，干扰因素较多，使用的装置、工具和措施都具有临时性，必须重视设备和人身安全问题。

转子现场平衡主要采用影响系数法，其中刚性转子多采用两平面影响系数法，其平衡原理和主要步骤如下：

① 根据待平衡转子的构造，选择校正平面Ⅰ和Ⅱ，以及两个振动测量点 A、B。如果使用非接触的测振传感器，那么测振点应选在轴颈或转子本体上。如果只有接触式的测振传感器，那么可以将传感器安装在转轴两端的轴承盖上。在转子上的光滑部位设置一个键相标记，安装一个键相传感器，以键相标记的位置为相位 0°，作为振动相位的测量基准，相位顺着转子的转动方向增加。

② 在原配轴承基座上启动转子，使其以工作转速或选定的平衡转速 Ω 转动。平衡转速不宜过低或过高，转速过低时振动信号太小不便测量，转速过高则易发生危险。测量振动时，应尽量排除那些并非由不平衡引起的振动干扰，必要时可以在传感器测量电路中接入滤波器，过滤掉那些与转动不同频的振动信号。利用振动传感器和键相传感器分别测量出 A、B 两处的振动幅值 A_0、B_0 以及相位 θ_{A0}、θ_{B0}，表示为振动矢量 $\boldsymbol{A}_0$、$\boldsymbol{B}_0$，称为原始振动矢量，这是由转子不平衡激发的原始振动。

③ 在校正平面Ⅰ上增加一个质量 $\boldsymbol{Q}_1$（称为试重，包含质量 Q_1 和方位角 θ_{Q1}，也是一个矢量），加重半径为 r_1，试重的质量和方位角（以键相标记为0° 基准）可根据转子的参数、失衡状态以及平衡经验来选定。启动转子并升速到平衡转速，再次测量 A、B 两处的振动幅值 A_1、B_1 以及相位 θ_{A1}、θ_{B1}，合并为振动矢量 $\boldsymbol{A}_1$、$\boldsymbol{B}_1$。在极坐标中绘制出所测量的振动矢量，如图 5-12（a）、（b）所示，矢量 $\boldsymbol{A}_1-\boldsymbol{A}_0$ 及 $\boldsymbol{B}_1-\boldsymbol{B}_0$ 就是在Ⅰ平面上增加试重 $\boldsymbol{Q}_1$ 后所引起的转子振动变化量，能够反映出试重 $\boldsymbol{Q}_1$ 的平衡效果，称为平衡效果矢量。然后，按式（5-7）计算影响系数

$$\begin{cases} \boldsymbol{\alpha}_1 = \dfrac{\boldsymbol{A}_1 - \boldsymbol{A}_0}{\boldsymbol{Q}_1} \\ \boldsymbol{\beta}_1 = \dfrac{\boldsymbol{B}_1 - \boldsymbol{B}_0}{\boldsymbol{Q}_1} \end{cases} \tag{5-7}$$

如果将转子近似视为线性系统，那么式（5-7）中的影响系数就能够反映出按一定的加重半径在某校正平面上增加方位角为 0° 的单位试重对转子不平衡振动的抑制效果。运用影响系数，就可以利用简单的乘法计算出任意试重对不平衡振动的消除效果。

④ 取走试重 $\boldsymbol{Q}_1$，在校正平面Ⅱ上增加试重 $\boldsymbol{Q}_2$（质量为 Q_2 和方位角 θ_{Q2}，加重半径为 r_2），按同样的方法测得 A、B 两处的振动矢量 $\boldsymbol{A}_2$、$\boldsymbol{B}_2$。计算影响系数 $\boldsymbol{\alpha}_2$、$\boldsymbol{\beta}_2$，有

$$\begin{cases} \boldsymbol{\alpha}_2 = \dfrac{\boldsymbol{A}_2 - \boldsymbol{A}_0}{\boldsymbol{Q}_2} \\ \boldsymbol{\beta}_2 = \dfrac{\boldsymbol{B}_2 - \boldsymbol{B}_0}{\boldsymbol{Q}_2} \end{cases} \tag{5-8}$$

绘制平衡效果矢量 $\boldsymbol{A}_2-\boldsymbol{A}_0$ 及 $\boldsymbol{B}_2-\boldsymbol{B}_0$，如图 5-12（c）、（d）所示。

⑤ 按下述矢量方程组求解在校正平面Ⅰ、Ⅱ上所需增加的校正质量 $\boldsymbol{P}_1$、$\boldsymbol{P}_2$

$$
\begin{cases}
\boldsymbol{\alpha}_1\boldsymbol{P}_1+\boldsymbol{\alpha}_2\boldsymbol{P}_2=-\boldsymbol{A}_0 \\
\boldsymbol{\beta}_1\boldsymbol{P}_1+\boldsymbol{\beta}_2\boldsymbol{P}_2=-\boldsymbol{B}_0
\end{cases}
\tag{5-9}
$$

其中，$\boldsymbol{P}_1$、$\boldsymbol{P}_2$ 的模分别表示加在两个校正平面上的校正质量的大小；$\boldsymbol{P}_1$、$\boldsymbol{P}_2$ 的相角分别表示在两个校正平面上增加校正质量的方位角。图 5-12（e）、（f）分别表示同时安装两个试重 $\boldsymbol{Q}_1$、$\boldsymbol{Q}_2$ 时对 A、B 两处的原始不平衡振动的抑制效果。方程（5-9）表明，可以通过选择不同的质量和方位角来调整两个平衡效果矢量，使它们的合成矢量与原始振动矢量大小相等、方向相反，以达到平衡目的。

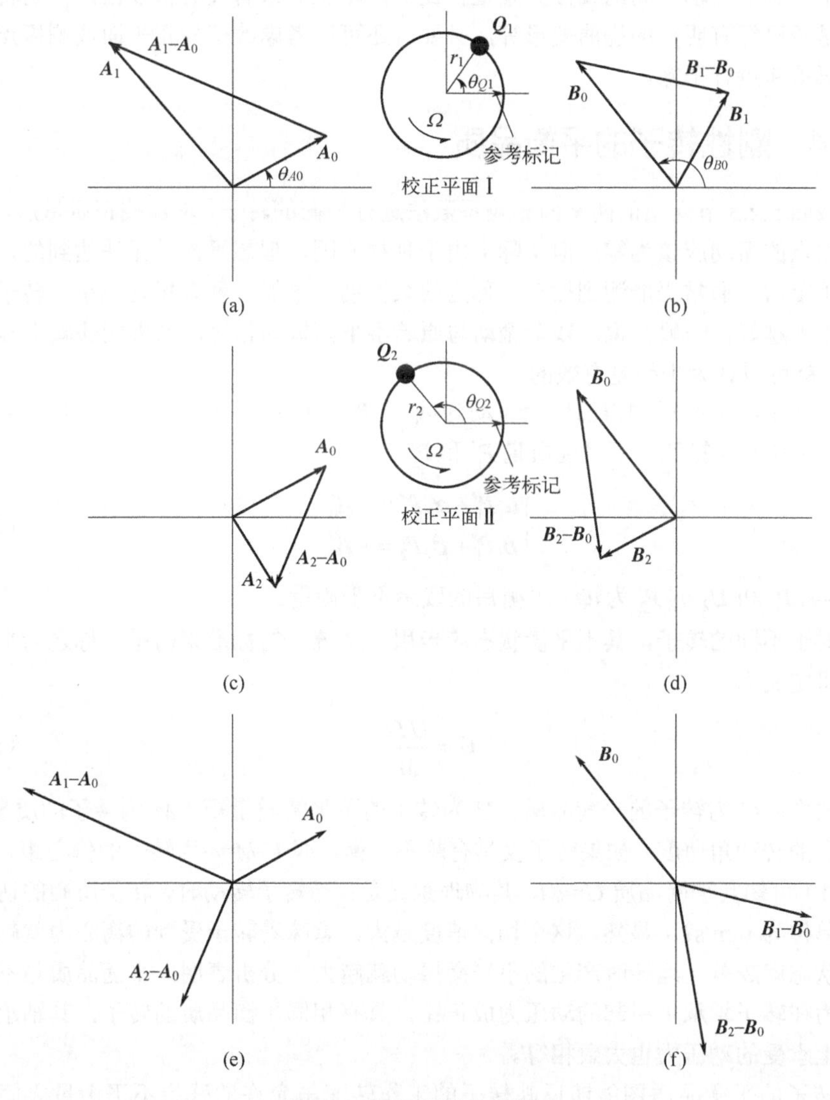

图 5-12　两平面影响系数法

⑥ 取走试重 $\boldsymbol{Q}_2$，将求解方程（5-9）所得的 $\boldsymbol{P}_1$、$\boldsymbol{P}_2$ 按相应的方位角加装到两个校正平面上，加重半径分别为 r_1、r_2。重新启动转子升速到平衡转速，如果转子的振动减小到满意程度，则平衡结束；否则可按上述步骤再次进行平衡，直至达到满意的效果为止。

一般说来，如果转子系统没有明显的异常情况，例如严重的非线性、转子裂纹、并非由不平衡引起的显著的同频振动等，而且平衡过程中测量和计算无误的话，经过一两次加重就可以达到很好的平衡效果。如果平衡出现反常和困难，就有必要校验试重与测点振动之间的线性关系是否良好，相位关系有没有重复性，平衡转速上转子是否已经有明显的挠曲变形等，必要时还可以考虑改变校正平面或测振点的位置，再重新进行平衡。

5.2.4 刚性转子的平衡品质

按照 5.2.3 节介绍的两平面影响系数法进行平衡的转子，增加校正质量后，理论上测振点的振动应该为零。但实际上由于种种原因，理想平衡是无法达到的，转子经过平衡后，通常仍能测到振动，称为残余振动。显然，残余振动越小，转子的平衡效果就越好。一般来说，残余振动与原始不平衡振动相比，如果能够减小 60%～70%，就可以认为平衡是有效的。

设转子经平衡后测得的残余振动为 $\boldsymbol{A}_0'$ 及 $\boldsymbol{B}_0'$，结合平衡过程中的影响系数，可按式（5-10）计算残余不平衡质量 $\boldsymbol{P}_1'$ 和 $\boldsymbol{P}_2'$

$$\begin{cases}\boldsymbol{\alpha}_1\boldsymbol{P}_1'+\boldsymbol{\alpha}_2\boldsymbol{P}_2'=-\boldsymbol{A}_0'\\ \boldsymbol{\beta}_1\boldsymbol{P}_1'+\boldsymbol{\beta}_2\boldsymbol{P}_2'=-\boldsymbol{B}_0'\end{cases} \tag{5-10}$$

称 $\boldsymbol{U}_1=r_1\boldsymbol{P}_1'$ 和 $\boldsymbol{U}_2=r_2\boldsymbol{P}_2'$ 为转子平衡后的残余不平衡量。

对于不同的转子，其不平衡状态应当用一个统一的标准来衡量，称之为平衡品质，可定义为

$$G=\frac{U\Omega}{M} \tag{5-11}$$

式中，G 为转子的平衡品质；U 为转子的不平衡质量矩；M 为转子的质量；Ω 为转子的转动角速度。如果转子仅具有静不平衡，即 $U/M=e$ 为转子的偏心距，由式（5-11）可知其平衡品质 $G=e\Omega$，其物理意义是：当转子转动时，转子质心的切向速度（单位为 mm/s）。显然，这个切向速度越大，意味着转子受到的离心力就越大，平衡状态就越差，运转时产生的不平衡振动就越大。分析表明，平衡品质与不平衡离心力在转子轴承上引起的动压力成正比，具有相同平衡品质的转子，其轴承单位面积上承受的动压力也大致相等。

转子的平衡品质图能够反映转子的工作转速与允许的残余不平衡量之间的关系，如图 5-13 所示。图中横坐标为转子的最大工作转速 $n_{\max}$（单位为 r/min），纵

坐标为转子单位质量允许的残余不平衡量 U/M（单位为 g·mm/kg）或转子的偏心距 e（单位为 μm），各斜线为平衡品质的等值线。两条细线内的区域是常用的转速范围。

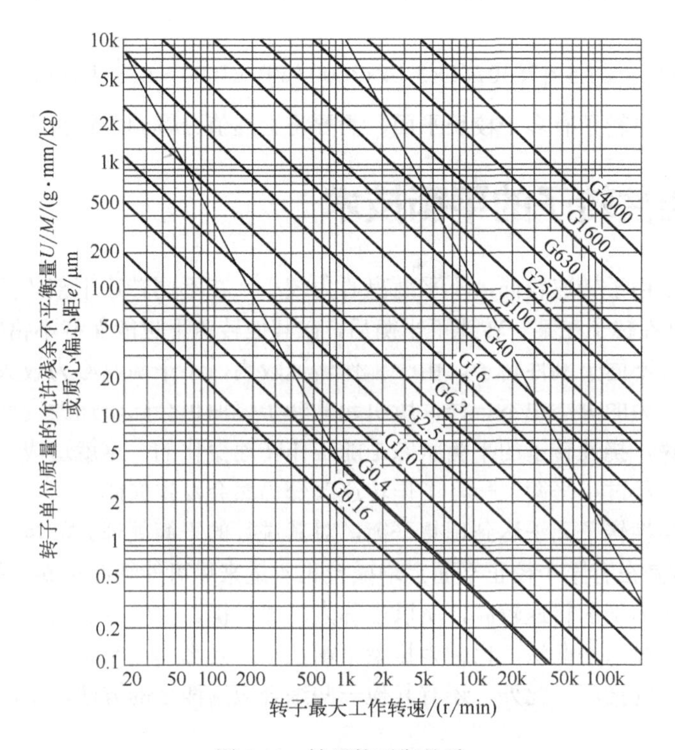

图 5-13 转子的平衡品质

转子的平衡等级可以用平衡品质来表征。国家标准针对不同类型的转子规定了应达到的平衡品质，如表 5-2 所示。

表 5-2 不同类型转子的平衡品质等级

旋转机械类型	平衡品质
陀螺仪，高精度磨床砂轮轴	G0.4
磨床砂轮轴，有特殊要求的电枢、录音机、音响装置的旋转部分	G1.0
喷气发动机、增压器、燃气轮机、汽轮机、机床主轴、造纸滚筒、电枢、有特殊要求的风力和水力机械	G2.5
一般的风力和水力机械、离心机滚筒、有特殊要求的旋转部件、有特殊要求的曲轴	G6.3
一般机械的旋转部件、汽车的旋转部件、曲轴、船用螺旋桨	G16
汽车轮、火车轮轴、农业机械或建筑机械的旋转部件	G40

常用的平衡品质等级范围从 G0.4 至 G40，以公比 $10^{0.4}\approx2.5$（更细的公比为

$10^{0.2}\approx1.6$）分级。例如：某汽轮机转子的质量为7830kg，工作转速 n=3000 r/min，由表5-2可知其平衡品质为G2.5。在图5-12中找到G2.5的直线与 n=3000r/min 的交点，可获得该转子允许的最大偏心距 $e\approx8\mu m$。计算可知，该转子的不平衡量最大限值为

$$U_{\max} = 2.5\times[7830/(2\times3.14\times3000/60)]\times1000 \approx 62341\ \text{g·mm}$$

注意，如果转子有多个校正平面，需要将上述值分解到各校正平面上。

5.3 挠性转子的平衡技术

刚性转子由于转速较低，不平衡离心力较小，在不同转速下整体的挠曲变化不大。因此，刚性转子在某一转速下平衡后，在其他转速下也能保持不错的平衡状态。但是挠性转子不同于刚性转子，由于工作转速较高，不平衡离心力较大，且在不同转速下不平衡力的大小也不一样，所引起的转子挠曲也会随转速改变而发生明显变化。也就是说，挠性转子的平衡状态是随工作转速变化的。这就造成挠性转子即使在某一转速下经过了平衡，一旦工作转速改变仍然会发生失衡。

实际的挠性转子无法达到理想平衡，对其进行的平衡处理只能是在一定的转速范围内，通过是在有限个校正平面上增减校正质量来尽可能地减小整体挠曲和振动。由于挠性转子的平衡转速较高，所以也称为高速平衡。挠性转子的平衡方法主要有两大类：一是模态平衡法，也称为振型平衡法；二是影响系数法，是刚性转子两平面影响系数法的推广。此外，还有其他一些综合应用两者的方法，下面将分别进行阐述。

5.3.1 挠性转子的模态平衡法

利用模态振型的完备性原理对挠性转子进行平衡的方法就称为模态平衡法，也称为振型平衡法。模态振型的完备性原理表明，转子上任意的不平衡量分布 $\boldsymbol{u}(s)$ 都可以按转子的各阶模态振型分解成许多不平衡分量，每一个不平衡分量只能激起转子相应的某一阶模态振型 $\Phi_i(s)$ 或主振动 $w_i(s)$，转子总的不平衡响应就是这些模态振型按不同的比例 A_i 和相角 α_i 线性叠加而成的，即主振动的线性叠加，如图5-14所示。如果能够从低阶到高阶逐阶地平衡好这些不平衡分量，使其不引起或减小所引起的模态振动，那么转子在整个转速范围内就能够得到一定程度的平衡。

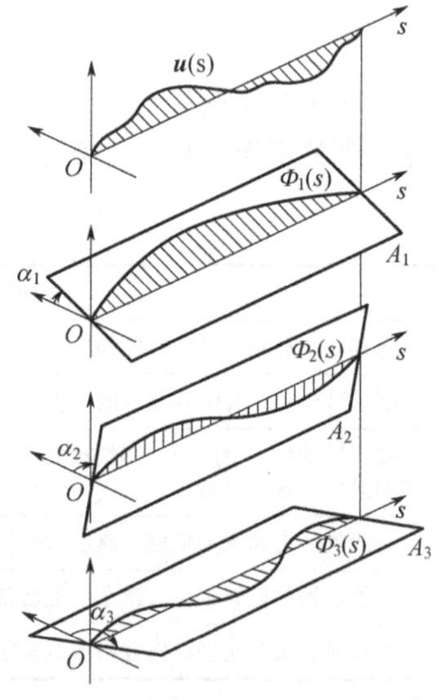

图5-14 模态振型的叠加原理

模态平衡法的基本思想是：将转子运行于第一阶临界转速附近发生共振，此时转子的振型基本上就是第一阶模态振型 $\Phi_1(s)$，即转子发生第一阶主振动 $w_1(s)$。按照这一主振动在几个校正平面上加装校正质量，将该阶主振动消除或减小，这样就平衡了第一阶不平衡分量；然后再将转子转速提高到第二阶临界转速附近，按同样的方法来平衡第二阶不平衡分量……依此类推，可以在一定的平衡转速范围内逐阶地进行平衡。需要指出的是，由于模态振型的正交性，在平衡某一阶主振动时，所加的校正质量不会对其他阶主振动产生影响[❶]。也就是说，在平衡某一阶主振动时，在任意校正平面加装任意校正质量，都不会破坏其他阶的平衡状态。

如图 5-15 所示的挠性转子以角速度 Ω 绕 s 轴旋转，转轴的抗弯刚度记为 $EI(s)$，转子的跨度记为 l，两端轴承的支反力分别记为 R_A、R_B。在转动坐标系 $o\xi\eta s$ 中考察转子的挠曲，可表示为

$$\varepsilon(s)=\xi(s)+\mathrm{i}\eta(s) \tag{5-12}$$

式中，$\xi(s)$和 $\eta(s)$分别是转子挠曲在 ξ-s 和 η-s 平面上的分量；$\varepsilon(s)$是转子挠曲的复数表达形式。

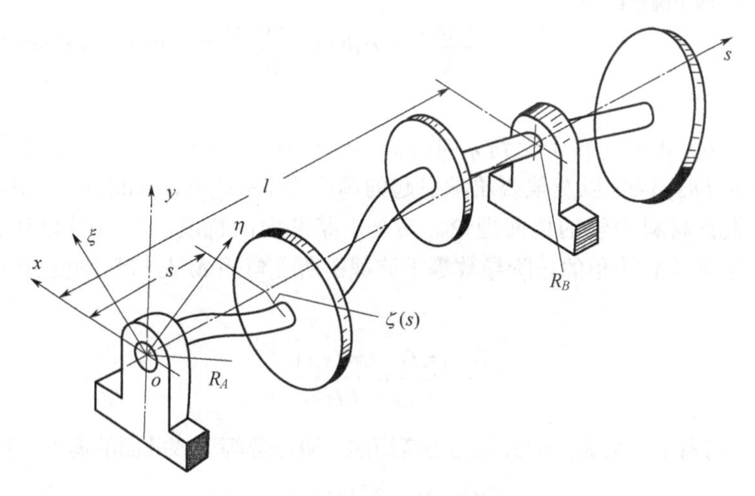

图 5-15　挠性转子的挠曲变形

若不计阻尼，考察位于轴向位置 s 处的圆盘，设其偏心距为 $e(s)$，偏位角为 $\alpha(s)$，如图 5-16 所示。圆盘左、右端面的剪力 Q 与弯矩 M 均为轴向位置 s 和时间 t 的二元函数，根据材料力学的连续性假设有

---

❶ 浅显地说，模态的正交性好比 x、y、z 多个相互正交的坐标轴，当沿某一轴的方向对质点施加力的作用，只会引起质点在该轴方向上产生线位移，而不会在其他轴的方向上产生线位移。对应而言，在平衡某一阶不平衡分量时（相当于沿某一轴向施加力），所加的校正质量只会对该阶不平衡分量产生作用（相当于沿某一轴向产生线位移），而不会影响其他阶的不平衡分量。

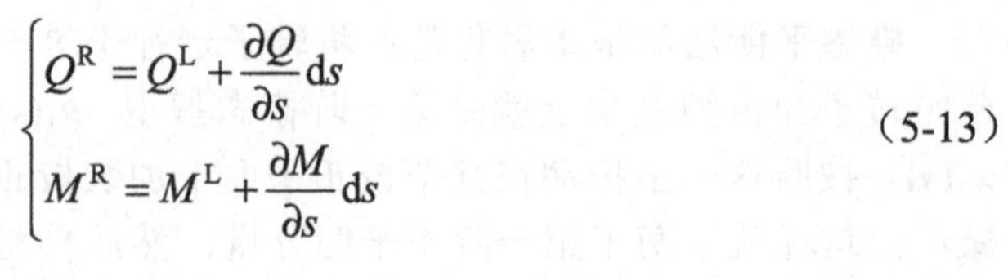

$$\begin{cases} Q^{\mathrm{R}} = Q^{\mathrm{L}} + \dfrac{\partial Q}{\partial s}\mathrm{d}s \\ M^{\mathrm{R}} = M^{\mathrm{L}} + \dfrac{\partial M}{\partial s}\mathrm{d}s \end{cases} \tag{5-13}$$

记

$$Q^{\mathrm{L}} = Q(s,t),\ M^{\mathrm{L}} = M(s,t)$$

图 5-16　转子圆盘的受力

首先考虑转子在 η 轴上的运动，圆盘质心 c 在 η 轴上的坐标为

$$\eta_{\mathrm{c}}(s,t) = \eta(s,t) + e(s)\sin[\Omega t + \alpha(s)] \tag{5-14}$$

设转子材质的密度为 ρ，在 s 处的截面积为 A，圆盘轴向长度为 ds，建立剪力平衡方程，有

$$Q^{\mathrm{L}}(s,t) - Q^{\mathrm{R}}(s,t) = \rho A(s)\mathrm{d}s\frac{\partial^2 \eta_{\mathrm{c}}(s,t)}{\partial t^2} \tag{5-15}$$

将式（5-13）和式（5-14）代入式（5-15）中，有

$$\frac{\partial Q(s,t)}{\partial s} + \rho A(s)\frac{\partial^2 \eta(s,t)}{\partial t^2} = \rho A(s)e(s)\Omega^2\sin[\Omega t + \alpha(s)] \tag{5-16}$$

式（5-16）表明，转子受到 η 向的剪力 $\partial Q(s,t)/\partial s$、$\eta$ 向的运动加速度引起的惯性力 $\rho A(s)\partial^2 Q(s,t)/\partial^2 t$ 以及偏心质量引起的离心力 $\rho A(s)e(s)\Omega^2\sin[\Omega t+\alpha(s)]$，三者合力为零。根据材料力学的挠曲理论，转轴上某截面的挠度的一阶导数等于该截面的转角，而该截面转角的一阶导数等于该截面所受弯矩 M 与抗弯刚度 EI 的比值，故有

$$\frac{\partial^2 \eta(s,t)}{\partial s^2} = \frac{M(s,t)}{EI(s)} \tag{5-17}$$

再根据剪力与弯矩的关系，即某截面上弯矩的一阶导数等于该截面的剪力，可以得到

$$\frac{\partial Q(s,t)}{\partial s} = \frac{\partial^2 M(s,t)}{\partial s^2} \tag{5-18}$$

综合式（5-17）和式（5-18）有

$$\frac{\partial Q(s,t)}{\partial s} = \frac{\partial^2}{\partial s^2}\left[EI(s)\frac{\partial^2 \eta(s,t)}{\partial s^2}\right] \tag{5-19}$$

将式（5-19）代入式（5-16）中，则可得到转子在 η 方向上的运动微分方程，即

$$\frac{\partial^2}{\partial s^2}\left[EI(s)\frac{\partial^2 \eta(s,t)}{\partial s^2}\right] + \rho A\frac{\partial^2 \eta(s,t)}{\partial t^2} = \rho Ae(s)\Omega^2\sin[\Omega t + \alpha(s)] \tag{5-20}$$

由于转子在 η 方向上的运动是频率为 Ω 的简谐运动，故其二阶导数也可以写为

$$\frac{\partial^2\eta}{\partial t^2}=-\Omega^2\eta \tag{5-21}$$

再令 $m(s)=\rho A(s)$，则式（5-20）可以改写为

$$\frac{\mathrm{d}^2}{\mathrm{d}s^2}\left[EI(s)\frac{\mathrm{d}^2\eta}{\mathrm{d}s^2}\right]-\Omega^2 m(s)\eta=m(s)e(s)\Omega^2\sin[\Omega t+\alpha(s)] \tag{5-22}$$

同理，转子在 ξ 方向上的运动微分方程为

$$\frac{\mathrm{d}^2}{\mathrm{d}s^2}\left[EI(s)\frac{\mathrm{d}^2\xi}{\mathrm{d}s^2}\right]-\Omega^2 m(s)\xi=m(s)e(s)\Omega^2\cos[\Omega t+\alpha(s)] \tag{5-23}$$

利用式（5-12）将式（5-22）和式（5-23）合并为复数形式，即

$$\frac{\mathrm{d}^2}{\mathrm{d}s^2}\left[EI(s)\frac{\mathrm{d}^2\varepsilon}{\mathrm{d}s^2}\right]-\Omega^2 m(s)\varepsilon=m(s)e(s)\Omega^2\mathrm{e}^{\mathrm{i}[\Omega t+\alpha(s)]} \tag{5-24}$$

记不平衡离心力为 $\boldsymbol{F}(s)$，则有

$$\frac{\mathrm{d}^2}{\mathrm{d}s^2}\left[EI(s)\frac{\mathrm{d}^2\varepsilon}{\mathrm{d}s^2}\right]-\Omega^2 m(s)\varepsilon=\boldsymbol{F}(s) \tag{5-25}$$

令 $\boldsymbol{F}(s)=\boldsymbol{0}$，求解齐次微分方程的特征值 ω_j 和特征向量各元素 $\varphi_j(s)$，其中 $j=1,2,\cdots,\infty$，从而得到转子的各阶模态频率及其对应的模态振型。结合 3.2.3 节中关于多圆盘转子主振动形态的知识，每个模态振型均为一平面曲线，且满足正交性条件，即

$$\int_0^l m(s)\varphi_j(s)\varphi_k(s)\mathrm{d}s=\begin{cases}0, & j\neq k\\ N_j, & j=k\end{cases} \tag{5-26}$$

式中，N_j 为第 j 阶模态振型的模态质量。

将转子的不平衡量 $\boldsymbol{u}(s)$ 按模态振型展开，即

$$\boldsymbol{u}(s)=\sum_{j=1}^{\infty}\boldsymbol{c}_j m(s)\varphi_j(s) \tag{5-27}$$

其中，$\boldsymbol{c}_j=c_j\mathrm{e}^{\mathrm{i}\alpha_j}$，其模 c_j 表示 $\boldsymbol{e}(s)$ 中所包含的第 j 阶模态振型的成分，α_j 为该成分所在平面的相角，且有

$$\boldsymbol{c}_j=\frac{1}{N_j}\int_0^l \boldsymbol{u}(s)\varphi_j(s)\mathrm{d}s \tag{5-28}$$

根据式（5-27）可将转子的不平衡离心力写为

$$\boldsymbol{F}(s)=\Omega^2\boldsymbol{u}(s)=\Omega^2\sum_{j=1}^{\infty}\boldsymbol{c}_j m(s)\varphi_j(s) \tag{5-29}$$

代入式（5-25）中，方程的解 $\varepsilon(s)$即可表示为主振型之和，即

$$\varepsilon(s)=\sum_{j=1}^{\infty}\boldsymbol{a}_j\varphi_j(s) \tag{5-30}$$

其中，$\boldsymbol{a}_j$为转子挠曲的第 j 阶模态分量，表示 $\varepsilon(s)$中所包含的第 j 阶模态振型的比例 A_j和所在平面的相角 α_j。

模态振型 $\varphi_j(s)$和模态频率 ω_j 满足微分方程（5-25）的齐次形式，即

$$\frac{\mathrm{d}^2}{\mathrm{d}s^2}\left[EI(s)\frac{\mathrm{d}^2\varphi_j}{\mathrm{d}s^2}\right]-\omega_j^2 m(s)\varphi_j=\mathbf{0} \tag{5-31}$$

同时模态振型 $\varphi_j(s)$满足正交条件

$$\int_0^l m(s)\varphi_j(s)\varphi_k(s)\mathrm{d}s=\begin{cases}0, & j\neq k\\ N_j, & j=k\end{cases} \tag{5-32}$$

由此可解得

$$\boldsymbol{a}_j=\frac{\Omega^2}{\omega_j^2-\Omega^2}\boldsymbol{c}_j \tag{5-33}$$

将式（5-33）代入式（5-30）中，得到

$$\varepsilon(s)=\sum_{j=1}^{\infty}\frac{\Omega^2}{\omega_j^2-\Omega^2}\boldsymbol{c}_j\varphi_j(s) \tag{5-34}$$

式（5-34）表明，转子的挠曲可以看成是由各阶模态振型 $\varphi_j(s)$按比例叠加而成的。当工作转速 Ω 趋近某一阶模态频率 ω_j 时，该阶振型引起的主振动就趋于无穷大，在振动中就占主导地位。另外，$\boldsymbol{u}(s)$中包含哪几阶模态分量 $\boldsymbol{a}_j$，就能激起哪几阶模态振型。

接下来对转子进行振型平衡。设在转子上增加了 K 个校正质量 $\boldsymbol{P}_k=P_k\mathrm{e}^{\mathrm{i}\beta_k}$（$k$=1,2,⋯,$K$），校正平面的轴向位置为 $s=s_k$，此时转子的不平衡离心力变为

$$\boldsymbol{F}(s)=\Omega^2\boldsymbol{u}(s)+\Omega^2\sum_{k=1}^{K}\boldsymbol{P}_k\delta(s-s_k) \tag{5-35}$$

其中，δ 为 Delta 函数，用于表达模态的正交性，有如下性质

$$\begin{cases}\delta(s-s_k)=0, & s\neq s_k\\ \int_0^l\delta(s-s_k)\mathrm{d}s=1, & s=s_k\end{cases} \tag{5-36}$$

在式（5-35）中，$\Omega^2\boldsymbol{u}(s)$是由转子的原始不平衡引起的离心力，$\Omega^2\boldsymbol{P}_k\delta(s-s_k)$是由第 k 个校正质量引起的离心力，其中 $\delta(s-s_k)$指明增加的第 k 个校正质量的轴向位置。

将式（5-36）代入式（5-25）中，即可得到增加了 K 个校正质量后转子的运动微分方程。按照前述相同步骤求解增加了 K 个校正质量后转子挠曲的模态分量 $\boldsymbol{a}_j$，有

$$\boldsymbol{a}_j=\frac{\Omega^2}{\omega_j^2-\Omega^2}\left[\boldsymbol{c}_j+\frac{1}{N_j}\sum_{k=1}^{K}\boldsymbol{P}_k\varphi_j(s_k)\right] \tag{5-37}$$

则转子的挠曲成为

$$\varepsilon(s)=\sum_{j=1}^{\infty}\frac{\Omega^2}{\omega_j^2-\Omega^2}\left[\boldsymbol{c}_j+\frac{1}{N_j}\sum_{k=1}^{K}\boldsymbol{P}_k\varphi_j(s_k)\right]\varphi_j(s) \tag{5-38}$$

对比式（5-34）与式（5-38）可知，由单一质量 $\boldsymbol{P}_k$ 所激发的挠曲为

$$\sum_{j=1}^{\infty}\frac{\Omega^2}{\omega_j^2-\Omega^2}\times\frac{1}{N_j}\sum_{k=1}^{K}\boldsymbol{P}_k\varphi_j(s_k)\varphi_j(s) \tag{5-39}$$

这说明，单一的校正质量能够激起转子的各阶模态振型，除非它正好位于某一阶模态振型的节点上，即轴线上振动为零的位置，有 $\varphi_j(s_k)=0$，此时无法激起该阶模态振型。

如果转子的平衡目标为：在各个转速下转子的挠曲为零，即对所有的自转角速度 Ω，都有 $\varepsilon(s)=0$，那么式（5-38）方括号中的项应对各个 j 值都为零，有

$$\boldsymbol{c}_j+\frac{1}{N_j}\sum_{k=1}^{K}\boldsymbol{P}_k\varphi_j(s_k)=\boldsymbol{0},\quad j=1,2,\cdots,\infty \tag{5-40}$$

由于超过工作转速频率的高阶模态振型对转子挠曲的贡献很小，可以忽略不计，只需考虑低于工作转速频率的前 N 阶模态振型即可，故将式（5-40）改写为

$$\boldsymbol{c}_j+\frac{1}{N_j}\sum_{k=1}^{N}\boldsymbol{P}_k\varphi_j(s_k)=\boldsymbol{0},\quad j=1,2,\cdots,N \tag{5-41}$$

将转子原始不平衡的分量 $\boldsymbol{c}_j$ 与校正质量分别写在等式两边，将式（5-41）再重写为

$$\begin{cases}\varphi_1(s_1)\boldsymbol{P}_1+\varphi_1(s_2)\boldsymbol{P}_2+\cdots+\varphi_1(s_K)\boldsymbol{P}_K=-\boldsymbol{c}_1N_1\\ \varphi_2(s_1)\boldsymbol{P}_1+\varphi_2(s_2)\boldsymbol{P}_2+\cdots+\varphi_2(s_K)\boldsymbol{P}_K=-\boldsymbol{c}_2N_2\\ \cdots\cdots\\ \varphi_N(s_1)\boldsymbol{P}_1+\varphi_N(s_2)\boldsymbol{P}_2+\cdots+\varphi_N(s_K)\boldsymbol{P}_K=-\boldsymbol{c}_NN_N\end{cases} \tag{5-42}$$

通过求解方程组（5-42），即可得到一组校正质量 $\boldsymbol{P}_k$。

显而易见，欲使该方程组具有唯一的一组解，必须满足 $K=N$，也就是说，想要平衡 N 个模态振型，就需在 N 个校正平面内增加 N 个校正质量，这种方法就称为模态平衡法中的 N 平面法。

挠性转子的平衡目标还可以定为轴承动反力为零，转子的转轴由两个轴承 A、B

所支承，则轴承的动反力 R_A、R_B 还应分别满足 R_A=0 和 R_B=0。根据转轴的力矩平衡关系可以得到

$$\begin{cases} \boldsymbol{R}_B = \dfrac{\Omega^2}{l}\left[\displaystyle\int_0^l sm(s)\boldsymbol{\varepsilon}\mathrm{d}s + \int_0^l s\boldsymbol{u}(s)\mathrm{d}s + \sum_{k=1}^{K} s_k \boldsymbol{P}_k\right] \\ \boldsymbol{R}_A = \dfrac{\Omega^2}{l}\left[\displaystyle\int_0^l (l-s)m(s)\boldsymbol{\varepsilon}\mathrm{d}s + \int_0^l (l-s)\boldsymbol{u}(s)\mathrm{d}s + \sum_{k=1}^{K} (l-s_k)\boldsymbol{P}_k\right] \\ \boldsymbol{R}_A + \boldsymbol{R}_B = \Omega^2\left[\displaystyle\int_0^l m(s)\boldsymbol{\varepsilon}\mathrm{d}s + \int_0^l \boldsymbol{u}(s)\mathrm{d}s + \sum_{k=1}^{K} \boldsymbol{P}_k\right] \end{cases} \tag{5-43}$$

将式（5-38）代入式（5-43）中，交换积分和求和的顺序，有

$$\begin{cases} \dfrac{\boldsymbol{R}_B}{\Omega^2} = \displaystyle\sum_{j=1}^{\infty} \frac{\Omega^2}{\omega_j^2 - \Omega^2}\left[\boldsymbol{c}_j + \frac{1}{N_j}\sum_{k=1}^{K} \boldsymbol{P}_k \varphi_j(s_k)\right]\int_0^l \frac{s}{l} m(s)\varphi_j(s)\mathrm{d}s \\ \qquad\qquad + \displaystyle\int_0^l \frac{s}{l}\boldsymbol{u}(s)\mathrm{d}s + \sum_{k=1}^{K}\frac{s_k}{l}\boldsymbol{P}_k \\ \dfrac{\boldsymbol{R}_A}{\Omega^2} = \displaystyle\sum_{j=1}^{\infty} \frac{\Omega^2}{\omega_j^2 - \Omega^2}\left[\boldsymbol{c}_j + \frac{1}{N_j}\sum_{k=1}^{K} \boldsymbol{P}_k \varphi_j(s_k)\right]\int_0^l \left(1-\frac{s}{l}\right) m(s)\varphi_j(s)\mathrm{d}s \\ \qquad\qquad + \displaystyle\int_0^l \left(1-\frac{s}{l}\right)\boldsymbol{u}(s)\mathrm{d}s + \sum_{k=1}^{K}\left(1-\frac{s_k}{l}\right)\boldsymbol{P}_k \\ \dfrac{\boldsymbol{R}_A + \boldsymbol{R}_B}{\Omega^2} = \displaystyle\sum_{j=1}^{\infty} \frac{\Omega^2}{\omega_j^2 - \Omega^2}\left[\boldsymbol{c}_j + \frac{1}{N_j}\sum_{k=1}^{K} \boldsymbol{P}_k \varphi_j(s_k)\right]\int_0^l m(s)\varphi_j(s)\mathrm{d}s \\ \qquad\qquad + \displaystyle\int_0^l \boldsymbol{u}(s)\mathrm{d}s + \sum_{k=1}^{K}\boldsymbol{P}_k \end{cases} \tag{5-44}$$

则轴承动反力为零的条件为

$$\begin{cases} \boldsymbol{c}_j + \dfrac{1}{N_j}\displaystyle\sum_{k=1}^{K} \boldsymbol{P}_k \varphi_j(s_k) = 0,\ j = 1,\ 2,\ \cdots,\ \infty \\ \displaystyle\int_0^l s\boldsymbol{u}(s)\mathrm{d}s + \sum_{k=1}^{K} s_k \boldsymbol{P}_k = 0 \\ \displaystyle\int_0^l \boldsymbol{u}(s)\mathrm{d}s + \sum_{k=1}^{K} \boldsymbol{P}_k = 0 \end{cases} \tag{5-45}$$

理论分析表明，由于式（5-45）是由转子挠曲为零的条件得出的，其第一式成立时，后两式也必然成立。这说明，当转子达到挠曲为零的完全平衡时，其支承的

动反力亦必等于零。

不过，上述结论是在包含所有模态振型的前提下得出的，如果在平衡时只考虑前 N 阶模态振型，那么当满足式（5-45）的第一式时却无法同时满足后两式。这说明，在 N 平面法中，校正质量虽然减小了转子的挠曲，但却引起了附加的轴承动反力，实际上是破坏了转子的平衡条件。为了在平衡时不引起附加的轴承动反力，需要同时满足式（5-45）的三个式子，从而需要将式（5-45）改写为

$$\begin{cases} \varphi_1(s_1)\boldsymbol{P}_1+\varphi_1(s_2)\boldsymbol{P}_2+\cdots+\varphi_1(s_K)\boldsymbol{P}_K=-\boldsymbol{c}_1N_1 \\ \varphi_2(s_1)\boldsymbol{P}_1+\varphi_2(s_2)\boldsymbol{P}_2+\cdots+\varphi_2(s_K)\boldsymbol{P}_K=-\boldsymbol{c}_2N_2 \\ \cdots\cdots \\ \varphi_N(s_1)\boldsymbol{P}_1+\varphi_N(s_2)\boldsymbol{P}_2+\cdots+\varphi_N(s_K)\boldsymbol{P}_K=-\boldsymbol{c}_NN_N \\ s_1\boldsymbol{P}_1+s_2\boldsymbol{P}_2+\cdots+s_K\boldsymbol{P}_K=-\int_0^l s\boldsymbol{u}(s)\mathrm{d}s \\ \boldsymbol{P}_1+\boldsymbol{P}_2+\cdots+\boldsymbol{P}_K=-\int_0^l \boldsymbol{u}(s)\mathrm{d}s \end{cases} \tag{5-46}$$

此时方程组（5-46）共有 N+2 个方程，为求得唯一的一组解，需要满足 K=N+2，即在 N+2 个平面上增加 N+2 个校正质量来平衡转子的前 N 阶模态振型，这种方法就是模态平衡法中的 N+2 平面法。

综上所述可以得出以下结论：如果平衡一个挠性转子时只采用前 N 阶模态振型，为使其挠曲为零，需要选用 N 个校正平面，在每个平面上安装一个校正质量；如果同时还要求转子支承的动反力也为零，那么就必须再增加两个校正平面，共选用 N+2 个校正平面，每个平面上安装一个校正质量，共需要 N+2 个校正质量。

关于挠性转子应用模态平衡法时究竟是选用 N 平面法还是 N+2 平面法，这个问题还没有统一的观点。对比这两种方法能够发现，N 平面法具有校正平面少的优点，而且对刚体平衡的破坏一般并不严重；N+2 平面法理论上更加合理，平衡精度更高，但因为所需的校正平面更多，计算也更为复杂，因此使用时比 N 平面法更加困难。通过分析可知，当 $N\to\infty$ 时，式（5-40）与式（5-45）是完全等价的。也就是说，当 N 很大时，N 平面法和 N+2 平面法是相同的。目前一般认为，当 $N\geqslant 3$～4 时，校正平面已较多，可采用 N 平面法；当 $N<3$ 时，采用 N+2 平面法为宜。

还需要注意的是，平衡时无论采用哪种方法，由于不平衡量 $\boldsymbol{u}(s)$ 未知，在建立求解校正质量 $\boldsymbol{P}_k$ 的方程组（5-46）时，方程右端的 $-\boldsymbol{c}_jN_j$ 项实际上也是未知的，因此无法通过求解方程组来得到校正质量的大小和方位角，还需要应用一定的方法。下面以某转子为例，采用三个校正平面，在转子的前三阶临界转速范围内进行平衡，介绍一下实际平衡时所采用的一种解决未知不平衡量的方法，该方法称为振型分离法。

第一步，采用计算方法获得转子的前三阶临界转速 n_{c1}、n_{c2} 和 n_{c3} 以及模态振型 $\varphi_1(s)$、$\varphi_2(s)$ 和 $\varphi_3(s)$，取校正平面数 N=3，轴向位置分别为 s_1、s_2 和 s_3。按式（5-42）

建立方程组，有

$$\begin{cases}\varphi_1(s_1)\boldsymbol{P}_1+\varphi_1(s_2)\boldsymbol{P}_2+\varphi_1(s_3)\boldsymbol{P}_3=-\boldsymbol{c}_1N_1=\boldsymbol{\Phi}_1\\ \varphi_2(s_1)\boldsymbol{P}_1+\varphi_2(s_2)\boldsymbol{P}_2+\varphi_2(s_3)\boldsymbol{P}_3=-\boldsymbol{c}_2N_2=\boldsymbol{\Phi}_2\\ \varphi_3(s_1)\boldsymbol{P}_1+\varphi_3(s_2)\boldsymbol{P}_2+\varphi_3(s_3)\boldsymbol{P}_3=-\boldsymbol{c}_3N_3=\boldsymbol{\Phi}_3\end{cases}$$

其中，$\boldsymbol{\Phi}_1$、$\boldsymbol{\Phi}_2$ 和 $\boldsymbol{\Phi}_3$ 数值未知。

第二步，令 $\boldsymbol{\Phi}_1\neq\boldsymbol{0}$，$\boldsymbol{\Phi}_2=\boldsymbol{\Phi}_3=\boldsymbol{0}$，通过求解上述方程组，可以得到一组以 $\boldsymbol{\Phi}_1$ 表示的校正质量或比例值，形式为

$$\begin{cases}\boldsymbol{P}_1=k_1\boldsymbol{\Phi}_1\\ \boldsymbol{P}_2=k_2\boldsymbol{\Phi}_1\\ \boldsymbol{P}_3=k_3\boldsymbol{\Phi}_1\end{cases}\quad 或 \quad \begin{cases}\boldsymbol{P}_1^*=k_1\\ \boldsymbol{P}_2^*=k_2\\ \boldsymbol{P}_3^*=k_3\end{cases}$$

显然，该组校正质量能且只能平衡转子的第一阶模态振型。类似地，再令 $\boldsymbol{\Phi}_2\neq\boldsymbol{0}$，$\boldsymbol{\Phi}_1=\boldsymbol{\Phi}_3=\boldsymbol{0}$ 以及 $\boldsymbol{\Phi}_3\neq\boldsymbol{0}$，$\boldsymbol{\Phi}_1=\boldsymbol{\Phi}_2=\boldsymbol{0}$，分别求得能够平衡第二、三阶模态振型的校正质量组。

第三步，在不加装校正质量的情况下，将转子转速提升至第一阶临界转速附近，此时可以认为转子的振动为第一阶模态振型（主振动），将计算所得的第一阶模态振型的校正质量组按比例选一组试重加装到三个校正平面上，然后测量转子的振动，根据测量结果求出这组校正质量的平衡效果矢量，再根据转子的原始振动换算成能够平衡第一阶振型的校正质量的大小和方位角。之后按同样的方法得到能够平衡第二、三阶模态振型的校正质量组。因为模态振型的正交性，加装任一组校正质量都不会影响其他两组校正质量的平衡效果。如果有必要，可以将校正平面上加装的 3 个校正质量按矢量合成的方法合并为一个校正质量。如果采用 N+2 平面法，只需按式（5-46）建立方程组，求解步骤与 N 平面法类似，此处不再赘述。

总的来说，模态平衡法的理论基础比较完备，但是实际应用时还是比较难实现的，这是因为：转子的各阶模态振型往往很难精确求解，校正平面的选择也会受到很多限制，不能任意选定。因此，模态平衡法通常只适合在实验室里或平衡机上应用。

5.3.2 挠性转子的影响系数平衡法

挠性转子的影响系数平衡法实质上是 5.2.3 节中刚性转子的两平面影响系数平衡法的直接推广。平衡刚性转子时只有一个平衡转速和两个校正平面，如果对挠性转子也这样做的话，只能保证转子运行在这个平衡转速时能够满足平衡要求，一旦转速发生变化，转子的平衡状态就会被打破。为了保证从启动升速到工作转速的过程中始终保持平衡状态，挠性转子必须要在一定的转速范围内都达到平衡才可以，因此挠性转子在平衡时必须增加平衡转速的数目，同时需要相应地增加校正平面和

测振点的数量，这样才能通过解方程的方法得到确定的一组校正质量。由此可知，挠性转子的影响系数平衡法是一种多转速、多平面、多测点的影响系数法。

设转子共有 N 个平衡转速 Ω_1，Ω_2，⋯，Ω_n，⋯，Ω_N，校正平面有 K 个，轴向位置为 s_1，s_2，⋯，s_k，⋯，s_K，在转子上选取 M 个测振点，轴向位置为 b_1，b_2，⋯，b_m，⋯，b_M。令转子以转速 Ω_n 转动，测得 b_m 点的原始振动为 $\boldsymbol{V}_0(b_m，\Omega_n)$。在 s_k 处的校正平面上加试重 $\boldsymbol{Q}_k$ 后，再次测量 b_m 点的振动为 $\boldsymbol{V}_k(b_m，\Omega_n)$，定义影响系数为

$$\boldsymbol{\alpha}_{mk}^{(n)}=\frac{\boldsymbol{V}_k(b_m,\Omega_n)-\boldsymbol{V}_0(b_m,\Omega_n)}{\boldsymbol{Q}_k} \tag{5-47}$$

按式（5-47）求得所有的影响系数 $\boldsymbol{\alpha}_{mk}^{(n)}$，并排列成一个（$M\times N$）行 K 列的影响系数矩阵，有

$$\boldsymbol{A}=\begin{pmatrix} \boldsymbol{\alpha}_{11}^{(1)} & \boldsymbol{\alpha}_{12}^{(1)} & \cdots & \boldsymbol{\alpha}_{1K}^{(1)} \\ \boldsymbol{\alpha}_{21}^{(1)} & \boldsymbol{\alpha}_{22}^{(1)} & \cdots & \boldsymbol{\alpha}_{2K}^{(1)} \\ \cdots & \cdots & \cdots & \cdots \\ \boldsymbol{\alpha}_{M1}^{(1)} & \boldsymbol{\alpha}_{M2}^{(1)} & \cdots & \boldsymbol{\alpha}_{MK}^{(1)} \\ \boldsymbol{\alpha}_{11}^{(2)} & \boldsymbol{\alpha}_{12}^{(2)} & \cdots & \boldsymbol{\alpha}_{1K}^{(2)} \\ \boldsymbol{\alpha}_{21}^{(2)} & \boldsymbol{\alpha}_{22}^{(2)} & \cdots & \boldsymbol{\alpha}_{2K}^{(2)} \\ \cdots & \cdots & \cdots & \cdots \\ \boldsymbol{\alpha}_{M1}^{(2)} & \boldsymbol{\alpha}_{M2}^{(2)} & \cdots & \boldsymbol{\alpha}_{MK}^{(2)} \\ \cdots & \cdots & \cdots & \cdots \\ \boldsymbol{\alpha}_{M1}^{(N)} & \boldsymbol{\alpha}_{M2}^{(N)} & \cdots & \boldsymbol{\alpha}_{MK}^{(N)} \end{pmatrix} \tag{5-48}$$

为了保证转子运转在 $\Omega_n(n=1,2,\cdots,N)$转速时转轴上各个点 $b_m(m=1,2,\cdots,M)$处的振动均为零，加装在各校正平面上的校正质量 $\boldsymbol{P}=[\boldsymbol{P}_1\ \boldsymbol{P}_2\ \cdots\ \boldsymbol{P}_K]^{\mathrm{T}}$ 需要满足如下方程

$$\boldsymbol{A}\begin{bmatrix} \boldsymbol{P}_1 \\ \boldsymbol{P}_2 \\ \vdots \\ \boldsymbol{P}_K \end{bmatrix}=-\begin{bmatrix} \boldsymbol{V}_0(b_1,\Omega_1) \\ \boldsymbol{V}_0(b_2,\Omega_1) \\ \cdots \\ \boldsymbol{V}_0(b_M,\Omega_1) \\ \boldsymbol{V}_0(b_1,\Omega_2) \\ \boldsymbol{V}_0(b_2,\Omega_2) \\ \cdots \\ \boldsymbol{V}_0(b_M,\Omega_2) \\ \cdots \\ \boldsymbol{V}_0(b_M,\Omega_N) \end{bmatrix} \tag{5-49}$$

其中，由各测点处的原始振动 $\boldsymbol{V}_0(b_m，\Omega_n)$组成的列向量 $\boldsymbol{V}_0$ 在前述计算影响系数时均已测得，则平衡转子需要的各个校正质量可由式（5-49）得到，有

$$P = -A^{-1}V_0 \tag{5-50}$$

式（5-50）表明，要想求得唯一确定的校正质量 $\boldsymbol{P}$，影响系数矩阵 $\boldsymbol{A}$ 必须是非奇异方阵。由于 $\boldsymbol{A}$ 是一个（MN）×K 的矩阵，满足非奇异方阵的条件为：K=MN，也就是说必须要满足

校正平面数目=测振点数目×平衡转速数目

刚性转子两平面平衡时有 N=1，M=2，K=2，满足 K=MN，此时式（5-49）就等同于式（5-9），说明刚性转子的两平面平衡法是影响系数法的一个特例。

由上述内容可知，由于平衡转速数目增加，如果要对挠性转子运用影响系数法，所需设置校正平面和测振点的数目也会大大增加。实际转子往往不能提供足够多的校正平面，即存在 K<MN，方程组（5-49）中方程式的个数多于未知数（校正质量）的个数，成为一个矛盾方程组，其物理意义是：校正平面少，无法保证所有测振点在所有转速下的振动均为零。此时一般有两个处理方法，一是放弃一些测点和转速要求，即不要求转子在所有转速下和所有测点处的振动都为零；二是采用最小二乘法来求解该矛盾方程组，使各测点残余振动的平方和最小化。求解时如果个别测点的残余振动过大可做加权处理，即调整校正质量，使各测点的残余振动平均化。应用最小二乘法求解校正质量计算简单易实现，是挠性转子平衡中常采用的手段，后面将进一步介绍。

5.3.3 挠性转子的轴系现场平衡

汽轮发电机组等大型旋转机械多由两个及其以上的转子组成，各转子之间的连接采用的是固定式或半柔性联轴器，称为转子系统或轴系。由多个转子及其支承构成的轴系，虽然各转子在出厂时都已经过平衡，但在生产现场组装调试或进行大修时，还需要从整体上检查并消除不平衡性，这称为轴系现场平衡。挠性转子进行轴系现场平衡是非常必要的，这是因为：

① 出厂前单个转子的动平衡质量可能存在缺陷，个别转子没有经过高速平衡，或者部分零件未与转子一起进行平衡；

② 在组成轴系后单个转子的振型和临界转速可能会发生变化，原因是轴承动刚度和油膜刚度存在差异，或者是组成轴系后轴端的连接状态发生了变化；

③ 各个转子可能存在对中不良、轴承标高调整不当或者基础有不均匀沉降等；

④ 有些转子在运行中会发生热变形和内应力的变化，带负荷后振动会增大，一般可采用轴系现场平衡的方法予以补偿；

⑤ 有时进行轴系现场平衡是出于经济和时间方面的考虑，虽然轴系平衡要耗费大量资金，但是如果将转子返回制造厂进行动平衡往往花费更大，而且时间上也不允许。

不过，轴系现场平衡也存在很大的局限性，主要表现在：一是校正平面和测振

点的选择受限，一般只能选在转子端部和外伸端，主跨内很难进行加重操作；二是支承转子的两个轴承座及各个转子轴承座之间的动态差别比较大，不仅直接影响转子的振型，而且不易从轴承振幅来判断不平衡激振力的大小；三是从安全性和经济性方面考虑，一般不允许机组频繁启停，因此平衡时试车次数不能太多；四是现场运行条件对转子平衡也会产生较大影响，不稳定的振动会影响计算校正质量的准确性。

需要说明的是，轴系现场平衡并不能替代各个转子的单独平衡。经验表明，如果各个转子单独平衡得好，组成轴系后往往也能很顺利地平衡，甚至不必进行轴系现场平衡。因此，只有在单个转子平衡良好，而组成轴系后由于上述种种原因必须进行整体平衡的场合，才进行轴系现场平衡。

轴系现场平衡的原理与单个转子平衡的原理区别不大，方法上仍然是模态平衡法和影响系数法两大类。但是，轴系现场平衡往往受到技术条件限制，例如：采用影响系数法时，可能要求增加很多校正平面和测振点，但实际转子上能够增减质量的校正平面不多，这时可以采用最小二乘法来处理矛盾方程组；采用模态平衡法时，用测量和计算的方法得到轴系的模态振型比单个转子要困难得多；另外，由于跨数增加，各临界转速之间的间距减小，想要分离出比较纯净的某一阶模态振型就比较困难，此时可采用模态响应圆的方法来提高振型分离的精度。这些方法在轴系现场平衡中取得了不错的应用效果，同时也适用于单个转子的平衡。

常用的轴系平衡方法有单转子平衡法和综合平衡法。

（1）单转子平衡法

在轴系的任何一个转子上加上校正质量后，会对整个轴系的振动都有影响，如果转子相邻的临界转速之间具有一定的间隔，易于进行振型分离，或者轴系中只有一两个转子需要调整平衡，失衡转子之间有平衡良好的转子相隔，那么就可以采用单转子平衡法进行轴系平衡。

大多数情况下，现场轴系平衡采用单转子平衡法（包括模态平衡法和影响系数法）就可以解决振动问题。如果采用模态平衡法，平衡转速应由低到高，先平衡轴系中振动大和质量大的转子。

（2）综合平衡法

综合平衡法又分为多转子同时平衡法和一般综合平衡法。

多转子同时平衡法是将轴系中的每一个转子当作单转子考虑，以单转子平衡的原理和方法，在需要平衡的转子上，一次启动中把全部平衡重量都加上。该方法的最大优点是轴系平衡所需的机组启停次数能够减少到最小。在各个转子同时加重后，再以单转子的平衡方法分析加重影响，必要时进行 1～2 次调整，一般就可以达到不错的平衡效果。

该方法的平衡效果主要取决于对不平衡轴向位置、不平衡形式、加重大小和方向的正确判断以及轴系失衡的复杂程度。应用该方法取得满意的平衡效果有一定的难度，目前应用较成功的只局限于轴系中只有 1～2 个转子存在不平衡的情况，不平衡形式主要是单一的一阶或二阶，或者是单纯的外伸端不平衡，而且轴承座动刚度正常，此时一般能够获得较好的平衡效果。

一般的轴系综合平衡法考虑了在任意转子上加重对各个测点产生的影响，是一种比较通用的轴系平衡方法。该方法常用的是最小二乘法，往往涉及较多的振动测点，需要的试车次数相较多转子同时平衡法要多，但在一般情况下可以获得较为满意的平衡效果。

采用影响系数法进行轴系平衡时，常把主要精力集中在计算方法上，而忽略了轴系平衡中的一些重要因素，例如校正质量与振型正交和非正交平衡条件、不平衡轴向位置判断、试加重量大小和方向、平衡过程中异常现象的判断等。如果要以较少的试车次数使轴系达到满意的平衡效果，要求操作人员非常熟悉模态平衡法，能对这些因素做出正确的判断。

此外，逐个在校正平面上增加试重的传统影响系数法目前已很少采用，主要原因是机组启停次数较多，而且由于校正平面多，计算累计误差会增大。改进传统影响系数法的一个重要方向是吸取模态平衡法的优点，根据转子的不平衡形式，对轴系中各转子加正交试重进行分类平衡。

5.4 其他平衡技术

5.4.1 最小二乘影响系数法

采用影响系数法平衡转子时，要求校正平面数 K 等于平衡转速数 N 与测点数 M 的乘积，即 $K=NM$。由于轴系现场平衡时校正平面比较少，往往出现 $K<MN$ 的情况，方程组（5-49）没有唯一解，称为矛盾方程组。此时，不可能求解出一组校正质量 $\boldsymbol{P}_k$，使转子 M 个测点的振动在 N 个平衡转速下都为零。此时，可利用误差理论中的最小二乘法来求解矛盾方程组，其物理意义是寻求一组校正质量使转子各测点在各平衡转速下残余振动的平方和最小。

将方程组（5-50）改写为

$$\boldsymbol{V}_0+\boldsymbol{AP}=\boldsymbol{0} \tag{5-51}$$

由于找不到能够让式（5-51）成立的一组校正质量，可以尝试寻找一个 $\boldsymbol{P}$ 作为校正质量，然后计算转子的残余振动 $\boldsymbol{V}$，有

$$\boldsymbol{V}=\boldsymbol{V}_0+\boldsymbol{AP} \tag{5-52}$$

那么 $\boldsymbol{V}$ 的幅值平方和为

$$R=\bar{\boldsymbol{V}}^{\mathrm{T}}\boldsymbol{V} \tag{5-53}$$

其中，$\bar{\boldsymbol{V}}^{\mathrm{T}}$ 表示对 $\boldsymbol{V}$ 取共轭并转置。如果欲令 R 的取值最小，可利用导数为零的方法，结合式（5-53）可以得到

$$\frac{\partial R}{\partial \overline{\boldsymbol{P}}}=\frac{\partial R}{\partial \overline{\boldsymbol{V}}^{\mathrm{T}}}\times\frac{\partial \overline{\boldsymbol{V}}^{\mathrm{T}}}{\partial \overline{\boldsymbol{P}}}=\frac{\partial \overline{\boldsymbol{V}}^{\mathrm{T}}}{\partial \overline{\boldsymbol{P}}}\boldsymbol{V}=\boldsymbol{0} \tag{5-54}$$

根据式（5-52）可知

$$\frac{\partial \overline{\boldsymbol{V}}^{\mathrm{T}}}{\partial \overline{\boldsymbol{P}}}=\frac{\partial \overline{\boldsymbol{V}}^{\mathrm{T}}}{\partial \overline{\boldsymbol{P}}^{\mathrm{T}}}=\frac{\partial(\overline{\boldsymbol{V}}_0+\overline{\boldsymbol{P}}\overline{\boldsymbol{A}})^{\mathrm{T}}}{\partial \overline{\boldsymbol{P}}}=\frac{\partial(\overline{\boldsymbol{V}}_0^{\mathrm{T}}+\overline{\boldsymbol{A}}^{\mathrm{T}}\overline{\boldsymbol{P}}^{\mathrm{T}})}{\partial \overline{\boldsymbol{P}}}=\overline{\boldsymbol{A}}^{\mathrm{T}} \tag{5-55}$$

将式（5-55）代入式（5-54）中，得到

$$\overline{\boldsymbol{A}}^{\mathrm{T}}\boldsymbol{V}=\boldsymbol{0} \tag{5-56}$$

再将式（5-52）代入式（5-56）中，有

$$\overline{\boldsymbol{A}}^{\mathrm{T}}(\boldsymbol{V}_0+\boldsymbol{A}\boldsymbol{P})=\overline{\boldsymbol{A}}^{\mathrm{T}}\boldsymbol{V}_0+\overline{\boldsymbol{A}}^{\mathrm{T}}\boldsymbol{A}\boldsymbol{P}=\boldsymbol{0} \tag{5-57}$$

由此可解得最小二乘准则下所需的校正质量为

$$\boldsymbol{P}=-(\overline{\boldsymbol{A}}^{\mathrm{T}}\boldsymbol{A})^{-1}\overline{\boldsymbol{A}}^{\mathrm{T}}\boldsymbol{V}_0=\boldsymbol{0} \tag{5-58}$$

安装这组校正质量后转子的残余振动仍可由式（5-52）求得。

按照上述方法进行平衡后，可能会出现个别测点处的残余振动较其他位置大得多的现象，如果这种程度的振动影响较大的话，可以采用以增大其他位置处的振动为代价来减小这种残余振动的方法，使各个测点处的残余振动趋于均匀，这称为加权迭代法。为此，对 M 个测振点选取 M 个加权因子 $\lambda_m(m=1,2,\cdots,M)$，由 λ_m 组成 M 阶对角阵 $\boldsymbol{\lambda}=\mathrm{diag}(\lambda_1,\lambda_2,\cdots,\lambda_M)$。在式（5-52）两边同时乘以 $\boldsymbol{\lambda}$，得到

$$\boldsymbol{\lambda V}=\boldsymbol{\lambda V}_0+\boldsymbol{\lambda AP} \tag{5-59}$$

再次计算此时的残余振动的平方和，有

$$R'=\sum_{j=1}^{MN}(\lambda_j V_j)^2 \tag{5-60}$$

同样采用令导数为零的方式最小化 R'，可导出加权的校正质量为

$$\boldsymbol{P}'=-(\overline{\boldsymbol{A}}^{\mathrm{T}}\boldsymbol{\lambda}^2\boldsymbol{A})^{-1}\overline{\boldsymbol{A}}^{\mathrm{T}}\boldsymbol{\lambda}^2\boldsymbol{V}_0 \tag{5-61}$$

残余振动仍由式（5-52）求得。加权因子通常取为

$$\lambda_j=\sqrt{V_j/W} \tag{5-62}$$

其中，W 为残余振动的均方根值，计算方法为

$$W=\sqrt{\frac{1}{MN}\sum_{j=1}^{MN}V_j^2} \tag{5-63}$$

经过对校正质量的一次加权迭代后，如果对某些测点处的振动仍不满意，可以按上述步骤对校正质量再进行一次迭代，直至满意为止。加权因子的确定准则并不唯一，可以根据转子的实际情况而定。

5.4.2 模态响应圆法

在运用模态平衡法时，需要将平衡转速选为转子的某一阶临界转速，这样就能够激起转子的该阶模态振型，然后采用振型分离法将该阶模态振型抽取出来。但是，转子运行在临界转速附近时，振动幅值和相位相对于转速变化十分敏感，很难测到准确的数据，阻尼较小时尤为如此。为避免此问题，实际平衡时常将平衡转速设为临界转速的 80%～90%，但这样激发出的并非是单一的模态振型，在后续计算中必将影响平衡的精度。

针对上述问题，日本的白木万博等人提出了利用模态响应圆进行振型分离的方法，取得了不错的转子平衡效果。模态响应圆也称振型圆，是以转速为参变量，在极坐标系中绘制某测振点振动响应的矢量图。应用模态响应圆法时，要求转子的转速在一定范围内变化，连续测量在各转速下转子某测点处的振动幅值和相位，绘制成极坐标图。极坐标曲线上的点与原点连线的长度表示响应的幅值，连线与横轴的夹角表示响应的相位。通过极坐标图能够比较容易地找到转子发生共振的位置，据此可以得到转子相应的模态参数。

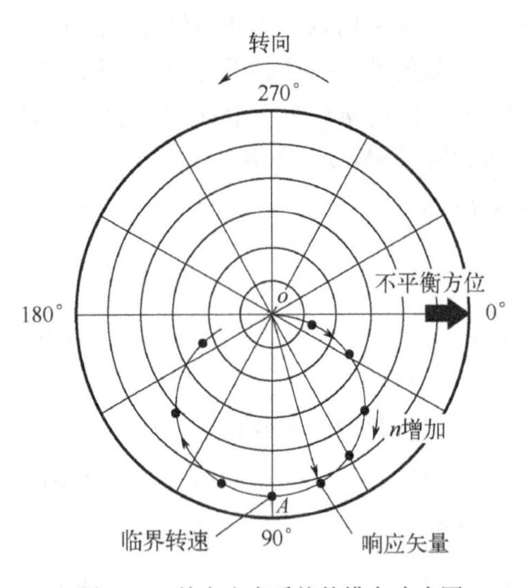

图 5-17 单自由度系统的模态响应圆

一个单自由度系统，其模态响应曲线近似为一个圆形，如图 5-17 所示。从图中可以看到，曲线上的 *A* 点处圆弧弧长对激励频率（或转速）的变化率最大（意味着激励频率稍有偏离就会使响应的幅值发生很大的变化，对应于系统的共振点），响应的相位比激励的相位滞后 90°（图中不平衡的相位为 0°，*A* 点相位逆着转动方向 90°），因此 *A* 点所对应的激励频率（工作转速）即为系统的模态频率（临界转速）。多自由度系统的模态响应曲线比较复杂，但在各阶模态频率（临界转速）附近，曲线仍接近于圆弧，因此可以采用圆周拟合的方法来求取模态参数。

图 5-18 是一个单跨转子两个轴颈上的模态响应圆，其中靠近 *A* 轴承的平面 I 上存在不平衡。从图中可以看到，靠近不平衡的左端轴承 *A* 的响应曲线上，第一阶临界转速对应点的相位约为 100°，第二阶临界转速对应点的相位约为 128°，二者相差不大，基本可以算是同相；而远离不平衡的右端轴承 *B* 的响应曲线上，第一阶与第二阶临界转速处的相位分别约为 112° 和 270°，相差很大，基本算是反相的。

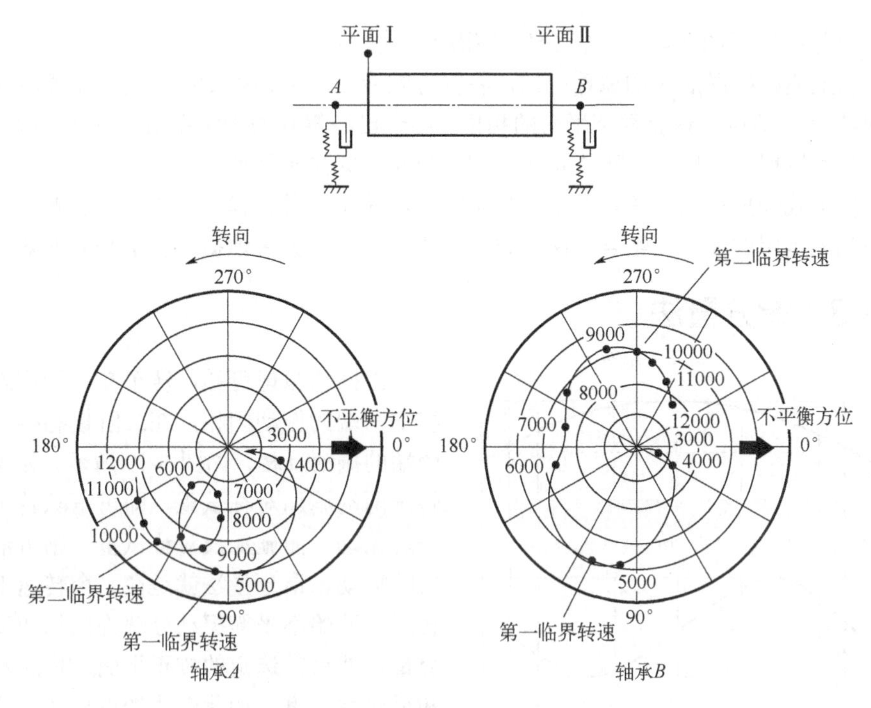

图 5-18　单跨转子的模态响应圆

总结来说，对于一个简单轴系，其模态响应圆的主要特点有：不平衡所在跨的轴承较其他跨的轴承有较大的响应圆，靠近不平衡的轴承，其各阶共振点的相位比较接近（夹角较小），远离不平衡的轴承的各阶共振点的相位相差较远（夹角较大）。由此可知，利用转子的模态响应圆不仅可以获得模态参数，还能够大致判断出不平衡的轴向位置，这对于转子平衡时选择校正平面的位置具有很好的指导意义。

在较简单的轴系中，不平衡的相位可通过机械滞后角来获得。激励信号超前响应信号的角度称为机械滞后角。在强迫振动中，由于阻尼的存在，响应（即不平衡振动）的相位滞后于激励（即不平衡力）的相位。当转速远低于临界转速时，滞后角接近 0°；在临界转速处，滞后角等于 90°；当转速远高于临界转速时，滞后角接近 180°。动平衡时可由滞后角推算出不平衡激振力的相位，即不平衡的周向角度，从振动高点顺着转动方向转动一个机械滞后角的位置即为不平衡的周向位置，这实际上也是通用平衡机确定配重相位角的原理。

柔性转子在升速过程中，工作转速 n 不同，机械滞后角 ψ 也不同。转子仅存在一阶不平衡分量时，有：当 $n<n_{c1}$ 时，$\psi<90°$；当 $n=n_{c1}$ 时，$\psi=90°$；当 $n>>n_{c1}$ 时，$\psi\to180°$。转子存在二、三阶不平衡分量时，有：当 $n<n_{c1}$、n_{c2} 时，$\psi<90°$；当 $n=n_{c1}$、n_{c2} 时，$\psi=90°$；当 $n>>n_{c1}$、n_{c2} 时，$\psi\to180°$。实际转子一般同时存在一、二、三阶不平衡分量，此时机械滞后角不是由单一的不平衡分量和转速决定的，而是由转子的各阶不平衡分量和相应转速决定的。

由上述机械滞后角的原理可知，将模态响应曲线上共振处的振动矢量顺着转动方向转 90° 即可大致获得不平衡的相位，结合已经得到的影响系数，通过一次试车基本就可以得出正确的校正质量大小和方位角。如果轴系比较复杂，可以采用加试重后测量残余振动的办法。总之，模态响应圆法是一种把模态平衡法和影响系数法综合起来运用的途径，结合了两种方法的优点，能够大大地提高转子平衡的效率。

5.4.3 谐分量法

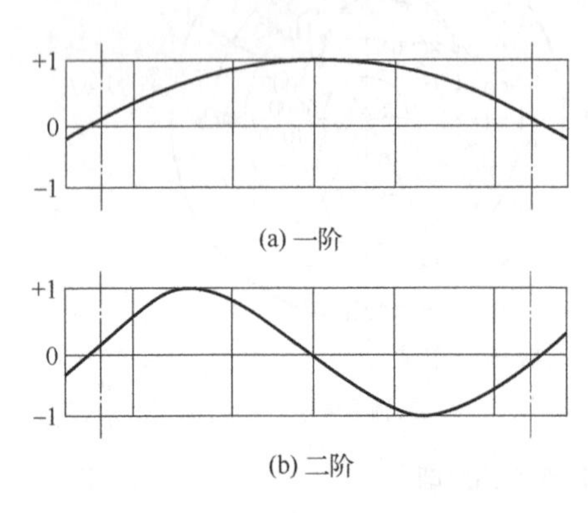

图 5-19 转子的前两阶模态振型

由振动原理可知，转子在一阶模态振型下两端的振动同相，在二阶模态振型下两端的振动反相，如图 5-19 所示。如果在转子两端施加对称试重，即可消除转子的一阶振动，而施加反对称试重，则可消除二阶振动。谐分量法就是在平衡转速下将转子的原始不平衡振动分解为同相和反相分量，然后在选定的校正平面上增加对称和反对称试重，测量两次加重后转子的振动并分解为同相和反相分量，最后计算对称和反对称试重的影响系数，利用影响系数计算出最终需要施加的校正质量。

应用谐分量法进行转子平衡的步骤如下：

① 测量转子两个轴承的原始振动 $\boldsymbol{A}_0$、$\boldsymbol{B}_0$，计算原始振动的同相分量 $\boldsymbol{A}_{s0}$、$\boldsymbol{B}_{s0}$ 和反相分量 $\boldsymbol{A}_{r0}$、$\boldsymbol{B}_{r0}$，有

$$\begin{cases} \boldsymbol{A}_{s0} = \boldsymbol{B}_{s0} = \dfrac{\boldsymbol{A}_0 + \boldsymbol{B}_0}{2} \\ \boldsymbol{A}_{r0} = -\boldsymbol{B}_{r0} = \dfrac{\boldsymbol{A}_0 - \boldsymbol{B}_0}{2} \end{cases} \tag{5-64}$$

② 在转子两端的校正平面上各加装一个对称试重 $\boldsymbol{Q}_s$，然后测量转子两端的振动 $\boldsymbol{A}_1$、$\boldsymbol{B}_1$，计算此振动的同相分量 $\boldsymbol{A}_{s1}$、$\boldsymbol{B}_{s1}$ 以及试重 $\boldsymbol{Q}_s$ 的影响系数 $\boldsymbol{\alpha}_s$，有

$$\begin{cases} \boldsymbol{A}_{s1} = \boldsymbol{B}_{s1} = \dfrac{\boldsymbol{A}_1 + \boldsymbol{B}_1}{2} \\ \boldsymbol{\alpha}_s = \dfrac{\boldsymbol{A}_{s1} - \boldsymbol{A}_{s0}}{\boldsymbol{Q}_s} \end{cases} \tag{5-65}$$

③ 移除对称试重 $\boldsymbol{Q}_s$，加装反对称试重 $\boldsymbol{Q}_r$，然后测量转子的振动为 $\boldsymbol{A}_2$、$\boldsymbol{B}_2$，计算此振动的反相分量 $\boldsymbol{A}_{r2}$、$\boldsymbol{B}_{r2}$ 以及试重 $\boldsymbol{Q}_r$ 的影响系数 $\boldsymbol{\alpha}_r$，有

$$\begin{cases} A_{r2} = -B_{r2} = \dfrac{A_2 - B_2}{2} \\ \alpha_r = \dfrac{A_{r2} - A_{r0}}{Q_r} \end{cases} \tag{5-66}$$

④ 移除反对称试重 Q_r，计算对称分量质量 P_s 和反对称分量质量 P_r，有

$$\begin{cases} P_s = -\dfrac{A_{s0}}{\alpha_s} \\ P_r = -\dfrac{A_{s0}}{\alpha_r} \end{cases} \tag{5-67}$$

⑤ 按式（5-68）计算两侧合成后的校正质量 P_A、P_B，有

$$\begin{cases} P_A = P_s + P_r \\ P_B = P_s - P_r \end{cases} \tag{5-68}$$

⑥ 将校正质量 P_A、P_B 分别加装到两个校正平面上，启动转子检查平衡效果。如果振动仍然较大，可按上述步骤再次操作，直至满意为止。

谐分量法适用于中、小型轴向对称的转子，可在转子两端同时增加试重，一次性得出试重的动不平衡分量和静不平衡分量的影响系数，从而大大减少转子平衡的试车次数。如果转子结构不对称或者两端轴承动刚度差距较大，那么在采用谐分量法进行平衡时就必须进行相应的补偿以消除结构不对称或轴承动刚度差带来的影响，否则可能无法得到理想的平衡效果。补偿方法请查阅相关文献，本书不再赘述。

5.4.4 挠性转子的平衡策略与准则

挠性转子进行平衡时，为了达到更好的平衡效果，通常需要安装在真空室以减少转子的风阻，有时还要在平衡机上作超速试验。因此，大型转子的高速平衡需要投入很大的人力、物力和财力。如果已知转子的不平衡分布情况，可以采用低速平衡等方法来代替高速平衡。若转子是由许多零部件组合而成的，可以先对这些零部件进行低速平衡再装配，这样就可以不必进行高速平衡，或进行较简单的高速平衡。

实际转子平衡时应选择什么样的平衡策略，可依据相关国家标准进行选用。表 5-3 给出了常用的挠性转子平衡方法，可以在分析实际转子不平衡分布特点的基础上，采用推荐的平衡方法。

表 5-3 挠性转子的平衡方法

低速平衡	高速平衡
A 单面平衡	G 高速平衡
B 双面平衡	H 工作转速平衡

续表

低速平衡	高速平衡
C 装配前单部件平衡	I 固定转速平衡
D 控制初始不平衡量之后平衡	
E 装配期间分级平衡	
F 最佳平面上平衡	

一个实际的转子应当采用什么方法进行平衡，主要取决于转子的结构、参数、动力特性、不平衡分布、平衡要求、测试仪器的特性以及操作人员的经验和水平等多种因素，通常采用以下几条标准来衡量平衡方法的优劣：

① 平衡精度高，平衡后转子的残余不平衡量小，在工作转速或工作转速范围内转子的挠曲和内应力小，轴承的振动和动反力小，启动时转子容易通过临界转速；

② 平衡时试车的次数少；

③ 校正质量的数目少，总重量小；

④ 所采用的测试装置简单易操作，对操作人员的技术水平没有过高的要求。

国际标准化组织（ISO）第 108 技术委员会第一分委会（TC108，SC1）专门负责制订有关平衡的国际标准，已建立了以下相关标准：

ISO 1925—1974《平衡——名词术语》；

ISO 1940—1973《刚性旋转体的平衡精度》；

ISO 2041—1975《振动与冲击——名词术语》；

ISO 2371—1974《现场平衡用仪器——功能与评定》；

ISO 2372—1974《工作转速为 100～200 转/分机器的机械振动——制订评定标准的基础》；

ISO 2373—1974《轴心高为 80～400 毫米的旋转电机的机械振动——振动烈度的测量和评定》；

ISO 2953—1975《平衡机——功能与评定》；

ISO 2954—1975《旋转和往复式机器的机械振动——测量振动烈度用仪器的要求》；

ISO 3080—1974《商船用主汽轮机机械平衡导则》；

ISO 3945—1977《工作转速 100～200 转/分大型旋转机器的机械振动——现场振动的测量和评定》；

ISO/DIS 5406《挠性转子的机械平衡》；

ISO/DP 5343《挠性转子平衡评定准则》；

ISO/DP 5345《有关旋转刚体的定义》。

第6章

旋转机械的振动测试与故障诊断

常见的大型旋转机械如汽轮机、燃气轮机、发电机、离心式压缩机、航空发动机等，都是各个行业的关键设备，在工业生产中起着至关重要的作用。旋转机械的核心部件是转子，转子通过支承在基础上高速旋转，构成了转子-支承-基础系统，因此旋转机械的振动有其特殊性，在进行振动测试和故障诊断时需要格外注意。

旋转机械大多数的振动或故障问题都与转子系统直接相关，例如各种原因引起的质量不平衡、转子受热弯曲和联结不对中、转子部件脱落、转轴和叶片裂纹、轴承油膜涡动与油膜振荡、转子与定子间的碰撞摩擦等，都会使旋转机械发生严重的振动问题，进而导致各种故障现象的出现。因此，振动是转子发生故障的最直接的外在表现，振动信号中蕴含了丰富的故障信息。深入研究旋转机械振动信号的测试与故障诊断技术，对高效地监测旋转机械的运行状态，及时发现可能存在的故障，实现旋转机械的预测维修体制，都具有重要的指导意义和应用价值。

本章将介绍机械振动的基本概念和类型、旋转机械振动测试系统的构成、振动测量传感器的原理和特性、振动测量的方式、常用的振动测量技术、振动标准、振动信号的图谱分析方法等，有针对性地阐述旋转机械常见故障特征和诊断方法。

6.1 概述

6.1.1 旋转机械的振动类型

机械振动简称振动，是指质点或振动系统在其平衡位置附近所作的往复运动。振动的强弱可以用振动量来衡量，振动量可以是振动系统的位移、速度或加速度。

振动量如果超过允许的范围，机械设备将产生较大的动载荷和噪声，从而影响其工作性能和使用寿命，严重时会导致零部件失效。

旋转机械的振动按产生的原因可分为三种类型：

① 自由振动　也称固有振动，是指振动系统在不受外界激励作用的情况下进行的振动。振动系统受到初始激励作用时开始做自由振动，在振动过程中不再受到激励作用。在外部阻尼可忽略的情况下，振动频率就等于系统的固有频率。例如，单圆盘转子在受到初始冲击作用时圆盘中心产生的涡动，就是一种自由振动。

② 受迫振动　也称强迫振动，一般指定常受迫振动，即振动系统在外部扰动力（定常激励，例如周期性激励或确定性瞬态激励）的作用下产生的振动，振动频率总是等于扰动力的频率，而与振动系统的固有频率无关，而且受迫振动本身并不会反过来影响外部扰动力。在振动系统作受迫振动时，如果外部激励作用的频率等于振动系统本身的固有频率，振动幅值会急剧增大，这就是振动系统的共振现象。旋转机械由于转子质量不平衡而引起的振动就属于受迫振动，其振动频率始终等于不平衡激振力的频率，即转速所对应的频率，也称转动频率。当转子的转动频率等于转轴的横向振动固有频率时，转子将发生剧烈振动，此时的转速就是转子的临界转速。

③ 自激振动　也称自励振动，是一种由系统本身产生的激励作用所维持的非线性振动。自激振动系统存在能源及反馈环节，维持自激振动的交变力是由振动本身产生的，即使没有外部激励时，系统也能够从自身的振动中吸取能量，从而形成一种周期性振动。旋转机械中常常存在自激振动，这是因为转子-支承系统中的反馈环节使转子从转动中获取能量，转变为某一特定频率下的横向振动，振动又通过反馈环节进一步从转动中取得能量，从而加剧振动，直到获得的能量等于阻尼消耗的能量，使振动稳定在某一值上。例如，转子系统中轴承出现的油膜半速涡动和油膜振荡、转子与定子之间的干摩擦引起的振动、转子内阻引起的不稳定振动等，都属于典型的自激振动。

除上述三种振动类型外，旋转机械中还常常存在非定常受迫振动。非定常受迫振动本质上仍属于受迫振动，也是由外部扰动力引起的，其振动频率也等于扰动力的频率。不同之处在于，非定常受迫振动反过来会影响扰动力的大小与相位，此时受迫振动的幅值和相位就会随时间而发生变化，因此称为非定常受迫振动。定常受迫振动通常是稳定的，即振动的振幅和相位基本保持不变；而非定常受迫振动的激励是非定常的，例如突发性冲击作用，因此振动是不稳定的。转子受热不均匀而发生弯曲变形时，相当于增加了质量不平衡，从而引起振动的幅值和相位都发生改变，而这种改变又会导致转子受热部位发生变化，进而使转子的弯曲状态发生变化，那么转子的振动也会跟着发生变化。这时，转子的振动幅值和相位都在连续不断地变化，这就是典型的非定常受迫振动现象。

6.1.2 旋转机械振动测试的作用

振动测试与故障诊断是实现旋转机械预防性维修体制的一个重要环节，能够起到的主要作用包括：

① 旋转机械的运行保护　通过监测旋转机械试车和运行时的振动，监视其工作状况，一旦振动超过允许范围能够及时报警甚至停机，从而保护机械设备和运行人员的安全。

② 开展转子动力学研究以指导设计工作　通过振动测试研究转子的动力学特性，分析并掌握转子的动特性参数，如转子的临界转速、模态振型，以及支承等零部件的动特性系数等，用以提高旋转机械的设计水平。

③ 开展旋转机械故障诊断　通过运行状态分析与故障诊断，判断旋转机械在运行中是否存在异常，找出引起振动故障的原因，分析故障部位、产生原因、故障程度及其发展趋势，以便进行故障处理或设备维修，消除或减小振动，降低振动对机械设备的影响和危害。

④ 提高生产效益　合理地运用状态监测与故障诊断技术，能够提高开工率，减少机械设备停机，降低产量损失，改善生产计划，延长设备的使用寿命，减少维护费用，保证机械设备及生产环境的安全。

6.1.3 旋转机械振动测试的内容

旋转机械的振动测试按其目的不同，主要开展以下方面的工作：

（1）旋转机械的运行监测

如电厂的汽轮发电机组、化工厂的离心式压缩机、核电站的反应堆冷却泵等关键设备，必须具备完整的在线监测与保护系统，通过传感器实时测量设备振动的幅值、频率、相位等参量的变化，及时掌握设备的工作状态，一旦出现振动超标要及时报警并启动自动保护装置，防止故障严重化，同时采集振动故障信号，自动生成可用于故障分析的各种可靠数据。

（2）旋转机械的故障分析、诊断与预测

现代大型旋转机械的零部件越来越多，结构越来越复杂，发生故障的原因很多，故障诊断与预测的难度较大，不仅要求有全面完整的振动数据采集系统，还要求对转子系统的振动理论有深入的了解，这样才能准确地判断出故障原因及发生部位。故障预测的目的是防止潜在的故障发展成破坏性故障，同时为实现预测维修提供依据。为此，必须积累机械设备正常运转时的各种历史数据，采用一定的数据分析方法，例如转速、振动幅值和相位分析、各种谱分析、相关分析、轴心轨迹和轴心位置分析以及趋势分析等，发现潜在故障的特征，并预测其发生和发展的时间节点。当前，随着人工智能技术的高速发展，采用机器学习算法分析旋转机械运行过程中产生的大数据，发现其内部隐含的规律，尤其是早期故障信息，已经成为旋转机械故障分析与预测的一个重要研究方向。

（3）转子-支承系统动力学特性的实验研究

转子-支承系统动力学特性实验始终是转子动力学的重要研究方法，为转子系统的设计提供了实验数据支持。主要内容有：转子临界转速和模态振型的实验测定、转子内阻的实验研究、支承及油膜刚度的实验分析和测定、转子平衡的实用技术研究、各种转子稳定性的实验分析等。

（4）转子现场平衡

通过测量转子的振动，掌握转子的平衡状态，进行转子现场平衡，以改善转子的不平衡，评估和提高转子的平衡品质，一直是转子平衡技术的研究目标。早期的转子平衡都是以轴承或机壳振动为依据的，实际上转子振动是转子自身的不平衡响应，因此转轴振动要比轴承或机壳上的振动更直接地反映转子的平衡状态。结合转轴的振动测量开展转子的平衡，以提高平衡精度，减少试车和加重次数也是振动测试研究要着力解决的重要问题。

6.2 旋转机械的振动测试

6.2.1 旋转机械振动测试系统的结构

早期的振动测试系统多采用模拟检测仪器，随着计算机与集成电路技术的不断发展，振动测试技术也进入了数字化时代，图 6-1 所示的就是一套比较完整的数字化振动测试系统。

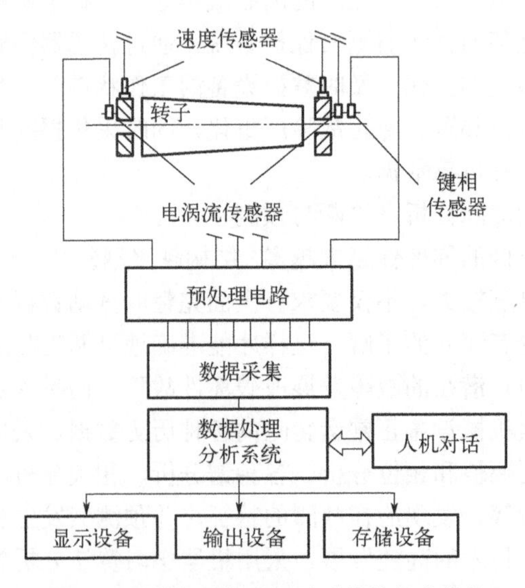

图 6-1　旋转机械振动测试系统的组成结构

旋转机械振动测试系统由被测对象、传感器、预处理电路、数据采集装置、信号分析与处理装置、数据显示与存储装置等组成，也可以将振动测试系统分为两大部分：一是数据测量系统，二是数据处理系统。

数据测量系统的核心部件是传感器。传感器是将机械振动量转换为电量的转换装置，其输出必须准确、真实地反映被测对象的振动。在旋转机械测试系统中，常采用三种类型的测振传感器，分别是：电涡流式位移传感器、磁电式速度传感器和压电式加速度传感器。其中电涡流式位移传感器能够实现非接触测量，可用于测量转轴的振动，而磁电式速度传感器和压电式加速度传感器必须与被测对象接触，可用来测量轴承座或机壳的振动。除此之外，进行振动测试时还需要获取转子的转速和振动相位，可采用键相传感器来实现。传感器所输出的信号需要经预处理电路进行隔直、放大、滤波等，才能够进行后续的数据分析和处理。

数据处理系统的作用是将传感器输出的振动信号进行适当的变换和处理，获取振动的幅值、频率、相位等信息，用来分析转子的运行状态和进行故障诊断。数据采集装置的作用是将传感器输出的模拟信号转换为数字信号，交给后续的数字信号处理系统进行进一步的分析和处理。数字化的数据处理分析系统对接收到的数字信号进行信息处理和分析，最后通过人机交互将处理结果显示、存储和输出。

6.2.2 传感器的选用

振动传感器也称拾振器，本质上是一个机-电信号变换装置，能够感受被测点处的振动，利用一定的物理原理将振动量（即振动的位移、速度或加速度）转换为正比于振动大小的电信号并输出。根据被测量及测量原理，常用的振动传感器有电涡流式位移传感器、磁电式速度传感器和压电式加速度传感器，下面分别进行阐述。

（1）电涡流式位移传感器

电涡流式位移传感器的测量原理是电涡流效应。当高频激励电压施加到一个电感线圈时，将在电感线圈中产生高频磁场。如果被测导体置于该高频磁场范围内，就会在被测导体上产生漩涡状的闭合感应电流，称为电涡流。如图 6-2 所示，线圈通入交变激励电流 I_1，在线圈上产生交变磁场 H_1，靠近磁场 H_1 的导体就会产生电涡流 I_2，电涡流 I_2 产生一个反向磁场 H_2，从而引起线圈的等效阻抗、等效电感、品质因数等参量变化，其中线圈的等效阻抗是导体的电阻率、磁导率、激励电流频率和被测距离等参量的函数。使用电涡流传感器测量位移时，将传感器线

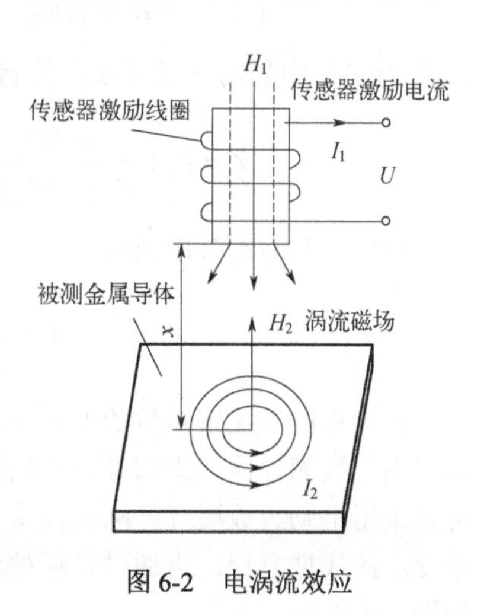

图 6-2　电涡流效应

圈固定不动并保持其他参量不变，当被测导体与线圈间的距离发生变化时，线圈的等效阻抗随之发生改变，通过检测电路即可将被测距离转换为电压或电流输出，从而实现被测导体的位移测量。

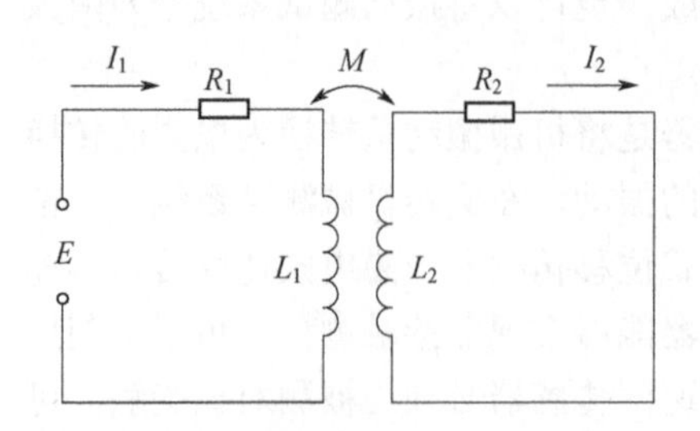

图 6-3　电涡流传感器的等效电路

图 6-3 是电涡流传感器的等效电路，传感器线圈和被测导体可等效为电阻与电感串联后再进行互感的电路，各自的电压方程为

$$\begin{cases} I_1(R_1 + \mathrm{j}\omega L_1) - \mathrm{j}\omega I_2 M = E \\ -\mathrm{j}\omega I_1 M + I_2(R_2 + \mathrm{j}\omega L_2) = 0 \end{cases} \tag{6-1}$$

式中　R_1 ——传感器线圈的等效电阻；

R_2 ——被测导体的等效电阻；

L_1 ——传感器线圈的等效电感；

L_2 ——被测导体的等效电感；

M ——传感器线圈与被测导体间的互感；

E ——传感器线圈的激励电压；

ω ——激励电压的圆频率。

求解式（6-1）可以得到

$$\begin{cases} I_1 = \dfrac{E}{R_1 + \dfrac{\omega^2 M^2}{R_2^2 + (\omega L_2)^2} R_2 + \mathrm{j}\left[\omega L_1 - \dfrac{\omega^2 M^2}{R_2^2 + (\omega L_2)^2} \omega L_2\right]} \\ I_2 = \mathrm{j}\omega \dfrac{I_1 M}{R_2 + \mathrm{j}\omega L_2} = \dfrac{M\omega^2 L_2 I_1 + \mathrm{j}\omega M R_2 I_1}{R_2 + \mathrm{j}\omega L_2} \end{cases} \tag{6-2}$$

由式（6-2）中的第一式可知，传感器线圈的等效阻抗为

$$Z = R_1 + \frac{\omega^2 M^2}{R_2^2 + (\omega L_2)^2} R_2 + \mathrm{j}\omega\left[L_1 - \frac{\omega^2 M^2}{R_2^2 + (\omega L_2)^2} L_2\right] \tag{6-3}$$

则传感器线圈的等效电感为

$$L = L_1 - \frac{\omega^2 M^2}{R_2^2 + \omega^2 L_2^2} L_2 \tag{6-4}$$

由麦克斯韦互感系数的基本公式可知，当其他参数不变时，互感系数 M 是传感器线圈与被测导体间距离 d 的非线性函数，但是在某一微小位移范围内，式（6-4）可以采用泰勒级数展开并略去高阶导数项的方法，近似地处理为关于微小位移变化量 Δd 的线性方程，再通过谐振检波电路将其转化为成比例的电压输出，测量原理如图 6-4 所示。

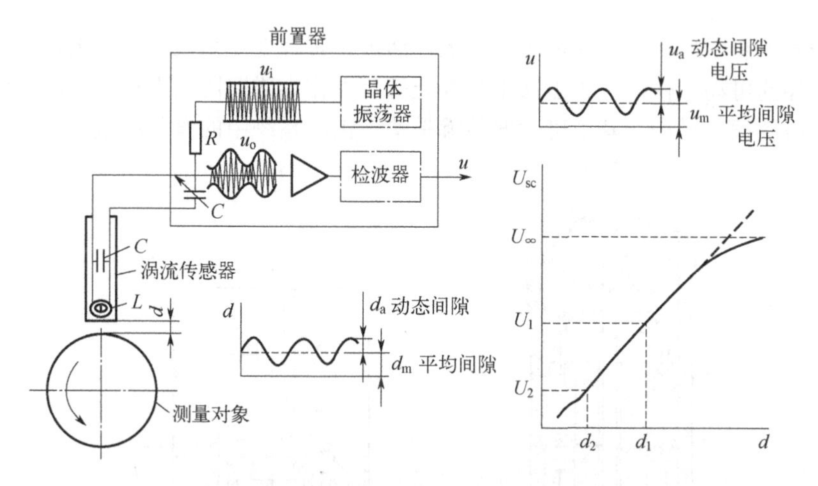

图 6-4　电涡流传感器的测量原理

电涡流传感器有两个主要特点：一是可实现非接触测量，二是具有零频率响应，即可以测量静态量。采用电涡流传感器可以直接测量轴颈的振动位移，一般是在轴瓦端部安装固定支架，并在轴瓦上开孔，将传感器探头伸入孔中靠近轴颈表面。此时，传感器测量到的是轴颈相对于轴瓦的径向振动（因为传感器固定在轴瓦上）。安装时要注意安装间隙的选择，要保证安装间隙与振动间隙之和始终在线性范围段（d_2～d_1）之内，否则会带来测量误差和输出波形失真。另外，传感器端部附近除了被测导体外不得有其他导体靠近，否则线圈的一部分磁场将从其他导体穿过，引起被测导体上的电涡流效应减弱而带来测量误差。如果被测轴颈存在圆度误差、表面划痕等缺陷，当转轴转动时，即使转轴没有振动，电涡流传感器也会产生输出，这称为振摆信号，会影响振动位移的测量，可以在后续测量电路中进行消除或补偿。

使用电涡流传感器时，除了要注意上述安装问题外，还需要考虑被测对象的材质。不同材质对高频电磁场的电涡流效应不同，因此同一电涡流传感器测量不同材质的被测对象时，输出的灵敏度也不相同。一般来说，被测对象材质的电导率越高，传感器的灵敏度越大。如果被测对象的材质远远偏离了传感器厂家的规定，那么就需要用原材质进行静态校准，以求得实际的校准曲线，然后重新标定传感器的灵敏度。

另外，电涡流传感器的特性会受温度的影响，温度影响系数也是不可忽略的。旋转机械常常工作在高速转动的工况下，其转子的工作温度要比常温高出很多，而且在不断变化。因此，选用电涡流传感器时要求其温度影响系数尽可能小，同时给出温度影响的修正曲线，对间隙电压（即间隙每变化 1mm 对应的电压变化量）及间隙电压灵敏度进行修正。

（2）磁电式速度传感器

磁电式传感器是利用磁感应原理将被测量变换为感应电动势的一种惯性式传感器，可以用来测量被测对象的绝对速度。磁电式速度传感器的结构原理如图 6-5 所示，线圈 6 和阻尼杯 4 安装在芯轴 5 上，通过弹簧片 3 支承在外壳 2 上，构成可沿芯轴平移的可动部件，永久磁铁 1 与外壳等部件作为磁路固定不动，从而构成了一个单自由度振动系统，其中可动部件就是单自由度系统中的集总质量。

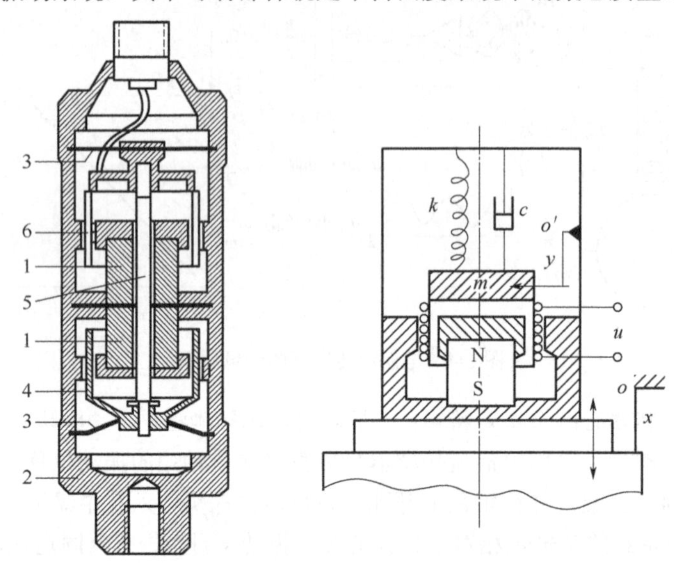

图 6-5 磁电式速度传感器的构造

将磁电式速度传感器的外壳安装在被测对象上，感受被测对象的绝对振动 $\boldsymbol{v}_x$，通过惯性作用将 $\boldsymbol{v}_x$ 转换为可动部件相对于外壳的相对速度 $\boldsymbol{v}_y$，动圈就会在永久磁场中切割磁力线，从而产生正比于 $\boldsymbol{v}_y$ 的感应电动势 U 并输出，有

$$U = BNlV_y \tag{6-5}$$

式中，B 是传感器磁隙中的磁感应强度；N 为线圈的匝数；l 为动圈导线的有效长度；V_y 是相对速度 $\boldsymbol{v}_y$ 的大小。

显然，磁电式速度传感器就是一个以基础运动速度（即被测对象的绝对速度 $\boldsymbol{v}_x$）为输入量，以动圈与基础的相对速度 $\boldsymbol{v}_y$ 为输出量的二阶系统，由振动理论可以得到

$$V_y = A(\omega)\mathrm{e}^{\mathrm{j}\varphi(\omega)}V_x \tag{6-6}$$

式中，V_x 是绝对速度 $\boldsymbol{v}_x$ 的大小；$A(f)$ 是传感器频率响应函数的幅频特性；$\varphi(f)$ 是传感器频率响应函数的相频特性，有

$$\begin{cases} A(\omega) = \dfrac{\eta^2}{\sqrt{\left(1-\eta^2\right)^2 + 4\zeta^2\eta^2}} \\ \varphi(\omega) = \arctan\dfrac{2\zeta\eta}{1-\eta^2} \end{cases} \tag{6-7}$$

式中，$\eta=\omega/\omega_n$为被测对象的振动圆频率 ω 与传感器固有频率 ω_n 的比例，称为频率比；ζ是传感器的阻尼比。将式（6-7）代入式（6-5）中，有

$$U = BNlA(\omega)e^{j\varphi(\omega)}V_y \tag{6-8}$$

由式（6-8）可知，磁电式速度传感器的灵敏度为 $BlA(\omega)$，是输入信号频率 ω 的函数。图 6-6 是阻尼比为 0.6 时传感器的频响特性曲线，从幅频特性可以看出，当输入信号的频率远远大于 10～20Hz 时，$A(\omega)$基本为常数，此时输入（即被测对象的绝对速度）与输出（即感应电动势）就能够近似成正比例关系。

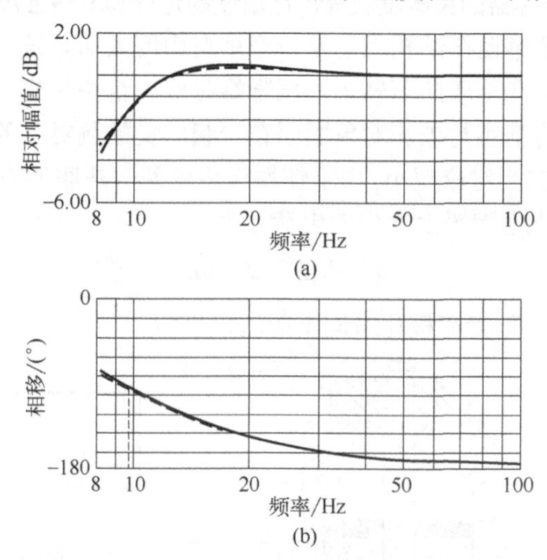

图 6-6 磁电式速度传感器的频响特性

常用的磁电式速度传感器的工作频率范围为 10～1000Hz，典型灵敏度为 20mV/(mm/s)，特点是输出信号强，有良好的抗干扰能力，主要用于测量不转动部件的振动速度，不适合测量瞬态和变速过程的振动。另外，磁电式传感器一般较重，也不宜用于测量小对象的振动。

（3）压电式加速度传感器

压电式加速度传感器是以某些晶体材料（如石英、钛酸钡、锆钛酸铅等，称为压电材料）特有的压电效应为工作原理制成的能够测量振动加速度的传感器。当压电材料受到外力作用时，不仅几何尺寸发生变化，同时内部出现极化，材料表面有电荷出现形成电场；当外力消失时，材料又重新恢复到原来不带电的状态，这种现象称为正压电效应。相反，如果将压电材料置于电场中，其几何尺寸会发生变化，这种由于外电场作用而导致材料发生机械变形的现象，称为逆压电效应，也称为电致伸缩效应。正压电效应和逆压电效应合称压电效应，利用正压电效应可制成测量力、加速度、机械冲击、振动等物理参量的传感器。

压电陶瓷是人工制造的多晶体压电材料，晶体中杂乱分布有许多自发极化的电畴，

各自的极化效应相互抵消，因此原始的压电陶瓷不具有压电性质。在一定温度下，以强电场使电畴规则排列，就产生了很强的剩余极化，在材料表面出现束缚电荷，吸附外界的自由电荷，成为压电材料。在压电陶瓷片上加一个极化方向的压缩作用力，陶瓷片将产生压缩形变，压电片内的正、负束缚电荷之间的距离变小，极化强度也变小，释放部分吸附在电极上的自由电荷，从而出现放电现象。常见的压电陶瓷材料主要有钛酸钡（$BaTiO_3$）、锆钛酸铅（PZT）、硫化镉（CdS）、氧化锌（ZnO）、聚二氟乙烯（PVF2）及复合材料（PVF2-PZT）等。压电陶瓷的压电系数比石英晶体大得多，所以采用压电陶瓷制作的压电式传感器的灵敏度较高，但温度稳定性和机械强度不如石英晶体。

压电式加速度传感器在结构上也是一个单自由度振动系统，如图 6-7 所示。压电陶瓷与质量块套装在基座的芯轴上，压紧螺母对质量块预先加载，使之压紧在压电陶瓷上。测量时将基座与被测对象紧固在一起感受被测对象的绝对加速度。质量块的质量 m 相对于被测对象较小，由于惯性作用受到与基座加速度 a_0 成正比的惯性力 $F=ma_0$ 作用，在压电陶瓷上产生的电荷 q 为

$$q = d_{33}F = d_{33}ma_0 \tag{6-9}$$

式中，d_{33} 是压力陶瓷在极化方向上的压电系数。

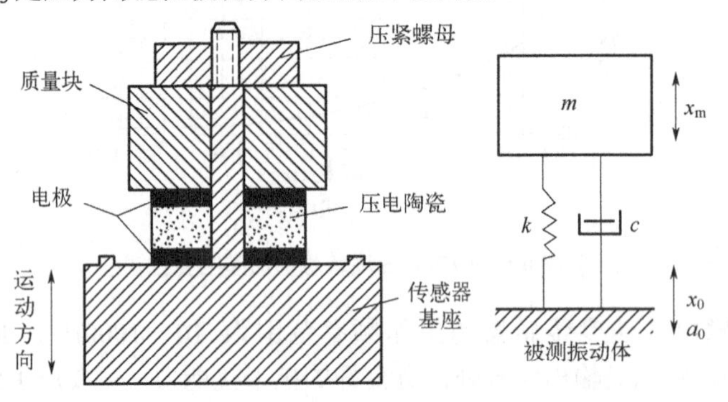

图 6-7　压电式加速度传感器的构造

由式（6-9）可知，传感器输出的电荷量与绝对加速度的大小成正比。压电式加速度传感器测量绝对加速度时，质量块与基座间的相对位移为 $x_i=x_m-x_0$，其中 x_m 是质量块的绝对位移，x_0 是基础的绝对位移。对质量块 m 进行受力分析，由牛顿第二定律有

$$m\frac{d^2x_m}{dt^2} = -c\frac{dx_i}{dt} - kx_i \tag{6-10}$$

式中，k 是压电元件的刚度；c 是系统的黏性阻尼系数。

将 $x_m=x_i+x_0$ 代入式（6-10），可以得到质量块相对位移 x_i 的运动微分方程为

$$\frac{d^2x_i}{dt^2} + \frac{c}{m}\times\frac{dx_i}{dt} + \frac{k}{m}x_i = -\frac{d^2x_0}{dt^2} = -a_0 \tag{6-11}$$

式（6-11）表明，压电式加速度传感器是一个以基础的绝对加速度为输入量，以质量块与基础的相对位移为输出量的二阶系统，故传感器的频率响应函数为

$$H(\omega)=\frac{-1/\omega_{\mathrm{n}}^{2}}{1-(\omega/\omega_{\mathrm{n}})^{2}+\mathrm{j}2\zeta(\omega/\omega_{\mathrm{n}})} \tag{6-12}$$

式中，ω_{n}为压电式传感器的固有频率；ζ为压电式传感器的阻尼比。

由于压电元件受力为$F=kx_{\mathrm{i}}$，则产生电荷量大小为

$$q=d_{33}F=d_{33}kx_{\mathrm{i}} \tag{6-13}$$

又有

$$x_{\mathrm{i}}=a_{0}H(\omega) \tag{6-14}$$

综合式（6-12）～式（6-14）可得压电式加速度传感器的灵敏度为

$$S_{\mathrm{a}}=\frac{q}{a_{0}}=\frac{d_{33}k/\omega_{\mathrm{n}}^{2}}{\sqrt{1-(\omega/\omega_{\mathrm{n}})^{2}+\mathrm{j}2\zeta(\omega/\omega_{\mathrm{n}})}} \tag{6-15}$$

由图 6-8 所示的压电式加速度传感器相对灵敏度曲线可以看出，当传感器的阻尼比较大且被测对象的振动频率远小于传感器的固有频率时，传感器的相对灵敏度基本等于常数，而与输入频率无关，即

$$\frac{q}{a_{0}}\approx\frac{d_{33}k}{\omega_{\mathrm{n}}^{2}} \tag{6-16}$$

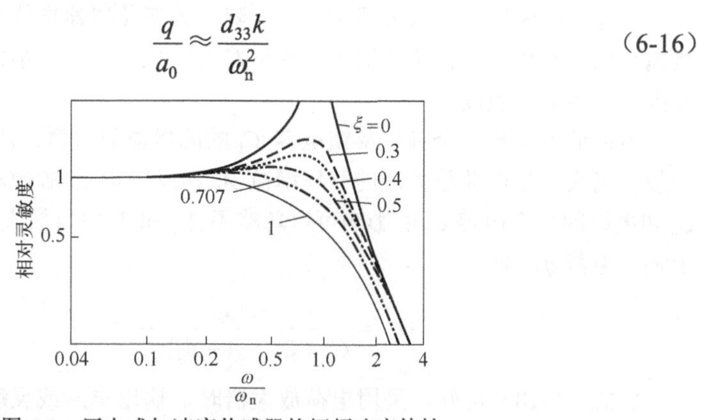

图 6-8　压电式加速度传感器的幅频响应特性

由于压电式传感器的固有频率 ω_{n} 非常高，因此其工作频率很宽，一般在几赫兹到几千赫兹。由于压电式传感器本身的输出信号非常微弱，需要使用放大器对输出信号进行放大，如图 6-9 所示。因此，传感器的低频响应特性与所采用的放大电路有关，测量下限频率取决于放大电路的相关参数。

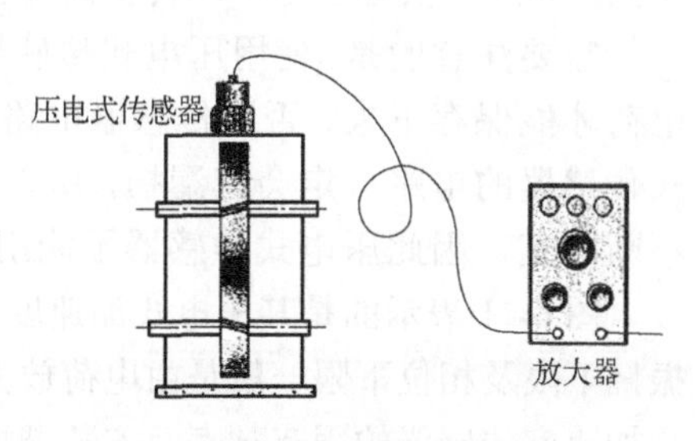

图 6-9　压电式传感器及其放大器

压电式传感器的放大电路有两种类型：

一是电压放大器，其等效电路如图 6-10（a）所示；二是电荷放大器，其等效电路如图 6-10（b）所示。

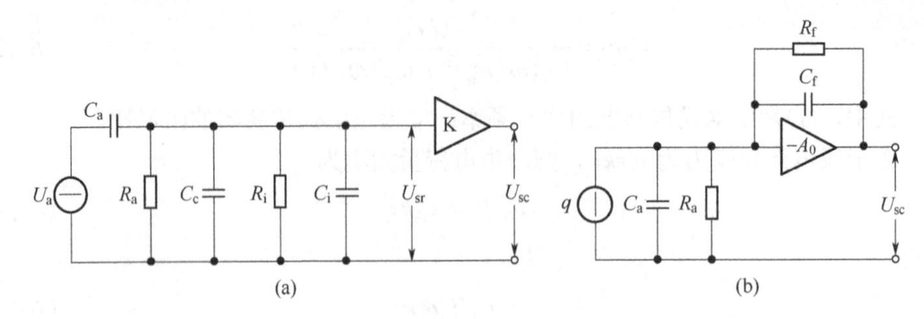

图 6-10　压电式传感器的放大电路

当压电元件上作用力的频率较大时，前置放大器的输入电压可视为与作用力的频率无关。电压放大器的灵敏度 S_u 与总电容 C（包括传感器电容 C_a、电缆的分布电容 C_c 和前置放大器的输入电容 C_i）成反比，有

$$S_u \approx \frac{d_{33}}{C_a + C_c + C_i} \tag{6-17}$$

因此，在使用电压放大器时，不能随意改变传感器电缆的长度，否则会改变连接电缆的分布电容而使传感器的灵敏度发生变化。一旦电缆发生变化，就必须重新校准传感器的灵敏度。

电荷放大器是一个具有反馈电容 C_f 的高增益放大器，压电元件的绝缘电阻 R_a 一般相当大，当电荷放大器的开环增益 A_0 和反馈电阻 R_f 也相当大时，传感器电容 C_a 和电缆的分布电容 C_c 的影响可以忽略不计，此时电荷放大器的输出电压 U_{sc} 正比于输入电荷 q，即

$$U_{sc} = \frac{-A_0 q}{C_a + C_C + (1 + A_0)C_f} \approx -\frac{q}{C_f} \tag{6-18}$$

由式（6-18）可知，采用电荷放大器时，输出电压或灵敏度与电缆的分布电容无关，因此在实际使用中不会受到传感器电缆长度的影响。

需要注意的是，使用压电式传感器时，只有当电荷无漏损且外负载无穷大时，电荷才能保存下来，否则传感器电路将以时间常数按指数规律放电。实际上压电式传感器的电路一定会有漏损，所以只有外力以较高频率不断地作用，电荷才能不断补充，因此压电式传感器不能用于静态测量。

图 6-11 表示的是某压电式加速度传感器及电荷放大器的频率响应特性。图中的振幅下限及相位下限一般是由电荷放大器决定的；相位上限和振幅上限则是由压电式加速度传感器的固有频率及安装谐振频率决定的；阴影区域是传感器无失真的工作频带，一般压电式加速度传感器的工作频率范围可以设计在 0.2Hz～20kHz 之间。

进行振动测试时，要尽可能地保证压电式加速度传感器的安装刚度以提高谐振频率，避免被测振动信号超过传感器的上限频率而造成严重失真。

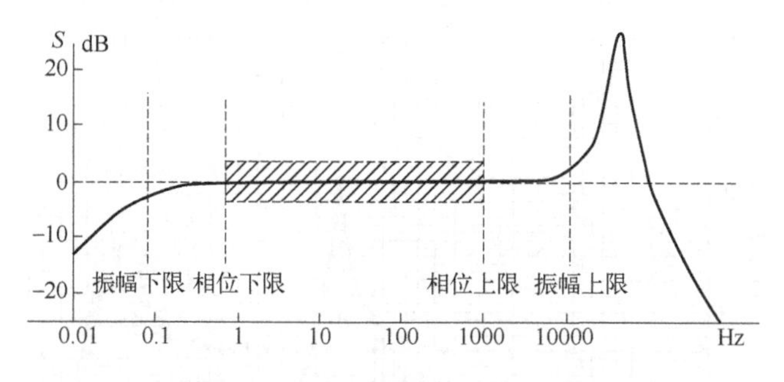

图 6-11 加速度测量系统的工作频带

压电式加速度传感器常用的安装方式有三种：第一种是在测点上加工一个盲螺钉孔，拧入一个双头螺栓，螺栓另一端拧入到传感器上的螺纹孔中，如图 6-12（a）所示，这种安装方式能够带来更高的安装刚度，拓展测量的频率上限，但是会对被测对象造成损伤，如果被测对象表面不允许打孔则无法采用；第二种是将传感器先固定在磁性吸座上，再将磁性吸座吸附在被测对象表面，如图 6-12（b）所示，这种安装方式比较简便、灵活，在测量时可以很方便地移动传感器来改变测点位置；第三种则是由测量人员直接手持一个装有传感器的探针接触被测对象表面，如图 6-12（c）所示。后两种方式的安装刚度较差，尤其是手持式，适用于测量精度要求不是很高的场合。图 6-13 表示了不同安装方式对测量频率上限的影响。

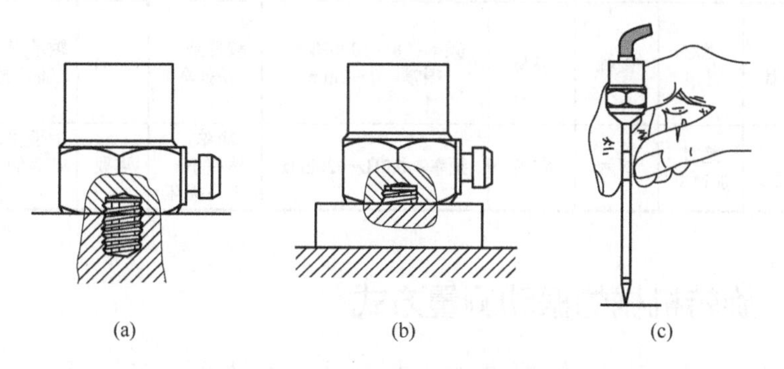

图 6-12 压电式传感器的安装方式

压电式加速度传感器体积小、重量轻，对被测对象的影响小，工作频带很宽，测量范围大，结构简单，工作可靠，应用场合广泛，适用于轻型高速旋转机械的轴承座及壳体的振动加速度测量。通常来说，振动的频率越高，其位移的幅值就越小，而振动加速度的幅值是位移幅值与频率平方的乘积，因此具有一定的量级。此时，若采用位移或速度传感器，输出信号往往过于微弱，而采用加速度传感器就比较合适。不过，压电式加速度传感器属于高内阻抗传感器，极易受到电场和磁场的干扰，因此在现场测量时，必须特别重视传感器的屏蔽、布线和接地等。

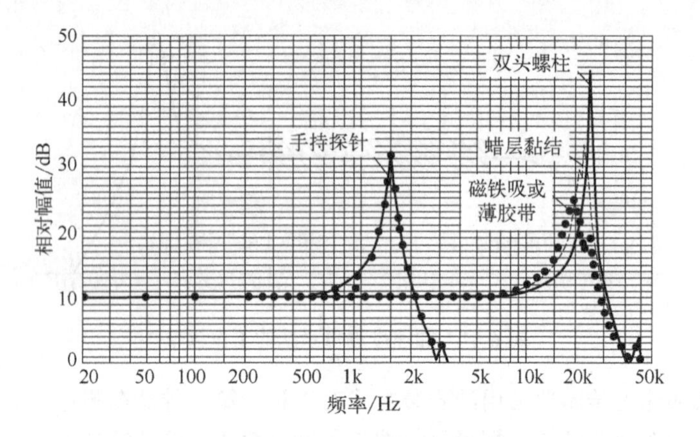

图 6-13　不同安装方式下压电式传感器的频率上限

表 6-1 列出了上述三种振动传感器的特性，供选用时对比。

表 6-1　常用振动传感器的特性

传感器名称	测量参数	测量方式	安装难度	典型测量范围	结构	外接电源	典型应用场合
电涡流式位移传感器	相对位移	非接触	较困难	频率：0～10kHz；振幅：2mm，最大 25mm	最简单，怕碰摩	需要	转轴振动、转速、油膜厚度、裂纹位置
电磁式速度传感器	绝对速度	接触	容易	频率：8～1000Hz；振幅：0～2mm	较复杂，易损坏	无需	轴承座、外壳、基础等的稳态振动
压电式加速度传感器	绝对加速度	接触	容易	频率：0.2Hz～20kHz	简单，体积小，不易损坏	需要	轴承座、外壳、基础等的稳态和瞬态振动

6.2.3　旋转机械的振动测量方式

转子振动是旋转机械的主要振源，能够经转轴和轴承传递到轴承座、外壳、基础甚至周围环境。旋转机械的转子和转轴是高速转动的，接触式测量的传感器是无法安装在转动部件上的，而轴承座一般距离振源较近，因此是振动测点的最佳选择。另外，即使采用非接触式测量的传感器，旋转机械也未必有合适的安装位置，常常只能安装在轴颈部位。

根据振动测量的相关标准和实践经验，对旋转机械振动测点位置的选择有如下规定：采用接触式测量方式测量非转动部件时，测点一般布置在轴承座上，沿 X（水平）、Y（铅垂）和 Z（轴向）三个方向测量，也可以根据实际需求采用单向（X 或 Y）或双向（X 和 Y）测量，所测的振动称为瓦振，如图 6-14 所示。测量的振动量一般是振动速度或烈度（单位为 mm/s）或加速度（单位为 mm/s^2）。振动烈度是振动速度的均方根值，由于振动速度的平方与系统的动能成正比，因此振动烈度能够较好地反映系统振动能量的大小，可以用来评价振动的强弱，目前采用的场合较多。

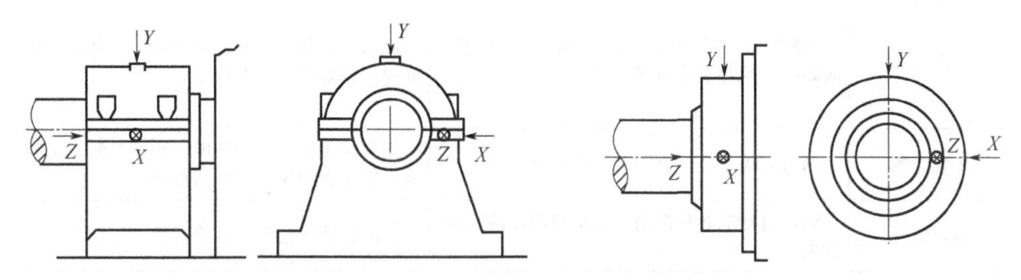

图 6-14　瓦振测点上传感器的布置

如果采用非接触测量方式，可将传感器探头对准轴颈，并保持一定的安装间隙，所测的振动称为轴振。为了能够获得转轴的轴心轨迹图，需要在一个测点处布置两个方向成 90° 的传感器，分别测量轴颈在水平方向和铅垂方向，或者是铅垂线左右各 45° 方向上的振动位移，然后将两个方向的位移分别作为 x、y 轴的坐标值，即可绘制出转子的轴心轨迹，如图 6-15 所示。测量的振动量是振动位移（单位为 μm），可以采用振动位移的峰值（也称单峰值）或峰峰值（也称双峰值）。

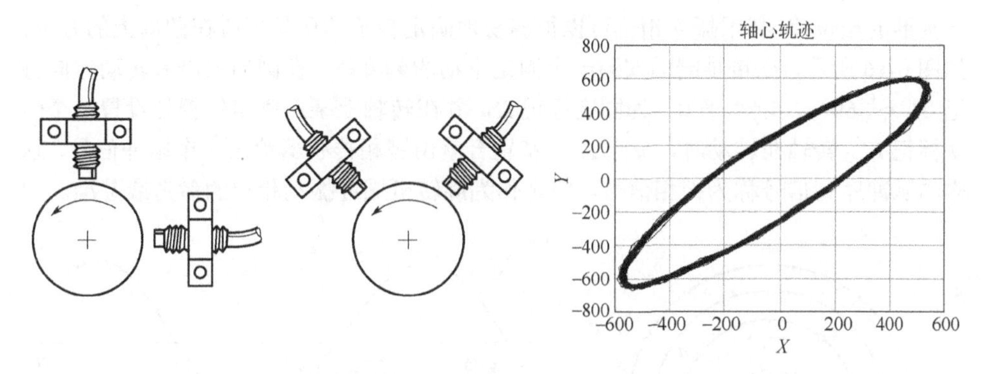

图 6-15　轴振测点上传感器的布置与轴心轨迹的测量

如果振源是转子或转轴，那么轴振值要大于瓦振值，这是因为振动能量从振源出来后传导到轴承座上，在传导过程中必然存在能量的损失。但这并不是说测量轴振就一定比测量瓦振要好，在对旋转机械进行振动测量时，应根据实际情况来选择，表 6-2 为这两种测量方式的对比。要注意的是，选择不同的振动测量方式，进行振动评定时的标准也不一样，必须正确选择评定标准，否则将引起严重的振动判定错误。

表 6-2　瓦振和轴振测量方式的对比

项目	轴承座振动（瓦振）	转轴振动（轴振）
测量设备	传感器易拆装，振动测量简单，测量设备价格低	传感器拆装受限，测量振动较困难，测试设备价格较高
性能特点	对振动变化不灵敏，易受到轴承、基础等的影响，测量设备可靠性好	对振动变化较灵敏，测量结果能直接反映故障，传感器可靠性较低
环境影响	测量结果不易受到周围环境影响	测量结果易受周围环境（如温湿度、润滑油、转轴表面质量等）的影响
应用场合	测量机械的各种振动、流动检测点的振动测量	监测振动，用于故障诊断等
评定标准	GB/T 6075，振动烈度，单位 mm/s	GB/T 11348，振动位移的峰峰值，单位 μm

6.2.4　旋转机械常用的振动测试技术

（1）振动相位的检测

不同于两个简谐信号相位差的定义，旋转机械的振动相位是针对振动信号中的转频分量定义的，通常用 f_r 表示。转频也称基频或工频，是指工作转速 n 所对应的频率，有 $f_r=n/60$，单位为 Hz。旋转机械的振动相位是指基频分量相对于转轴上某一基准的相位差，利用振动相位可以很容易地确定转子的质量偏心在圆周上的方位。如图 6-16 所示，在转轴端面安装一个固定不动的刻度盘，在圆周上沿着转动方向标记 0°～360°，以水平 0°为固定标记 K，并在转轴上某一确定位置处设置一个转动标记 K'。转轴在转动时，每当 K' 与 K 重合就由键相传感器给出一个脉冲信号，这样的脉冲序列信号称为键相信号，将之作为旋转机械各振动相位的参考或基准。

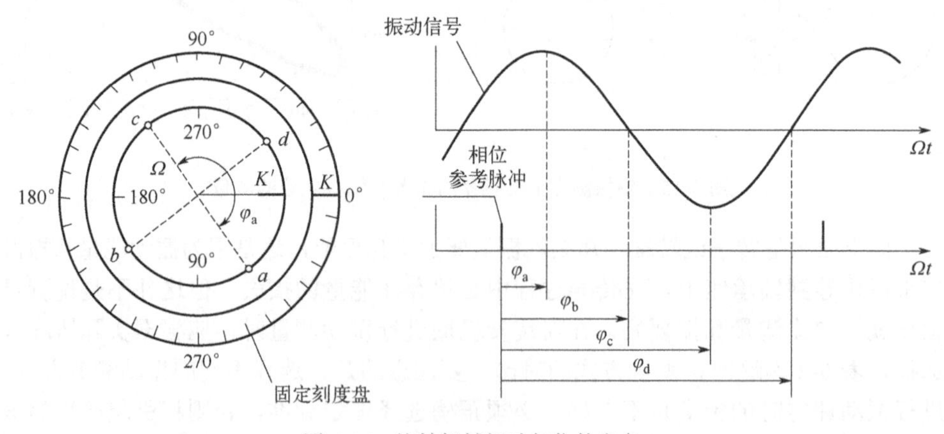

图 6-16　旋转机械振动相位的定义

由于检测相位的仪器或表示习惯不同，相位的定义通常有 4 种：φ_a——正峰相位；φ_b——负斜率过零相位；φ_c——负峰相位；φ_d——正斜率过零相位。但无论采用哪种相位定义，相位 φ 都是指落后参考脉冲的角度。例如，图 6-16 中 a 点转动至固定标记 K 位置时，振动波形正好处于正峰点；当 b 点转至固定标记 K 位置时，振动波形刚好处在负斜率过零点，其他同理。

在测量转轴径向振动时，有时还采用“高点”这一概念，是指转轴上某一点 H 转至振动传感器测点位置时，振动波形恰好处于正峰点。如图 6-17 所示，振动高点 H 转至传感器的测量位置 V 点时，振动波形刚好处于正峰点。由于 a 点落后于 K 点的角度 φ 等于 H 点落后于 V 点的角度，因此可以得知，当 a 点转动至 K 点时，振动正处于正峰点。如果采用正峰相位定义，此时振动的相位即为 φ。

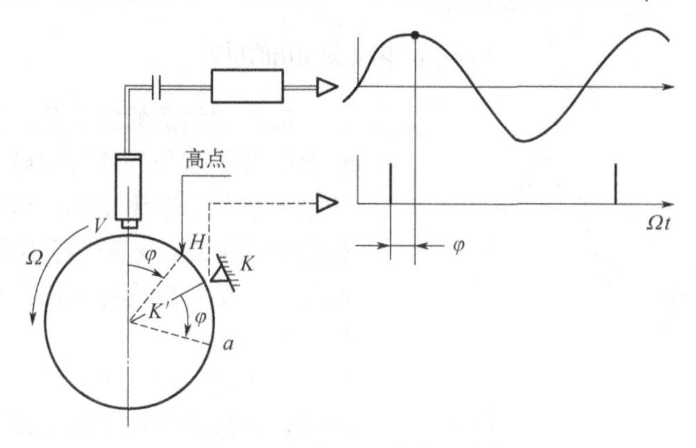

图 6-17 振动高点对应的相位

键相信号可采用电涡流传感器或光电传感器作为键相传感器来获得。键相传感器需放置在 0° 固定标记 K 处，若采用电涡流传感器，可以在转轴的转动标记 K'处铣出一条几毫米深的键槽(“键相”由此得名)，或在轴上沿轴向粘上一条 0.5～1.0mm 厚的金属窄带；采用光电传感器时，可以在转轴表面的 K'处沿轴向粘上一个反射窄带，其余部分为黑区，相反亦可。转轴在转动过程中，每当转动标记 K'转至键相传感器处时，就可以输出一个脉冲信号。需要注意的是，由于基准标记有一定的宽度，键相传感器输出的脉冲也具有一定的宽度，且脉冲上升时间也不是无限短，此时需要将脉冲信号整形为持续时间极短的尖脉冲，并选择脉冲的上升沿或下降沿作为触发参考。依据不同的触发参考所测得的相位有一定的差别，当脉冲宽度相比于转动周期甚小时，此差别可忽略不计。

旋转机械振动相位测量时还常常采用闪光测相法，测量装置简单易行，在转子现场动平衡的相位测定中沿用已久。如图 6-18 所示，通过测量电路输出的转轴振动信号经闪光触发电路变换成与转动频率相同的尖脉冲信号。这一尖脉冲信号在时间轴上正好位于振动信号的正斜率过零点或负斜率过零点（取决于闪光触发电路），当这一脉冲信号送至闪光灯时，闪光灯就会产生瞬时的闪光，这样就可以在轴端的固定刻度盘上观察到一个几乎不动的光标 K'，配合刻度盘上的刻度即可得到振动相位角，即正斜率过零相位或负斜率过零相位。

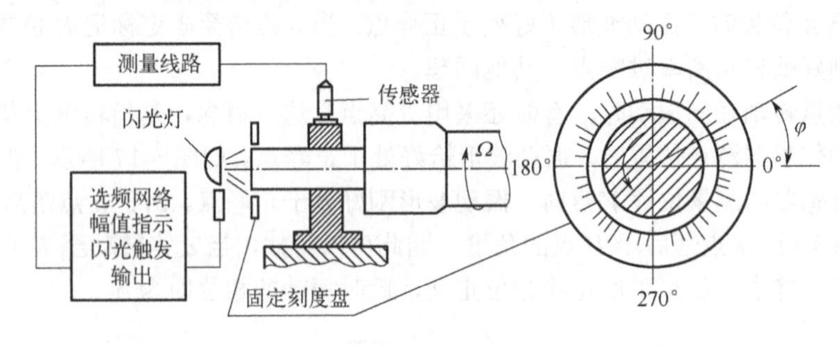

图 6-18　闪光测相法的原理

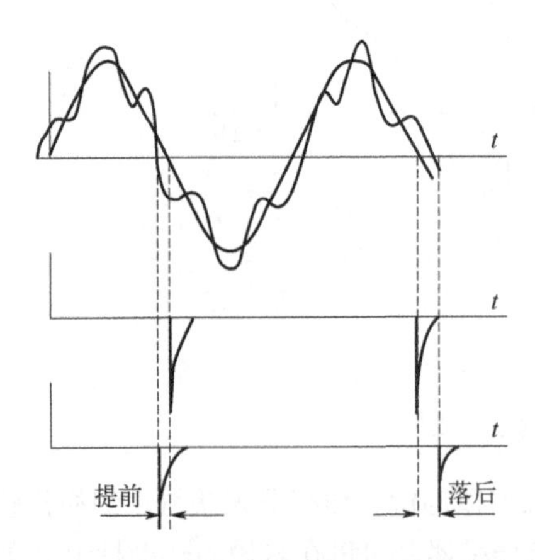

图 6-19　非基频成分对相位测量的影响

闪光测相法的缺点是，当振动信号中包含除基频信号外的其他频率成分，信号的过零点就会发生变化，这时测得的相位就会出现偏差，或者光标不是固定不动的，而是在一定角度内晃动的，使相位读数产生困难，如图 6-19 所示。为解决这一问题，可以在闪光触发电路中加入一个 RC 选频网络，该选频网络实质上是具有一定带宽的带通滤波器，其中心频率可手动调节。当输入信号的频率等于或接近选频网络的中心频率时，信号不会被衰减，否则会快速衰减，保留振动信号的基频成分，从而达到滤波的目的。不过，如果调节选频网络的中心频率与基频不完全一致，输出信号的相位将会发生变化，还是会带来相位测量误差，在实际测量时应加以重视。

（2）转速的检测

转速是旋转机械运行的重要参数，在正常工作状态下，转速应该保持在一个较为稳定的数值上，如果转速发生了较大的波动，说明旋转机械的零部件或负荷存在异常。通过对旋转机械转速瞬时值的测量，可以定量了解旋转机械的工作状态和负载变化情况，同时也为保障设备正常运转、分析旋转机械瞬态性能、开展状态分析和故障诊断提供理论依据。

转速测量的原理比较简单，通常是在转轴上开一个或数个键槽，或者安装一个与转轴同步转速的齿轮，称为测速齿轮，键槽数或齿数为 z，如图 6-20 所示。将电涡流传感器安装在支架上，调整电涡流传感器与转轴或齿轮齿顶之间的间隙为1mm左右。由电涡流效应的原理可知，当转轴旋转带动键槽或齿轮转动时，由于间隙的变化，电涡流传感器的内部线圈就会产生一个脉冲信号。转轴每转动一圈时就会产生 z 个脉冲电压信号，该脉冲序列的电压信号经过放大、整形，可由频率计指示出脉冲的频率值 f，则转轴的转速 n（单位为r/min）为

$$n = \frac{60f}{z} \tag{6-19}$$

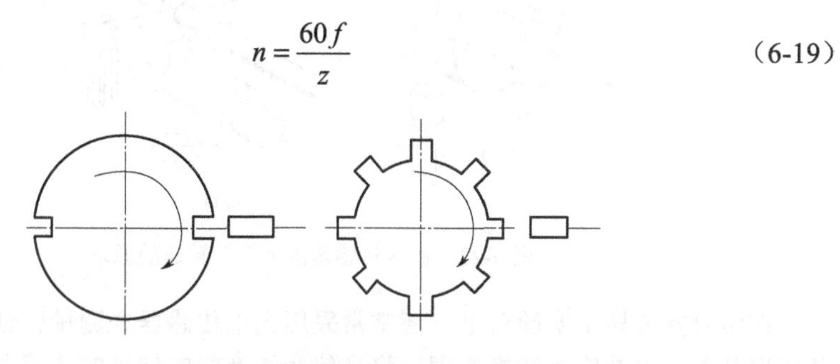

图 6-20　转速测量的原理

利用前述的键相原理也可以测量转速，因为两个相邻的键相脉冲之间的时间间隔恰好是转子旋转一周所用的时间，测出此时间即可计算出转速。

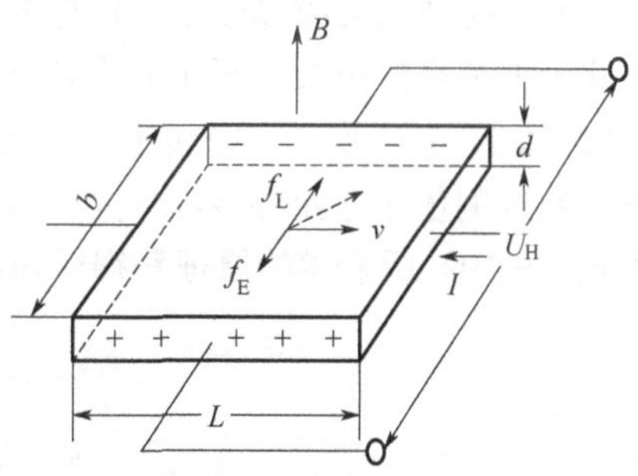

图 6-21　霍尔效应

除电涡流传感器外，还可以采用霍尔传感器来测量转轴的转速。霍尔传感器是根据霍尔效应制作的可以用来测量磁场的一种传感器，如图 6-21 所示，其工作原理为：在与磁场垂直的N型（或P型）半导体薄片上通以控制电流，电子（或空穴）受到洛伦兹力作用向一侧偏转形成电子积累，另一侧积累正电荷，从而在横向形成霍尔电势 U_H，有

$$U_H = K_H IB \tag{6-20}$$

式中，K_H 是霍尔元件的灵敏度；I 是霍尔元件上通的控制电流；B 是霍尔元件所处磁场的磁感应强度。

霍尔传感器带宽大，上升时间可小于 1μs，适合任何波形的测量，电流测量可达50kA，电压测量可达6400V，测量精度高，重复度好，测量范围广，结构牢固，体积小，重量轻，寿命长，安装方便，功耗小，耐污染、腐蚀，因而在工业生产中得到了广泛的应用。

采用霍尔传感器测量转轴转速的原理类似于电涡流传感器的测量原理，只需要将测量齿轮更换为磁性转盘即可，如图 6-22 所示。当被测转轴转动时，磁性转盘便随之转动，固定在磁性转盘附近的霍尔开关集成传感器便可在每一个磁铁通过时产

生一个相应的脉冲，检测出单位时间内的脉冲数，便可算得被测对象的转速。磁性转盘上磁铁数目的多少，将决定传感器的分辨率。

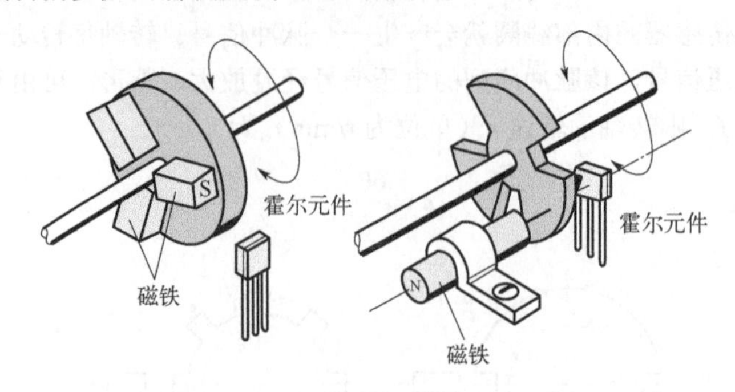

图 6-22 霍尔传感器测量转轴转速的原理

在实验室或转子实验台上，还常常采用光电传感器来测量转轴的转速。光电式传感器是以光电效应为转换原理，将光信号转换成电信号的传感器，主要优点是：反应速度快，能实现非接触测量，精度高，分辨力大，可靠性好，半导体光敏器件还具有体积小、重量轻、功耗低、便于集成等优点。

光电传感器接收到光信号产生光电流，其光通量随被测量变化而改变，光电流就成为被测量的函数。采用光电传感器测量转速，通常有透射式和反射式两种测量方式，如图 6-23 所示。在转子上安装带有测量孔的转盘，或在转子外圆上粘贴反光条，通过测量光电元件接收到光信号的频率，根据透光孔或反光条的数量，同样可由式（6-19）所描述的原理获得转速的大小。

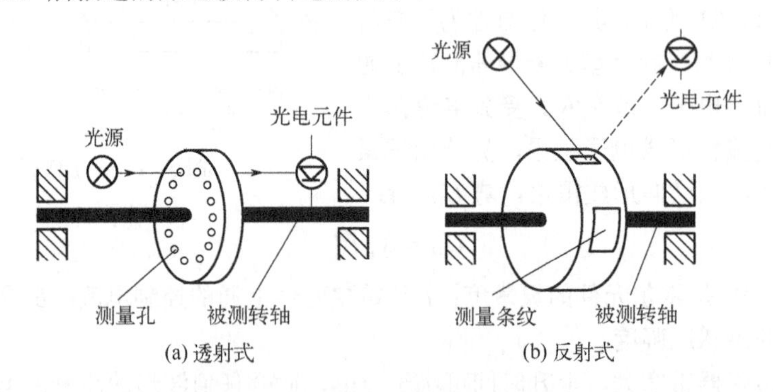

图 6-23 光电传感器测量转速的原理

（3）转轴径向相对振动的检测

转轴径向的相对振动即前述的轴振，是指转轴的横截面中心（也称为轴心）相对于轴承座在某一半径方向上的振动。旋转机械的振动检测实际上无法直接获得轴心的振动，通常是将能够检测到的转轴外圆面在某一半径方向上的振动作为轴心在该方向上的振动。由于在测量时传感器通常架设在轴承座、机壳或基础上，而这些架设传感器的部位受到转子振动影响，实际上也在振动，因此传感器测得的振动是轴心相对于这些部位的相对振动，而非绝对振动。轴振是分析转轴运动状态的重要依据，在大多数场合下轴振要比轴承座的振动大得多，足以提供分析转子振动故障的信息，不一定需要再去测量转轴的绝对振动。

测量轴振的常用方式是采用电涡流位移传感器进行非接触测量，架设方式如图 6-24 所示，其中图（a）所示的方式是用固定卡子将两个电涡流传感器安装在轴瓦侧面测点的两个相互垂直的半径方向上，可以测量两个正交方向上的振动位移，便于绘制轴心轨迹；图（b）所示的方式则是将装有电涡流传感器的专用测量盒拧入轴承盖上专门加工的测量孔来测量轴振，可以很方便地调整初始间隙。另外，安装传感器的夹具必须具有足够的刚度，否则在工作转速范围内可能会出现夹具共振，造成传感器严重的测量误差。

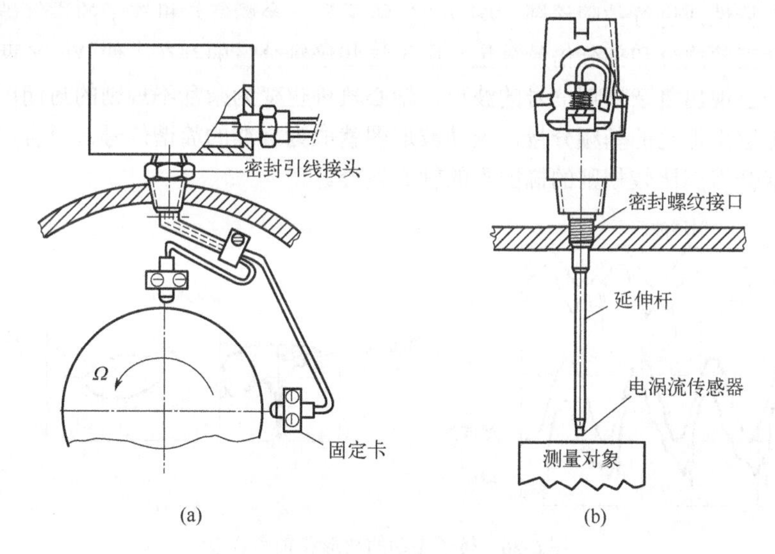

图 6-24　转轴径向相对振动的检测

用电涡流传感器测量到的轴振电压信号包含交流分量和直流分量两个部分，如图 6-25 所示。其中，交流分量反映传感器与转轴表面间隙的动态变化情况，称

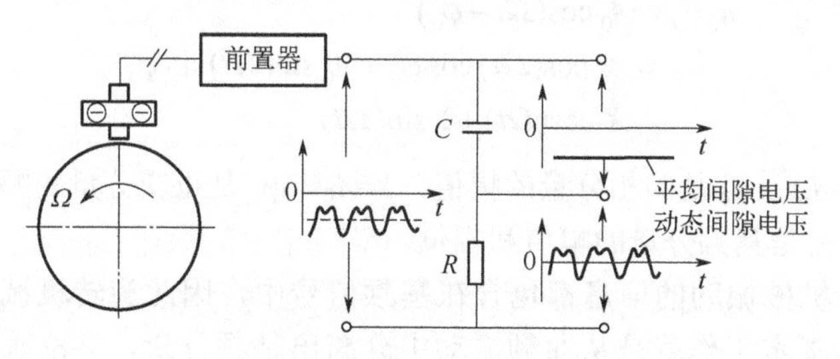

图 6-25　电涡流传感器的输出信号

为动态间隙电压，可通过传感器的间隙电压灵敏度换算成转轴径向相对振动；而直流分量则反映转轴静止时传感器与转轴表面间的初始间隙，称为平均间隙电压，可以用来确定轴心的径向平均位置（简称轴心位置）。

（4）振动基频分量的检测

如前所述，旋转机械振动信号中，频率等于转动频率的信号称为基频分量。在旋转机械中，无论是轴振还是瓦振，振动波形通常都不是标准的单一频率简谐波。这是因为旋转机械不可避免地存在各种缺陷和异常，且转子-支承系统也具有一定的非线性因素，使旋转机械的振动在以转动角速度为基频成分的基础上，叠加了很多倍频成分和由瞬态激励引起的转子系统的固有频率振动，可能还包含低于基频的亚基频成分，以及具有一定带宽的随机振动。因此，振动传感器采集到的一般都是包含了各种频率成分的振动信号，称为通频振动，需要后续进一步处理，以便研究转子的振动特性或进行故障诊断。图 6-26 所示为一台燃气轮机转子的进气端轴振信号，包含基频成分和部分倍频分量。由于这些倍频分量的存在，使 X、Y 两个方向上的振动呈现出复杂周期信号的波形，轴心轨迹也变为杂乱不规则的封闭图形。通过滤波提取出振动的基频分量，振动波形图就成为标准的简谐信号，再合成轴心轨迹后，就会得到比较规则的椭圆形的轴心轨迹。

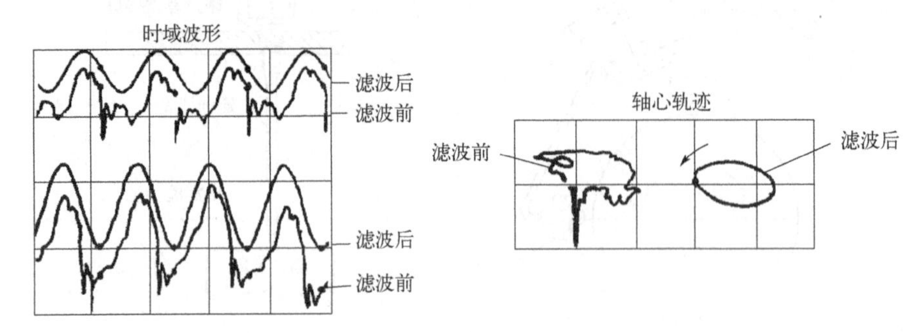

图 6-26　转子振动的波形和轴心轨迹

对于采用正峰相位描述的基频振动 $u_0(t)$，可以将其表达为同相分量与正交分量的和，即

$$\begin{aligned}u_0(t) &= A_0\cos(\Omega t-\varphi_0)\\ &= A_0\cos(\Omega t)\cos\varphi_0 + A_0\sin(\Omega t)\sin\varphi_0\\ &= X\cos(\Omega t)+Y\sin(\Omega t)\end{aligned} \tag{6-21}$$

式中，X=$A_0\cos\varphi_0$ 是同相分量的幅值；Y=$A_0\sin\varphi_0$ 是正交分量的幅值；Ω 是转动角速度；A_0、φ_0 是基频分量的幅值和相位。

很多旋转机械振动的信息都包含在基频信号中，因此旋转机械振动信号分析与处理的一项基本工作就是从通频振动中分离出基频分量，并准确地测量其幅值和相位。例如，转子质量不平衡会引起基频振动，在进行转子动平衡时，需要测定不平衡量的大小和偏位角，计算影响系数，这些都离不开基频幅值和相位的检测。另外，识别转子不平衡、转子弯曲等故障时，首要的依据就是基频振动幅值的大小。还有，通过实验方法确定转子的临界转速时，也需要依据基频振动的幅值和相位来进行判断。

基频成分的检测一般采用具有滤波功能的仪器来实现，要求能够从振动信号中提取出基频振动分量，并获取基频振动的幅值和相位。随着电子技术的发展，一种具有跟踪滤波功能的基频检测仪在旋转机械振动分析中得到广泛应用，主要具备转速的检测、基频幅值 A_0 的检测、基频相位 φ_0 的检测、基频信号同相分量幅值 X 和正交分量幅值 Y 的检测、基频振动信号输出等功能，其检测原理如图 6-27 所示。跟踪滤波基频检测仪响应快，可输出正比于检测量的电压，能够方便地与其他分析仪器连接，实现数据的传送和进一步分析处理。

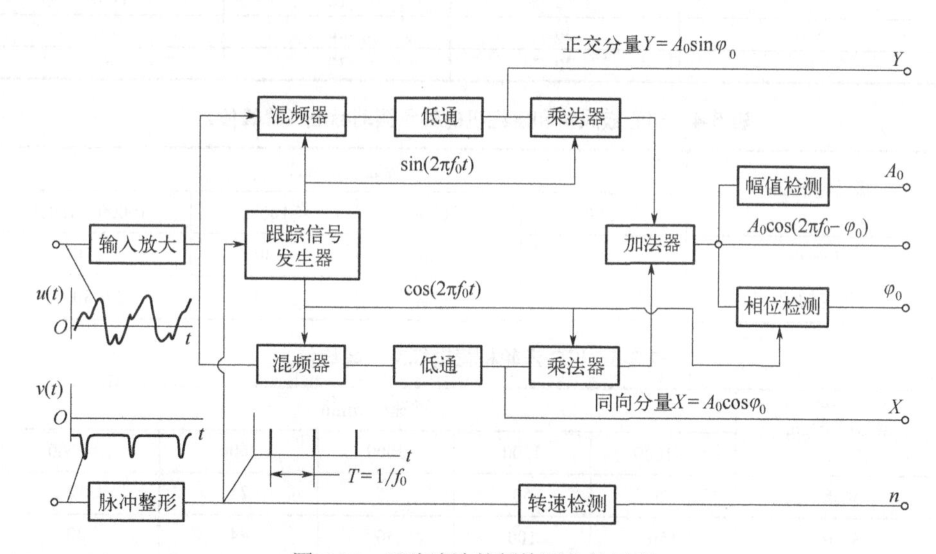

图 6-27　跟踪滤波基频检测仪的原理

6.2.5　旋转机械振动评定标准

旋转机械在运行过程中出现振动是不可避免的，正常运行时，振动一般较小；一旦振动过大，则可以认为其处于异常或故障状态，需要对其进行停机维修。因此，对于某种类型的旋转机械需要给定一个振动大小的阈值，用来判别旋转机械的工作状态是否正常，这个振动阈值就称为振动评定标准。

目前最常用的标准是以通频振幅的大小来衡量旋转机械的运行状态，根据所使用的传感器类型，振动评定可分为：

① 轴承振动评定　轴承振动即瓦振，可以将接触式传感器（如磁电式振动速度传感器或压电式振动加速度传感器）安置在轴承座上进行测量；

② 转轴振动评定　转轴振动即轴振，可以采用非接触式传感器（如电涡流位移传感器）测量转轴或轴颈相对于机壳的振动，也可以测量转轴的绝对振动。

振动评定标准可以采用振动位移的峰峰值和振动烈度来表示，下面分别简要介绍工程上常用的旋转机械振动标准。

表 6-3 是我国水利部 1959 年颁布的《电力工业技术管理法规》中关于汽轮发电机组轴承的振动标准，要求机组的垂直、水平和轴向振动均需满足该标准。表 6-4 是关于《离心鼓风机和压缩机技术条件》中规定的轴承振动标准。表 6-5 是国际电工委员会推荐的汽轮机振动标准。

表 6-3　水电部汽轮发电机组的轴承振动标准（峰峰值）

转速/（r/min）	轴承振动标准/μm		
	优	良	合格
1500	30	50	70
3000	20	30	50

表 6-4　离心鼓风机和压缩机的轴承振动标准（峰峰值）

振动标准/μm	转速/（r/min）			
	≤3000	≤6500	≤10000	>10000～16000
主轴承	50	≤40	≤30	≤20
齿轮轴承	—	≤40	≤40	≤30

表 6-5　IEC 汽轮机振动标准（峰峰值）

振动标准/μm	转速/（r/min）				
	≤1000	1500	3000	3600	≥6000
轴承	75	50	25	21	12
转轴	150	100	50	44	20

由以上三个振动标准可以看出，旋转机械转速较低时允许的振动值较大；反之，转速较高时允许的振动值就较小。这是因为，对于同样的振动值，高转速的机组更容易出现故障，或者说转速越高，振动对机组的破坏性就越大。另外需要说明的是，上述标准均是以振动的峰峰值为准的，如果实际测量的是振动峰值，那么应将实测的振动峰值放大一倍或者将允许的振动值减小一半后再应用振动标准，以免出现标准应用错误而造成不必要的损失。

国际标准化组织对功率大于 300kW、转速在 600～12000r/min 的大型原动机和其他具有旋转质量的大型机械，如汽轮机、燃气轮机、发电机、电动机、涡轮压缩机、涡轮泵和风扇等设备制定了振动烈度的国际标准——ISO 3945，如表 6-6 所示。

表 6-6　ISO 3945 振动标准（振动烈度）

<table>
<tr><th rowspan="2">轴承振动烈度
v_{rms}/mm・s^{-1}</th><th colspan="2">支承类型</th></tr>
<tr><th>刚性</th><th>柔性</th></tr>
<tr><td>0.46</td><td rowspan="3">好</td><td rowspan="4">好</td></tr>
<tr><td>0.71</td></tr>
<tr><td>1.17</td></tr>
<tr><td>1.8</td><td rowspan="2">良</td></tr>
<tr><td>2.8</td><td rowspan="2">良</td></tr>
<tr><td>4.6</td><td rowspan="3">合格</td></tr>
<tr><td>7.1</td><td rowspan="3">合格</td></tr>
<tr><td>11.2</td></tr>
<tr><td>18.0</td><td rowspan="3">不合格</td></tr>
<tr><td>28.0</td><td rowspan="2">不合格</td></tr>
<tr><td>45.0</td></tr>
</table>

注：刚性支承是指转子-轴承系统的第一阶横向振动固有频率高于主激振频率。

振动烈度的计算公式为

$$v_{rms}=\sqrt{\frac{1}{T}\int_0^T v^2(t)\mathrm{d}t}=\sqrt{\frac{1}{N}\sum_{i=1}^{N}v_i^2}=\sqrt{\frac{1}{n}\sum_{i=1}^{n}A_i^2\omega_i^2} \tag{6-22}$$

式中，T为所测的振动速度信号的时间长度；$v(t)$为振动速度的时域信号；N为所测的振动速度信号离散序列的点数；v_i为所测的振动速度信号的离散序列；ω_i为振动信号中各简谐分量的角频率；A_i为相应角频率下振动位移的幅值；n为简谐分量的个数。

实际机组的振动大多是由多种频率成分叠加而成的，并非单一频率的简谐振动。由于轴承的水平刚度明显低于垂直刚度，转轴振动与轴承振动也并非固定的比值，而是与轴承的类型、间隙、轴承座刚度、油膜特性等有关。振动烈度包含了振动信号中的各种频率成分，代表振动能量的大小，因而能够更加全面地反映机组的振动情况。

以上振动标准都是在轴承上测得的振动，但旋转机械振动的主要来源是转子本体，转子产生的振动会通过油膜传到轴承座，因此在轴承座所测得的振动会受到油膜刚度和轴承刚度的影响。显然，直接测量转轴的振动能够更确切地反映旋转机械的运行状态。

美国石油学会针对功率不超过1000kW的中小型涡轮机械制定了轴振标准API617，所允许的振动值由式（6-23）给出

$$A=25.4\sqrt{\frac{12000}{n}} \tag{6-23}$$

式中，A为振动的许可值（峰峰值），单位为μm；n为旋转机械的工作转速，单位为r/min。

6.3 旋转机械的振动图谱分析与故障诊断方法

6.3.1 频谱图

旋转机械发生故障时，往往表现为转子-支承系统的剧烈振动，因此振动信号中包含了丰富的故障信息。不同类型的振动故障，所引发的频率特征也各不相同，可以采用频谱图来辅助故障的识别与诊断。例如，转子存在质量不平衡时，振动信号中会包含明显的基频成分，而转子不对中时，振动信号中除了基频成分，还会存在幅值较大的二倍频成分，其频率是基频的二倍。由此可知，振动信号的频率分析是开展旋转机械故障诊断的重要手段。由于基频检测只能得到基频成分的相关信息，如果想开展全面的故障分析，就要求同时分析振动信号中的其他频率成分，才能准确地判断故障种类和起因。

不同类型的振动，其频率特征互有差异。在旋转机械中，强迫振动和自激振动是最常见的两种振动类型，下面分别介绍这两种振动的频率特征。

（1）强迫振动的频率特征

① 由转子不平衡引起的强迫振动　由转子不平衡引起的振动，其频率为工作转速对应的频率，用 f_r 表示，此时转子作同步正进动。需要注意的是，引起转子不平衡的原因有很多，如转子原始质量不平衡、转子初始弯曲、转子部件脱落、转子部件结垢、联轴器不平衡等，其频率特征都是基频成分大，仅从振动频谱图上难以区分，还需要借助于其他的辨别方法。

② 由于转子受热不均匀产生热弯曲引起的强迫振动　转子发生热弯曲后相当于给转子增加了不平衡量，因此转子热弯曲也称为转子热态不平衡，所引起的强迫振动与质量不平衡的振动特征相同。不过，转子的热弯曲程度会受到其他因素如工作负荷的影响而发生变化，因此振动信号中基频成分的幅值和相位都会随时间变化。

③ 由转子不对中引起的强迫振动　转子不对中包括联轴器不对中和轴承不对中两大类，其中联轴器不对中又分为平行不对中、偏角不对中以及平行偏角不对中。转子不对中时振动频率为 f_r 和 $2f_r$，转子作正进动，同时伴有明显的轴向振动，在转轴两端面按相反方向振动，这区别于由不平衡引起的转轴端面的同向振动。

④ 水平架设的刚度不对称转子，由重力引起的强迫振动　该振动的频率是 $2f_r$，转子作正进动。当满足 $2f_r=\omega_c/(2\pi)$ 时（ω_c 为转子的临界角速度），强迫振动会有较大的振幅，这一转速称为重力临界。当转子上出现裂纹而导致刚度不对称时，也会出现这种重力临界现象。

⑤ 由于发电机定子受到的磁拉力不均匀引起的强迫振动　该振动的频率为 $2Nf_r$，其中 N 为发电机极对数，一般为正进动。

⑥ 机壳或轴承盖松动所导致的强迫振动　松动时振动的时域信号出现周期性

冲击和单边削波现象，频率特征是包含多个频率为 $0.5f_r$、$1.5f_r$、$2.5f_r$ 等的振动分量，称为间入简谐分量。图 6-28 所示为一台压缩机的径向振动加速度的频谱图，横轴为频率轴，纵轴为振动幅值，采用对数坐标。上半幅是轴承安装没有松动情况的频谱图，振动主要集中 f_r 和 $2f_r$ 频率处，是轴承安装不对中造成的；下半幅则是轴承部件出现松后时的频谱图，其特点是出现了 $0.5f_r$、$1.5f_r$ 等间入简谐分量。

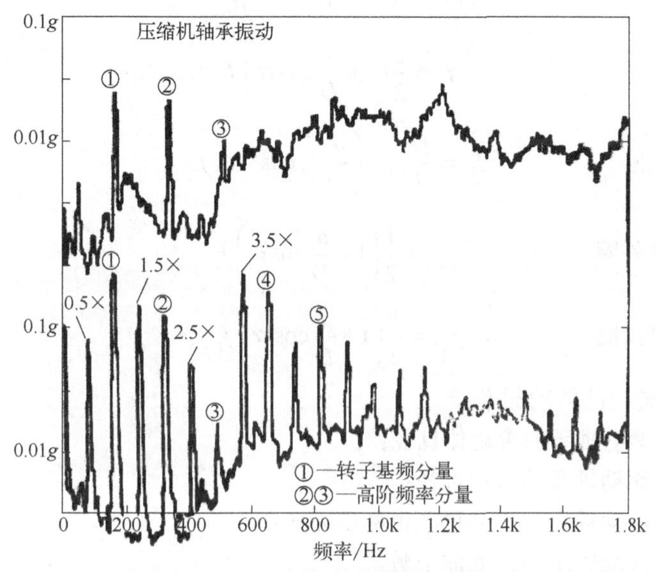

图 6-28 压缩机轴承振动的频谱

⑦ 由齿轮啮合引起的强迫振动　此时振动的频率为 f_m 及 f_m 的整数倍，其中 $f_m=z\times n/60$，称为齿轮啮合频率，z 为齿轮的齿数，n 为齿轮的转速（r/min）。如果齿轮存在偏心，偏心导致的振动将与啮合频率 f_m 发生幅值调制，从而在 f_m 两侧出现等频率间隔的边频成分，其频率为

$$f_b = f_m \pm k\times n/60 \quad k=1, 2, \cdots \tag{6-24}$$

从图 6-29 所示的齿轮箱振动信号频谱可以看到，振动信号的主要频率有：齿轮轴 1 和齿轮轴 2 的转动频率 f_1、f_2，啮合频率 f_m，以及在 f_m 左右两侧等频率

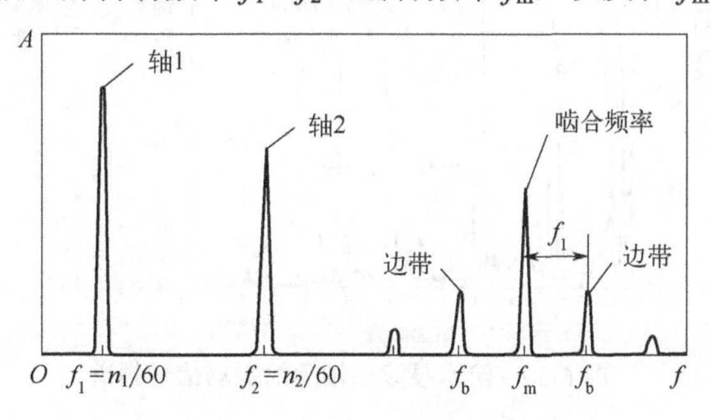

图 6-29 齿轮箱振动信号的频谱

间隔的多个边频成分，频率间隔为f_1，说明轴 1 上的齿轮存在偏心。

⑧ 由于滚动轴承存在缺陷引起的强迫振动　滚动轴承的缺陷主要有：外圈缺陷、内圈缺陷、滚动体缺陷、保持架碰外圈、保持架碰内圈等，各种缺陷引起的振动特征频率的计算方法如下：

外圈缺陷
$$f_O=\frac{z}{2}\left(1-\frac{d}{D}\cos\alpha\right)f_r \tag{6-25}$$

内圈缺陷
$$f_I=\frac{z}{2}\left(1+\frac{d}{D}\cos\alpha\right)f_r \tag{6-26}$$

滚动体缺陷
$$f_B=\frac{D}{d}\left[1-\left(\frac{d}{D}\right)^2\cos^2\alpha\right]f_r \tag{6-27}$$

保持架碰外圈
$$f_{CO}=\frac{1}{2}\left(1-\frac{d}{D}\cos\alpha\right)f_r \tag{6-28}$$

保持架碰内圈
$$f_{CI}=\frac{1}{2}\left(1+\frac{d}{D}\cos\alpha\right)f_r \tag{6-29}$$

式中 f_r——转轴的转动频率；

d——滚动轴承的滚动体直径；

D——滚动轴承的节圆直径；

α——滚动轴承的接触角，也称压力角；

z——滚动轴承的滚动体个数。

图 6-30 所示为一台锅炉给水泵的滚动轴承振动信号频谱，其频率采用转动频

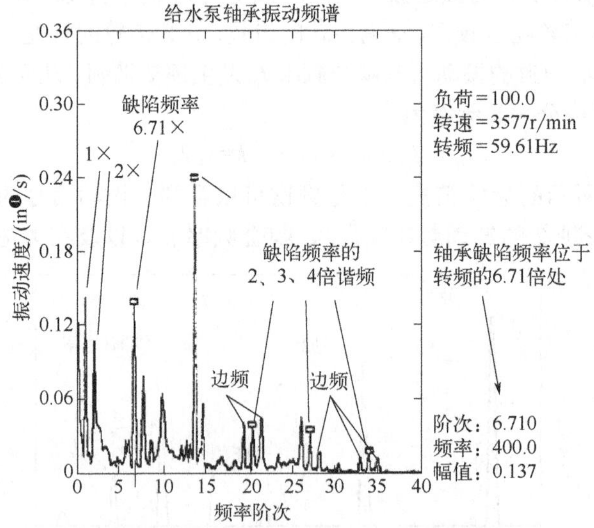

图 6-30　给水泵滚动轴承的振动信号频谱

❶ 1in=2.54cm。

率的倍数，泵的工作转速为 3577r/min，故转动频率 f_r=59.6Hz。从频谱中可以看到转动频率及其二倍频成分，频率为 6.71f_r 处（400Hz）有一个很明显的振动成分，其幅值为 0.137。运用滚动轴承缺陷频率的公式计算后发现，该频率接近外圈缺陷频率的理论值，故判定该轴承存在外圈缺陷。另外，从频谱图中还可以看到缺陷频率的二、三、四倍谐频成分，且存在边频，频率间隔为转动频率 f_r，说明由滚动体缺陷引起的振动受到了转动频率的调制。其中，缺陷频率的二倍频成分幅值为 0.24，振动幅值很大，出现了二次谐波共振现象，说明转轴可能还出现了不对中故障。

（2）自激振动的频率特征

① 滑动轴承的油膜不稳定导致的油膜半速涡动和油膜振荡　轴颈在偏心状态下转动时会作与转轴旋转方向相同的涡动，即轴颈中心围绕一个由轴心位置确定的中心做圆周运动，其涡动角速度 ω_s 是转轴转动角速度 ω 的一半，因此称为半速涡动。由于润滑油存在泄漏，实际的涡动速度要小于理论值，一般情况下 $\omega_s\approx(0.40\sim0.49)\omega$。图 6-31 是一个滑动轴承发生油膜涡动和油膜振荡时的振动频谱，其中图（a）是油膜涡动的状态，图（b）是油膜振荡的状态。从图 6-28（a）中可以看到，47Hz 为转速频率，23Hz 为油膜涡动频率，符合半速涡动的特点。当转轴的转速上升稍稍超过两倍的一阶临界转速时，此时半速涡动速度刚好达到一阶临界转速，从而引发了共振，使转轴产生剧烈振动，这种现象称为油膜振荡，由半速涡动发展为油膜振荡的这一转速就称为转子的失稳转速或阈速。如图 6-28(b)所示，油膜振荡一旦发生，即使转轴的转速继续上升，远远超过两倍的一阶临界转速（转速频率达到 108.8Hz），油膜振荡的频率也始终保持为一阶临界转速所对应的共振频率（41.25Hz），涡动方向依然为正进动。

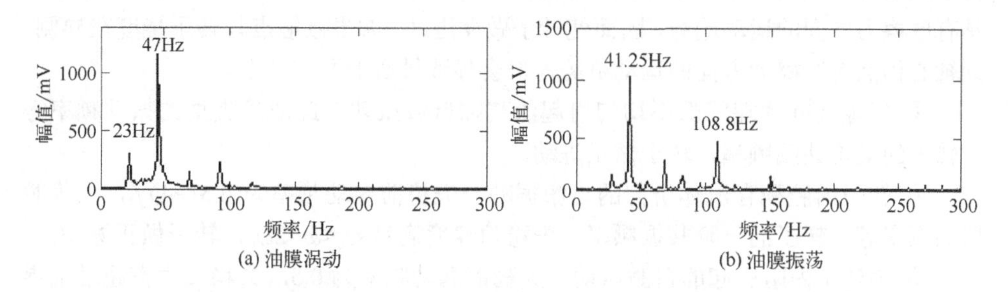

(a) 油膜涡动　(b) 油膜振荡

图 6-31　油膜涡动与油膜振荡振动信号的频谱

② 转子动静碰摩引起的自激振动　转子动静碰摩通常是由转子不平衡、转子弯曲、转子不对中等引起轴心偏离，或者是由非旋转部件弯曲变形等，使动静间隙不足而发生了接触、碰撞和摩擦，从而引起转轴的异常振动。按照碰摩的方向可分为径向碰摩和轴向碰摩，按照碰摩的部位可分为全周碰摩和局部碰摩。

图 6-32 所示是一个转速为 2950r/min 的转子在正常和径向局部动静碰摩状态下测得的振动信号的频谱，其中图（a）是转子正常运行时的频谱，图（b）是转子发

生动静碰摩故障时的频谱。对比二者可以发现，转子在发生动静碰摩故障时，除了基频成分的幅值较大外，还出现了二、三、四倍谐频成分。

动静碰摩故障的主要特点是：轻微碰摩时，频谱以基频分量为主，存在少量低频或倍频成分；碰摩严重时，低频和倍频分量都有较明显的变化，波形图上可出现单边削平现象或在接近最大振幅处出现锯齿形，频谱图上则呈现高次谐波成分比较丰富的特征。

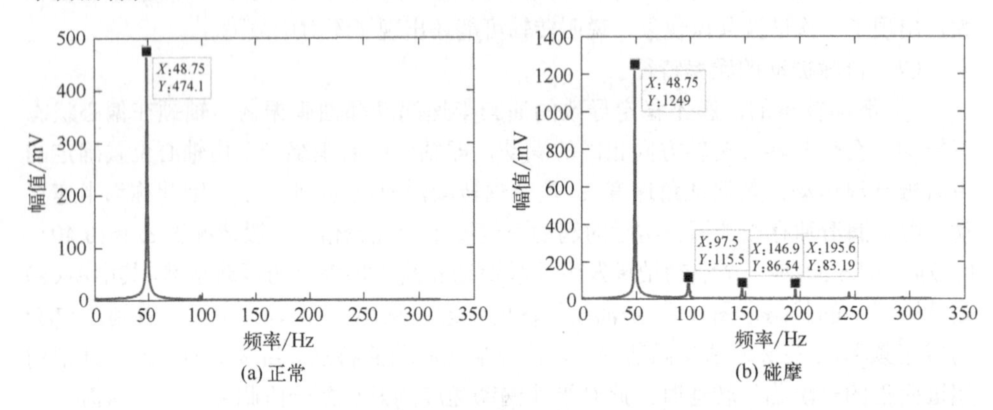

(a) 正常　　(b) 碰摩

图 6-32　转子径向动静碰摩的频谱

径向干摩擦引起的自激振动，在失稳前具有低于一阶临界转速的振动频率，转子做正进动；失稳时具有等于一阶临界转速的振动频率，转子做反进动。轴向局部干摩擦引起的自激振动多出现在具有止推盘的场合，其特征频率与径向情况相同。转子进动方向取决于接触摩擦点的位置，如果接触点与转子挠度在同侧，由于轴心具有摩擦力方向的运动趋势，因而使转子做反进动；如果接触点与转子挠度在异侧，则轴心仍然有摩擦力方向的运动趋势，但会导致轴心的同步进动。

③ 气隙及叶片端间隙不均匀引起的气隙自激振动　此故障类型的振动频率等于转子的某阶共振频率，转子做正进动。

④ 转子内腔积存流体引起的自激振动　失稳前振动频率为$(0.5\sim1)f_r$，失稳时振动频率等于转子的一阶共振频率，失稳角速度满足 $\omega_c<\omega<2\omega_c$，转子做正进动。

⑤ 由转子内阻引起的自激振动　失稳前涡动频率为 $0.5f_r$，失稳发生在超过临界转速后，此时振动频率等于转子的一阶共振频率，转子做正进动。

⑥ 由转轴弯曲刚度不对称引起的自激振动　该自激振动也称参变振动，其频率为 f_r、$2f_r$、$3f_r$、…。

由上述内容可知，旋转机械的振动信号多由与转速相关的频率分量组成，因此频谱分析非常适合用于诊断旋转机械的各种故障。频谱图的纵坐标可以用幅值谱或功率谱密度表示，还经常用各频率分量的有效值来表示；横坐标除了用自然频率（Hz）和角频率（rad/s）外，还常以每分钟振动次数（c/min）为单位，以便与转速

（r/min）直接比较。在进行故障诊断时，一般首先采用频谱图来显示各种振动故障的频率特征，对故障进行初步的分析和判断。如果故障比较复杂而无法辨别，也是在频谱分析的基础上再考虑采用其他分析方法做进一步处理。

频谱是基于傅里叶变换理论的信号分析方法，其性质决定了它对平稳信号是非常适用的。但是，旋转机械在发生故障时，由于缺陷、冲击等造成的振动往往是非平稳的，仅凭频谱分析可能无法准确判断出故障的类别，尤其是旋转机械在升速或降速的过程中，振动信号的变化往往蕴含着丰富的故障信息，这时就需要采用其他的信号分析工具，如倒频谱、三维频谱图、伯德图、极坐标图等。

6.3.2 三维频谱图

三维频谱图也称为瀑布图或级联图，是以转速、时间、负荷、功率或温度等参量作为第三维绘制的多条频谱曲线的组合，能够形象地揭示旋转机械振动信号中的频率成分随第三维的各种参量尤其是转速变化的规律，是分析振动故障的有力工具。

图 6-33 是一台发电机的轴承出现油膜涡动及油膜振荡故障时的瀑布图，横坐标是振动频率，单位采用 c/min，纵坐标是各频率成分的幅值，第三维坐标则是发电机转子的转速，单位为 r/min。绘制三维频谱图需要在不同的转速下采集一定时长的振动信号并绘制出频谱图，然后将各转速下的频谱图按转速轴方向依次排列。

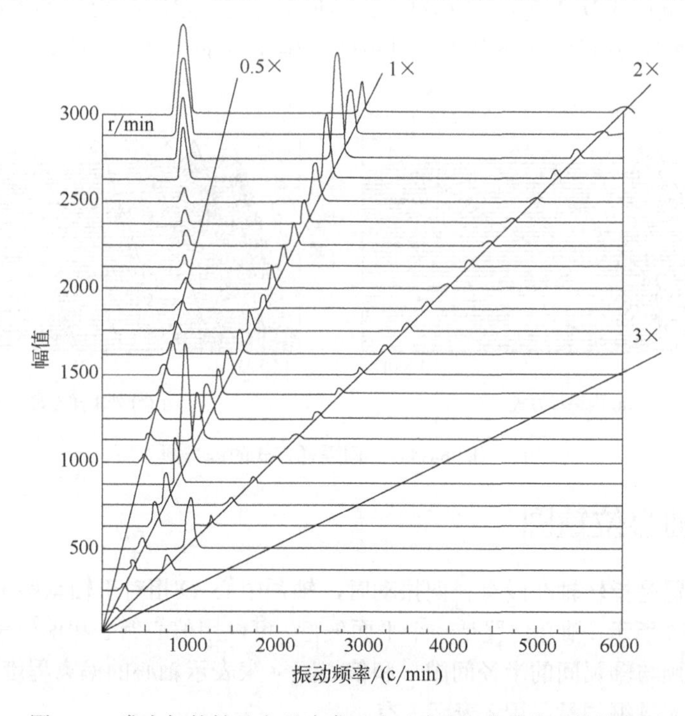

图 6-33 发电机的轴承出现油膜涡动及油膜振荡故障时的瀑布图

在图 6-33 中，1×代表基频振动，2×、3×分别表示二倍频和三倍频成分，0.5×表示半频分量。容易看到，在每一转速下都存在与转速频率相等的基频振动成分，这是由转子不平衡引起的振动。另外，基频成分的幅值在转速达到 1000r/min 和 2750r/min 附近时出现高峰，这对应着转子的第一阶和第二阶临界转速。在转速达到 1000r/min 后，振动出现了半频成分，说明轴承发生了油膜涡动，但此时振动幅值还比较小，随着转速升高，涡动频率始终为转速频率的一半。当转速达到 2000r/min 时，涡动频率就不再随转速上升而变大，而是始终固定在 1000r/min 对应的频率上，即转子的第一阶共振频率。当转速上升至 2625r/min 时，半频振动的幅值开始增大，表示油膜涡动开始向油膜振荡转化，之后随着转速的继续上升，半频振动的幅值越来越大，甚至超过了基频振幅，此时已经发生了典型的油膜振荡故障。此外，在转速达到 500r/min 时，二倍频的振幅值出现了一个高峰，这是由于重力的二倍频激励与转子的第一阶共振频率接近而引起的强迫振动，即重力临界现象。

如果采用跟踪阶次的外采样技术来绘制三维频谱图，以转速的阶次为横轴坐标，能够在转速变化的情况下，使高阶倍频分量在横轴上的位置固定不变，从而在有限的频率分析范围内观察到更多高阶频率成分。图 6-34（a）所示为内采样方式的瀑布图，各阶倍频成分分布在辐射状的直线上，当转速升高时，高阶分量超出分析带宽而无法看到；图 6-31（b）所示为采用跟踪阶次的外采样方式绘制的瀑布图，各阶倍频分量分布在一组与转速轴平行的直线上，能够得到更多高阶分量信息。

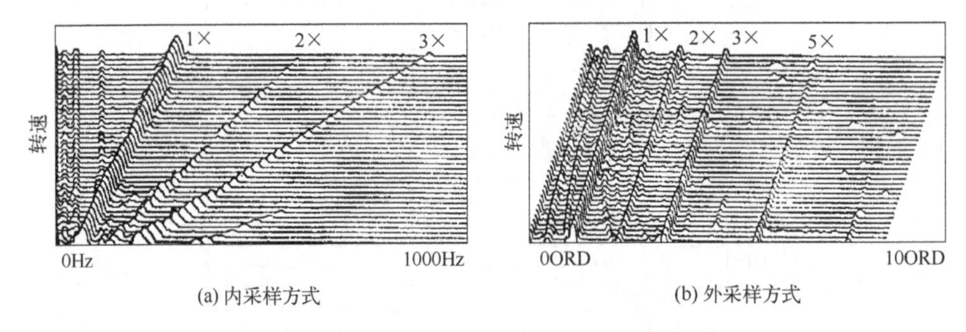

(a) 内采样方式　　(b) 外采样方式

图 6-34　不同采样方式的瀑布图

6.3.3 轴心位置图

轴心位置是指转轴在没有径向振动时，轴颈中心 O'相对于轴承座中心 O 的位置。如图 6-35 所示，轴心位置是一个平面矢量，可以用偏心距 e 和偏位角 α 来定位。通常采用轴颈与轴瓦间的半径间隙 c 和偏心距 e 来表示轴心的偏离程度，称为偏心率，是一个无量纲的量，用 ε 表示，有

$$\varepsilon=\frac{e}{c} \tag{6-30}$$

一般情况下，偏心率在 0.4～0.8 之间，偏心率增大时，最小油膜厚度会减小，造成轴承温度升高和磨损增大，轴承刚度增大。偏心率过大，可能会导致轴颈与轴瓦发生摩擦，造成轴承无法正常工作。偏心率减小，虽然能够增大最小油膜厚度，但轴承的刚度会变小。偏心率过小时，轴承出现半速涡动现象，进而造成油膜振荡故障。

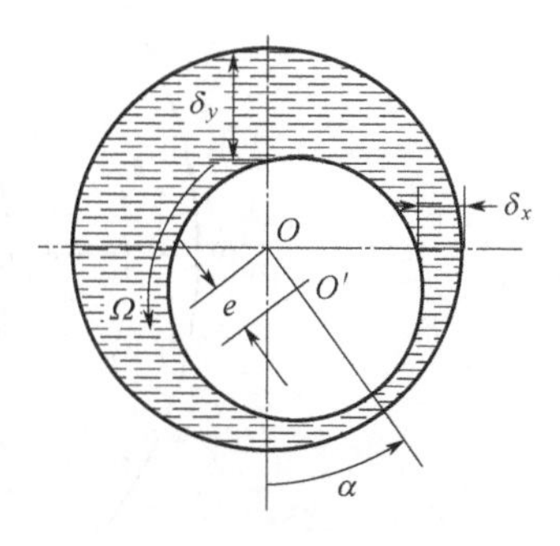

图 6-35　轴心位置的确定

轴心位置还可以通过监测水平和垂直两个方向上的油膜厚度 δ_x、δ_y 来确定。测定轴心位置能够判断轴颈是否处于预定的正常工作位置，超出预定范围表明轴承的工作状态不正常，如安装时对心不良、轴承标高不符、轴瓦变形等，因此轴心位置指标可以作为转子故障诊断的一个依据。

轴心位置检测装置及原理如图 6-36 所示，*X*、*Y* 向两路电涡流传感器采集的振动信号经前置器输出后，再经 *RC* 低通滤波器后可提取出正比于平均间隙的直流分量，然后送至 *X*-*Y* 记录仪绘制出轴心位置图，并标注相应的转速或工况。

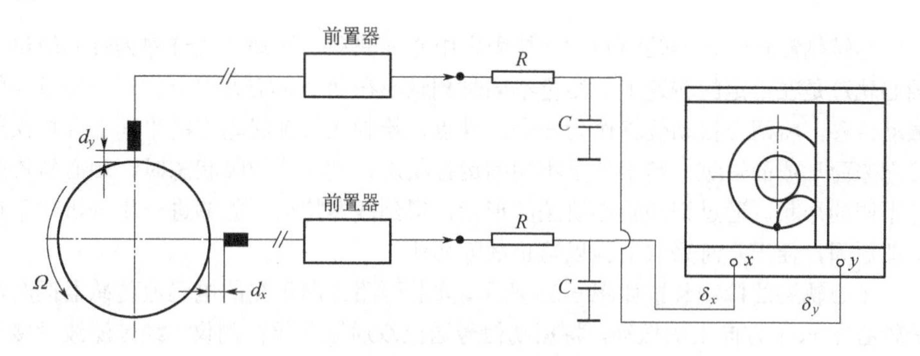

图 6-36　轴心位置的检测

利用上述装置可以绘制转子升速过程中的轴心位置图来了解轴心位置的变化情况，如图 6-37 所示为一台工业汽轮机高压缸五油楔轴承处的轴心位置图。由于在升速过程中，轴承的负荷变化，使得轴心位置也发生变化，通过轴心位置曲线就可以判断出转轴在各转速下的偏心率和偏位角是否在容许的范围之内。由于轴心位置常受到工作转速和负荷变化等因素的影响，因此轴心位置的变化也能够体现转子的工作状态是否正常。

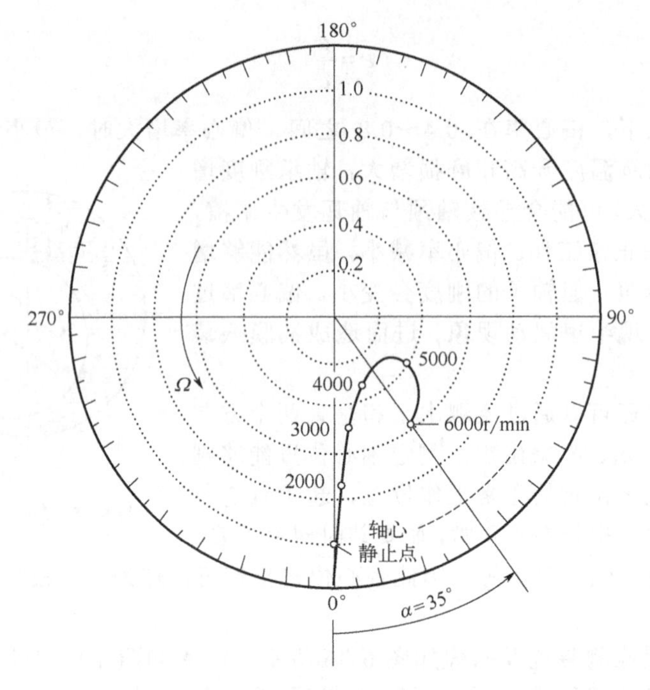

图 6-37　转子升速过程中的轴心位置图

6.3.4　轴心轨迹图

当转轴旋转时，转轴中心 o' 会绕固定中心 o 涡动，涡动的轨迹称为轴心轨迹。轴心轨迹是在给定的转速下，测量不同时刻轴心在两个正交方向上相对于轴承座的振动位移，将两个振动位移作为一个二维点，绘制在与轴线垂直的平面上并依次连接起来而形成的轨迹。转子处于不同的运行状态，尤其是故障状态时，轴心轨迹会有不同的形状。通过识别轴心轨迹的形状，得到故障特征，能够进一步分析转子振动的原因，便于及时采取措施以防止故障恶化。

轴心轨迹的检测装置如图 6-38 所示。安装两路方向正交的电涡流传感器同时测量轴心在 x、y 方向上的振动，将振动信号送至双通道基频检测仪，经过滤波后接入到示波器上，就可以看到由基频分量构成的轴心轨迹。也可以不经滤波，直接绘制由原始振动信号构成的轴心轨迹。

在之前的章节中讲解过转子涡动的性质和形态，在转轴各向弯曲刚度相等时，由不平衡质量引起的转子涡动为同步正进动，在 x、y 方向上只有基频简谐振动，且幅值相等，相位相差 90°，轴心轨迹为一个圆。此时，转轴的弯曲相对于转轴的位置是不变的，如图 6-39（a）所示。但是在实际的转子上，转轴的弯曲刚度在各个方向上存在差异，特别是支承刚度也是各向不相等的，因此转子不平衡响应的轴心轨迹不再是一个圆，而是一个椭圆。此时，转轴的弯曲平面相对于转轴来说就不是固定不变的，而是以轴上某一母线为中心前后偏摆，如图 6-39（b）所示。另外，涡动角速度也不再恒定，但平均角速度仍等于转子的自转角速度。

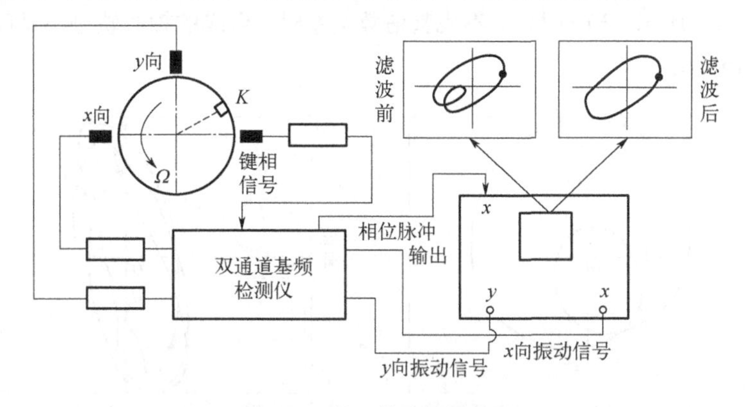

图 6-38 轴心轨迹检测装置

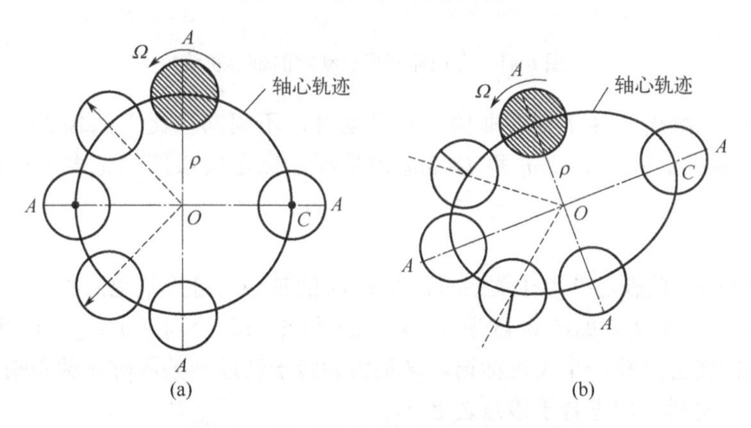

图 6-39 转子的不平衡响应与轴心轨迹

一般情况下，转轴的涡动除了由不平衡响应引起的同步正进动外，还存在非同步的正进动和反进动，使轴心轨迹呈现出较为复杂的形状。如图 6-40 所示，图中 $\boldsymbol{\rho}$ 为同步正进动的向径，以与转子相同的角速度 Ω 旋转；$\boldsymbol{e}$ 为非同步进动的向径，以某一角速度 ω_e（$\omega_e \neq \Omega$）旋转，ω_e 与 Ω 的方向相同时为非同步正进动，相反时为非同步反进动。轴心的运动轨迹就是由 $\boldsymbol{\rho}$ 和 $\boldsymbol{e}$ 这两个旋转向径矢量合成而来的。当 Ω 与 ω_e 成整倍数关系时，合成的轴心轨迹是一条闭合曲

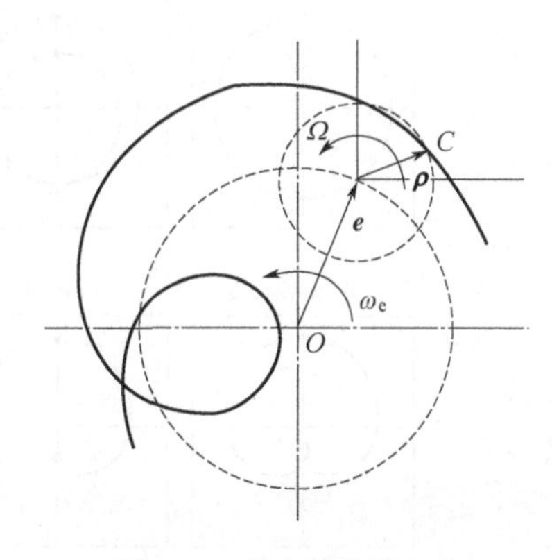

图 6-40 轴心轨迹的合成

线，曲线上的黑色实心圆标记表示键相脉冲时刻，闭合曲线上有两个相位脉冲，说明转子在涡动一整周的过程中自转了两整周，即自转角速度是涡动角速度的 2 倍，如图 6-41（a）所示；当 Ω 与 ω_e 不成整倍数关系时，合成的轴心轨迹不是闭合曲线，如图 6-41(b)所示。

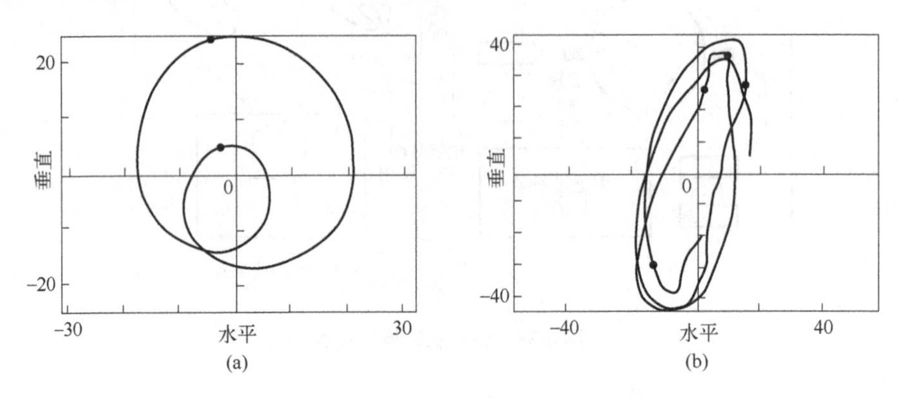

图 6-41　存在非同步进动时的轴心轨迹

图 6-42 给出了转子存在非同步正进动时，不同向径比下的轴心轨迹，其中图（a）、（b）分别是 $\Omega=2\omega_e$ 和 $\Omega=3\omega_e$ 的情况，黑色实心圆标记表示相位脉冲时刻。从图中可以看出，转子在完成一次闭合的轴心轨迹过程中，自转了 2 个或 3 个整周。

如果 $\Omega<\omega_e$ 且满足整数比关系时，图 6-42 的轴心轨迹形状也同样适用，只需将 $\rho:e$ 改为 $e:\rho$ 即可，如图 6-43 所示，图（a）和图（b）分别满足 $\omega_e=2\Omega$ 和 $\omega_e=3\Omega$，此时闭合曲线上只有一个黑色标记，这是因为转子转过一整周时，轴心刚好转过了两个或三个整周，均重合于该点之上。

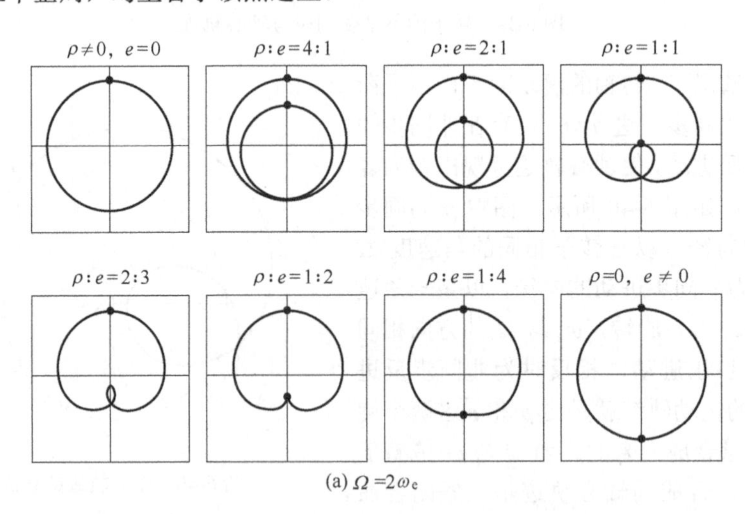

(a) $\Omega=2\omega_e$

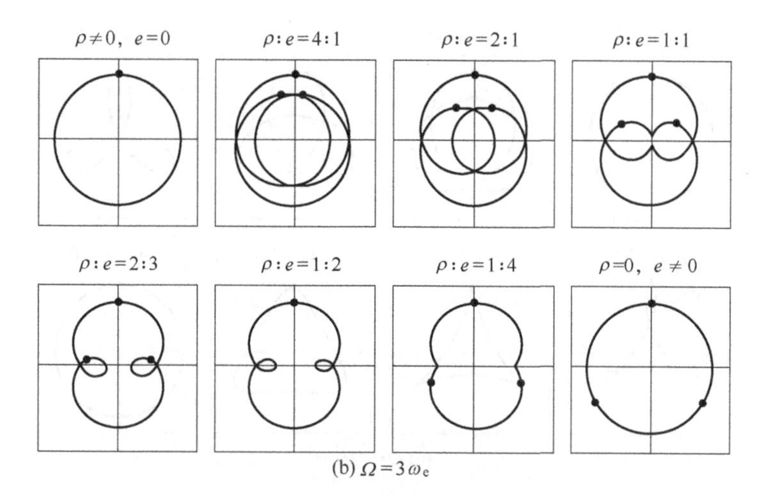

图 6-42　存在非同步正进动时的轴心轨迹（$\Omega>\omega_e$）

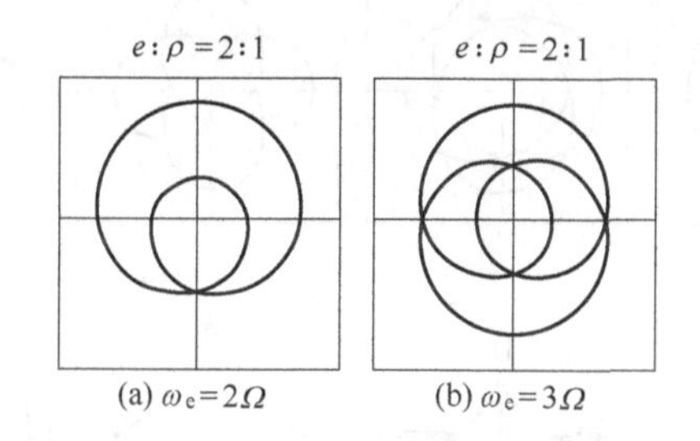

图 6-43　存在非同步正进动时的轴心轨迹（$\Omega<\omega_e$）

实际的旋转机械存在某些异常或故障时，就会出现类似图 6-42 所示形状的轴心轨迹。例如，由于油膜轴承的不稳定而导致的半速涡动，会出现接近 $\Omega=2\omega_e$ 的轴心轨迹。但是，一旦转速升高激起油膜振荡时，无论转速为多少，振荡频率始终为转子的第一阶横向共振频率，此时自转角速度与涡动角速度不再保持整数比关系，因此轴心轨迹将呈现出图 6-41（b）所示的非闭合形状；再如，转子的转轴在两个方向上的弯曲刚度有明显差异时，重力作用将引起转轴出现 $\omega_e=2\Omega$ 的进动。当 ω_e 等于转子的共振频率时，振动幅度具有显著的变化，此时轴心轨迹将呈现类似图 6-41（a）所示的形状。

当转子的进动与转速反向时，转子做反进动，图 6-44（a）、（b）分别给出了反进动时 $\Omega=-2\omega_e$ 和 $\Omega=-3\omega_e$ 情况下的轴心轨迹。对于实际的旋转机械，只有在极少数的特定条件下可能出现反进动的情况，例如有些研究资料提到，支承在滚动轴承上的转子，由于滚动轴承的刚度存在非线性而引起的亚谐共振，也称为分频共振，其频率为转速频率的 1/2 或 1/3，曾得到过如图 6-44 所示的轴心轨迹形状。此外，转子径向局部干摩擦接触也可能引起反进动。

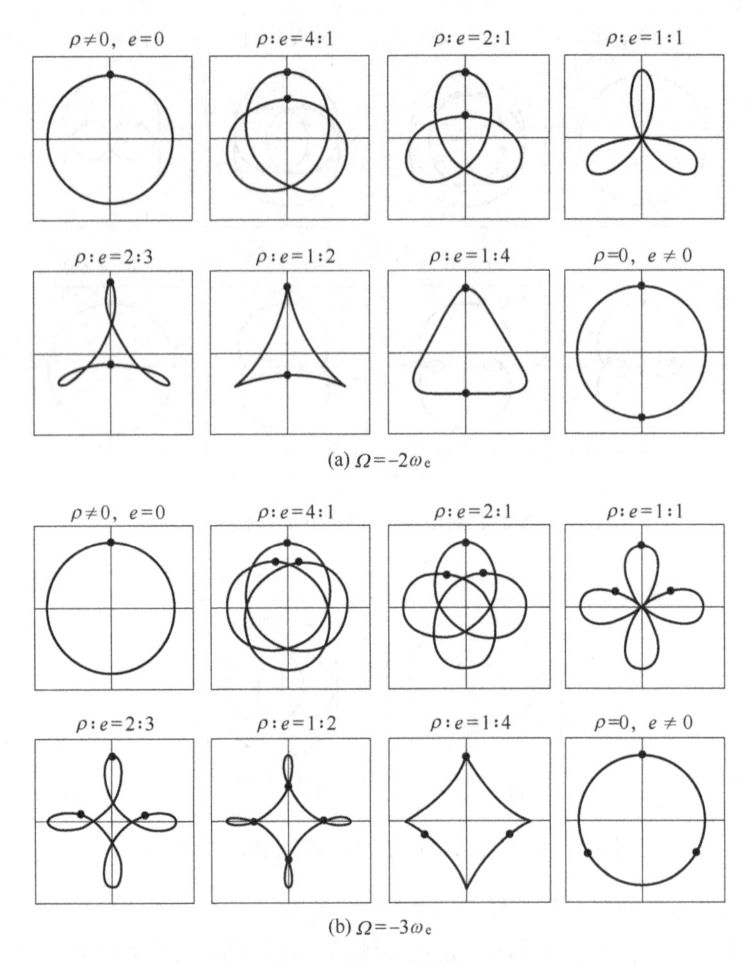

图 6-44　存在非同步反进动时的轴心轨迹

需要注意的是，上述轴心轨迹曲线都是在理想情况下的图形，实际转子的振动除了基频外，还存在其他非基频分量，再加上转轴及支承各向刚度不等，轴心轨迹往往具有复杂或奇特的形状。图 6-45 是一台汽轮机高压转子轴颈处的轴心轨迹随转速升高的变化情况，从图中可知，当汽轮机的转速升到 2800r/min、3000r/min 以及带负荷后，轴心轨迹大体上接近一个椭圆，说明此时转子的振动主要是基频振动。一般来说，随着基频分量所占比重的下降，轴心轨迹的形状趋于复杂。图 6-46 是一台汽轮机转子某一级上的某个叶片发生损坏前后轴心轨迹的变化情况，其中图（a）是叶片损坏前检测到的轴心轨迹，表明振动的总幅值较小，而且基频分量并非是主要的；图（b）则是叶片损坏后的轴心轨迹，此时振动的总幅值变大，但轴心轨迹接近椭圆形，说明振动以基频分量为主。

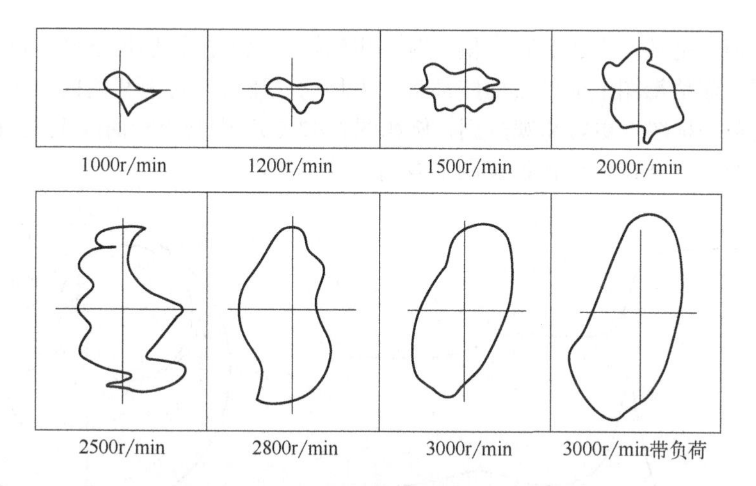

图 6-45　汽轮机高压转子轴颈处的轴心轨迹

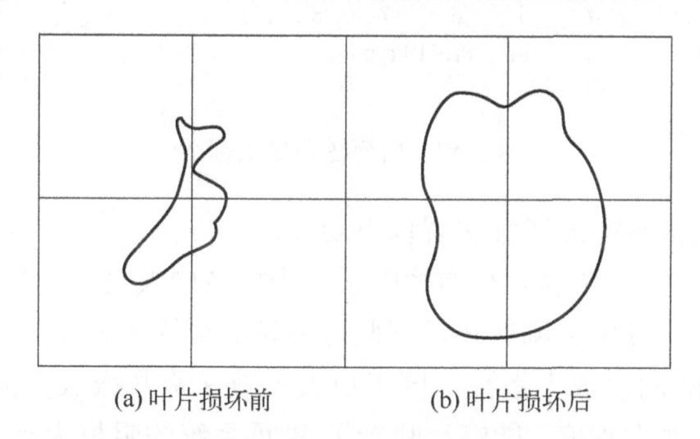

图 6-46　汽轮机转子的叶片损坏前后的轴心轨迹

6.3.5　伯德图与极坐标图

伯德图和极坐标图都是在某种坐标系中绘制的一系列振动矢量随转子转速变化的曲线。工程上一般采用振动矢量基频成分的幅值及相位来绘制伯德图和极坐标图。伯德图采用直角坐标系，以转速 n 作为横轴，分别以基频振动分量的幅值 A 和相位 φ 为纵坐标绘制两条曲线并组合起来。如果将转速视为频率的话，伯德图实际上就是基频振动分量的幅频曲线和相频曲线的组合，如图 6-47（a）所示。极坐标图又称奈魁斯特图，是以各转速下基频振动分量的幅值为向径的模，以基频振动分量的相位为向径的幅角，在极坐标平面上绘制的曲线，实际上就是基频振动的复数振幅随转速变化的向量端图，如图 6-47（b）所示。

伯德图与极坐标图所蕴含的基频振动信息是等价的，只是表达方式不一样而已，可以说是各有特点。伯德图直接以转速为横坐标，从图中能够更加直观地找到临界转速并确定阻尼比。极坐标图突出振幅与相位的相互变化关系，转速尤其是临界转速只能标注在曲线的各点处，但在进行动平衡时用来确定转子不平衡量分布的偏位角非常方便。另外，当轴颈存在偏心时，极坐标图上的曲线形状不变，只是移动了极点位置，而伯德图上的两条曲线都将发生移动。还有，对于某些振幅较小的临界转速，在极坐标图上更容易观察到，例如图 6-47（b）中极坐标曲线上 5500r/min 的点就是一个临界转速，而在伯德图上看则不是很明显。

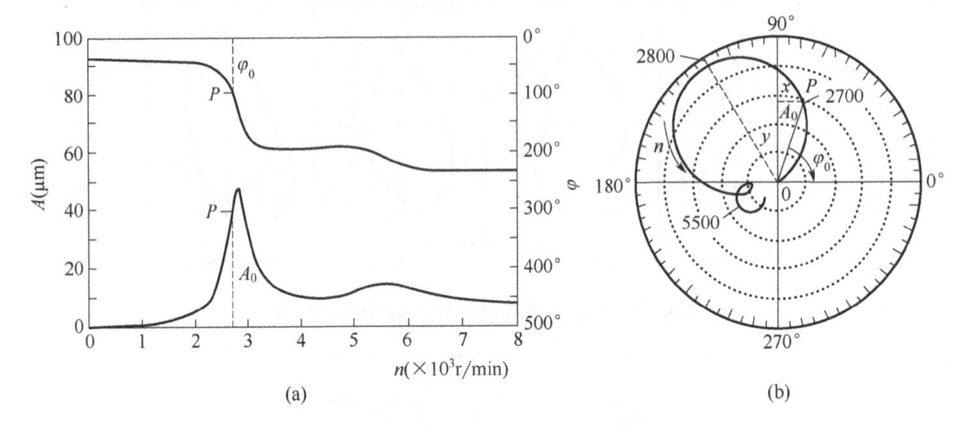

图 6-47　伯德图和极坐标图

通过伯德图或极坐标图能够实现以下功能：

① 确定转子的临界转速　在伯德图或极坐标图中找到振动幅值的波峰，同时可以观察到该处的相位发生急剧变化，则此时的转速可视为转子的临界转速。

② 确定转子的同步放大系数　同步放大系数又称共振放大因子，是转子发生共振后基频振动的放大程度，能够反映转子-轴承系统的阻尼大小，具有较高阻尼的系统往往具有较低的同步放大系数，反之则具有较高的同步放大系数。设计转子时要保证临界转速与工作转速存在一定的间隔裕度，这与同步放大系数有关。通过伯德图或极坐标图一般有三种方法来确定同步放大系数，分别是峰比率法（又称峰值比法）、半功率带宽法和相位斜率法，工程上较为常用的是半功率带宽法。找到伯德图或极坐标图上的半功率点所对应的转速 Ω_1 和 Ω_2，二者分别对应于约为临界转速 Ω_c 处振幅的 0.707 倍时的转速，则同步放大系数λ为

$$\lambda=\frac{\Omega_c}{\Omega_2-\Omega_1} \tag{6-31}$$

③ 确定重点和高点的位置　转子不平衡矢量的角位置称为重点；在不平衡力作用下转轴发生弯曲变形的角位置称为高点。重点与高点之间的夹角就是高点滞后于重点的角度，通过极坐标图可以确定过临界转速时转子的机械滞后角γ，为转子高速动平衡时确定校正质量的加重位置提供依据。

④ 确定转子初始偏摆　在低转速时，可认为转子不发生强迫振动，此时转子的振动就是由初始偏摆引起的。较大的初始偏摆值会使伯德图产生变形，进而给出错

误的动态振动信息，因此在进行转子运转试验前，需将转子系统各处的外圆跳动和端面跳动控制在要求的范围内。

⑤ 确定结构共振　实际转子经常会出现一些非临界转速的振动高峰，有时非临界转速的峰值甚至会比临界转速的共振峰值还要高，这些振动峰值可能来自基础、管道、轴承座等的结构共振，根据具体情况借助伯德图或极坐标图可以做出正确判断。

⑥ 分析转子不平衡　在进行转子动平衡时，借助伯德图或极坐标图可以分析转子的不平衡量所处的轴向位置、不平衡振型的阶数等。

⑦ 分析启停机过程的振动　从伯德图或极坐标图中可以得到不同转速下的振动幅值和相位，由此可以分析启停机过程中转子在各转速下振动的差别，以进一步了解转子的动态特性。

利用基频检测仪可以绘制伯德图和极坐标图，如图 6-48 所示。电涡流传感器作为键相传感器提供相位参考信号，采用速度传感器采集瓦振信号或采用电涡流传感器采集轴振信号。将基频检测仪输出的同相分量和正交分量的电压信号送至 x-y 函数记录仪的 x、y 通道，即可绘制出极坐标图；将基频信号的幅值 A_0、相位 φ_0 以及转速 n 的电压信号送至函数记录仪的 x、y_1、y_2 通道，即可绘制出伯德图的幅频和相频曲线。

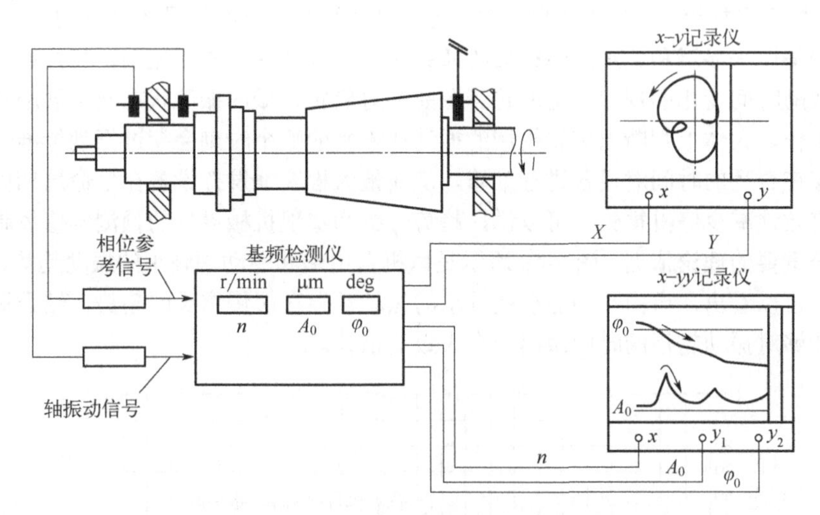

图 6-48　基频检测仪绘制伯德图和极坐标图

需要注意的是，极坐标图、轴心轨迹图、轴心位置图是不一样的：极坐标图是将一路振动信号中的基频振动分离出来，利用基频振动的同相分量和正交分量绘制的向量端图；轴心轨迹图是通过两路正交的振动传感器测量转子的振动信号，将两路振动信号的通频或基频幅值组合成二维点绘制而成的；轴心位置图则是将两路正交方向的振动信号中正比于平均间隙的直流分量提取出来，然后合成二维点绘制而成的。

6.3.6 振动趋势图

趋势图又称推移图，是以时间为横轴、观察变量为纵轴绘制的、用以反映时间与数量之间的关系、观察变量变化发展的趋势及偏差的统计图。趋势图一般是以折线图形式呈现，横轴时间可以是小时、日、月、年等，各时间点应连续不间断，纵轴观察变量可以是绝对值、平均值、发生率等。

旋转机械状态监测的一项重要任务是对所监测设备的运行状态进行预测。预测分析是根据已产生的状态数据，运用各种定性或定量的分析方法，对研究对象未来的发展趋势进行的判断和推测。趋势分析法是预测分析方法的一个分支，是将不同时期的数据中的相同指标进行比较，观察其变化情况及变动幅度，考查其发展趋势，预测其发展前景。趋势分析是基于应用事物时间发展的延续性原理来预测事物发展趋势的，即假设分析对象的某些特征随时间发展具有一定的连贯性，过去随时间发展变化的趋势，便是其未来随时间发展变化的趋势。

在旋转机械振动监测中，常常采用振动趋势图来考察机组振动的变化，从中发现并预测未来振动发展情况的依据。振动趋势图是把所测得的振动特征数据和预报值按照一定的时间顺序排列起来构成的。这些特征数据可以是振动的通频振幅、1×振幅、2×振幅、0.5×振幅、轴心位置等，时间顺序可以是按前后各次采样、按小时采样、按天采样等。进行振动监测时，通常是在机组运行时记录各时刻的振动数据，利用趋势图来显示和记录旋转机械的通频振动、各频率分量的振动、相位或其他过程参数随时间变化的规律。借助趋势图能够对旋转机械的振动状态及发展趋势开展分析工作，大体上判断出旋转机械的振动在未来的哪个时刻会超过振动标准，这样就能够在合适的时间对设备进行维修，从而最大程度地发挥设备在生命周期内的效用，有效地减少停机损失。可以说，趋势分析为实现机械设备的预测维修体制提供了十分重要的理论依据。图 6-49 所示是风机自由端和驱动端轴承的振动趋势，从趋势图中可以看出，自由端和驱动端轴承的振动都存在缓慢增长的趋势，结合振动标准就能够对振动超标的时间做出一个大致的估计。

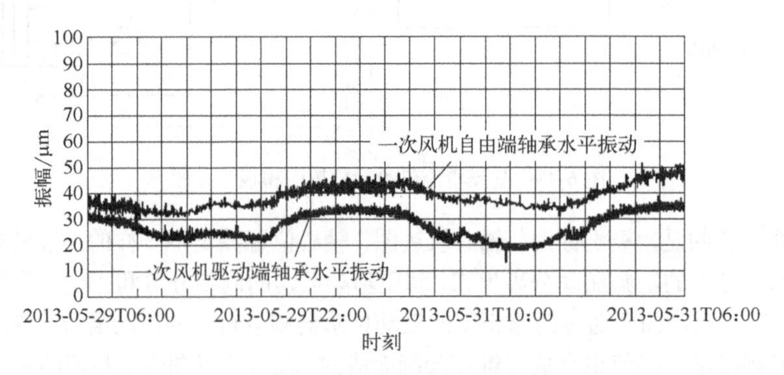

图 6-49 风机振动的趋势图

值得一提的是，旋转机械的振动信号大多是非平稳、非高斯的随机信号，尤其是存在故障时此特点更加突出，基于传统的傅里叶分析理论的频谱分析方法不能很好地解决非平稳信号。为了更加有效地获取故障特征信息，必须研究和发展基于非平稳、非高斯信号分析理论的故障特征信息提取方法。当前，振动信号分析技术已突破传统的傅里叶频域分析理论框架，进一步向时频域分析领域拓展，诸如小波包分解、经验模态分解、变分模态分解、自适应局部迭代滤波等信号分解和时频域分析技术不断涌现，构成了适用于非平稳信号的现代信号分析技术，大大提高了故障特征提取的有效性。基于现代信号分析方法的故障诊断技术也开始朝着信息融合、方法集成、人工智能、大数据、云平台等方向高速发展。

总而言之，旋转机械的振动测试与故障诊断技术涉及的内容非常广泛，在运用时必须要实际问题实际分析，不断地提高对旋转机械的运行状态、劣化趋势的认知和控制能力，深入研究旋转机械，尤其是转子系统的动力学特性，探寻振动故障发生的机理，正确地运用转子动力学理论方法和振动信号分析及故障诊断技术，早期发现设备存在的故障和隐患，提高作业率，延长使用寿命，达到降低旋转机械全寿命周期运行维护费用的最终目的。由于篇幅所限，本书不再赘述，感兴趣的读者可进一步参考相关的文献资料。

转子动力学算例的 Matlab 程序

附录 A.1 三自由度简支梁的模态计算

```
clc;
clear;
close all;

% 设置三自由度简支梁的参数，可以采用符号和数值两种计算方式
syms l;        % l=1;
syms E;        % E=205800000000;
syms I;        % d=0.05; I=pi*d^4/64;
syms m;        % m=30;
syms b;
syms x;

% 计算柔度系数 rij
b=3*l/4;
a=l-b;
x=l/4;
r11=b*x*(l^2-b^2-x^2)/(6*l*E*I);                % 挠曲线方程（x≤a）
x=l/2;
```

```
r12=b*(l/b*(x-a)^3-x^3+(l^2-b^2)*x)/(6*l*E*I);     % 挠曲线方程
                                                    (x≥a)
x=3*l/4;
r13=b*(l/b*(x-a)^3-x^3+(l^2-b^2)*x)/(6*l*E*I);

b=l/2;
a=l-b;
x=l/4;
r21=b*x*(l^2-b^2-x^2)/(6*l*E*I);
x=l/2;
r22=b*x*(l^2-b^2-x^2)/(6*l*E*I);
x=3*l/4;
r23=b*(l/b*(x-a)^3-x^3+(l^2-b^2)*x)/(6*l*E*I);

b=l/4;
a=l-b;
x=l/4;
r31=b*x*(l^2-b^2-x^2)/(6*l*E*I);
x=l/2;
r32=b*x*(l^2-b^2-x^2)/(6*l*E*I);
x=3*l/4;
r33=b*(l/b*(x-a)^3-x^3+(l^2-b^2)*x)/(6*l*E*I);
A=[r11,r12,r13;r21,r22,r23;r31,r32,r33]; % 柔度矩阵
K=inv(a);                                % 刚度矩阵，是柔度矩阵
                                         的逆矩阵
M=[m, 0, 0; 0, m, 0; 0, 0, m];           % 质量矩阵

% 计算特征值与特征向量
% W 为广义特征值矩阵主对角线元素为特征值（即固有频率 ωni）的平方
% V 为广义特征向量矩阵，每一列对应某一阶归一化的模态振型
% 数值解采用 [V, D]=eig(K, M) 和 [V, D]=eig(inv(M)*K) 均可
[V,D]=eig(inv(M)*K);          % 符号解 Mẍ+Kx=0 ⇔ ẍ+M^-1Kx=0
Wn=sqrt(diag(D))              % 固有频率 ωn1、ωn2、ωn3
mode=V./repmat(max(V), size(V,1),1); % 最大值为 1 的比例模态振型
```

附录 A.2 刚性支承单圆盘转子的临界转速与模态振型计算

```
clc;
clear;
close all;

% 设置刚性支承单圆盘转子的参数
m=30;
R=0.15;
l=0.9;
d=0.05;
E=205800000000;
Jp=0.5*m*R*R;             % 圆盘的极转动惯量
Jd=Jp/2;                  % 圆盘的直径转动惯量
I=pi*d^4/64;              % 转轴截面的惯性矩

% 圆盘偏置安装 a=l/3 时的柔度系数
arr=b*x*(l^2-b^2-x^2)/(6*l*E*I); % αrr
arf=b*(l^2-b^2-3*x^2)/(6*l*E*I); % αrψ
afr=-x*(l^2-3*b^2-x^2)/(6*l*E*I);% αψr
aff=-(l^2-3*b^2-3*x^2)/(6*l*E*I);% αψψ
a=[arr arf;afr aff];              % 柔度矩阵
k=inv(a);                         % 柔度矩阵求逆矩阵得到刚度矩阵

% 计算频率方程参量
wrr=k(1,1)/m;          % ωrr^2
wrf=k(1,2)/m;          % ωrψ^2
wfr=k(2,1)/Jd;         % ωψr^2
wff=k(2,2)/Jd;         % ωψψ^2

% 试算角速度步长 0.1，范围 0～1800
```

```
w=0:0.1:1800;
for i=1:18001
     p=[1,-2*w(i),-(wrr+wff),2*w(i)*wrr,wrr*wff-wrf*wfr];
                                                        % 频率方程
   rt(:,i)=roots(p);                  % 求解频率方程的根，即进动角速度
end

% 绘制进动角速度曲线
figure;hold on;
plot(w,rt(1,:),'--','LineWidth',2);                   % ωF2
plot(w,rt(2,:),':','LineWidth',2);                    % ωB2
plot(w,rt(3,:),'-','LineWidth',2);                    % ωF1
plot(w,rt(4,:),'-.','LineWidth',2);                   % ωB1
plot(w,w,'k-');                                       % Ω=ωn
plot(w,-w,'k-');                                      % Ω=-ωn
set(gca,'linewidth',0.5,'fontsize',12,'fontname','Times New Roman');
xlabel('{\it\Omega}/s^-^1','fontname','Times New Roman','fontSize',13);
ylabel('{\it\omega}_n/s^-^1','fontname','Times New Roman', 'fontSize',13);
legend('{\it\omega}_n_F_1', '{\it\omega}_n_F_2', '{\it\omega}_n_B_1',
  '{\it\omega}_n_B_2', '{\it\Omega}={\it\omega}_n',
    '{\it\Omega}=-{\it\omega}_n', 'FontName',
      'Times New Roman', 'fontSize', 12);

% 求解临界转速
min1=abs(w-abs(rt(1,:)));
[~,min1]=min(min1);
min1=rt(1,min1);
min2=abs(w-abs(rt(2,:)));
[~,min2]=min(min2);
min2=rt(2,min2);
min3=abs(w-abs(rt(3,:)));
[~,min3]=min(min3);
min3=rt(3,min3);
min4=abs(w-abs(rt(4,:)));
```

```
[~,min4]=min(min4);
min4=rt(4,min4);
wc=[min1 min2 min3 min4];                    % 临界转速
u=find(wc>1800);                             % 剔除无效的临界转速
wc(u)=[];
wc=sort(abs(wc));                            % 将临界转速从小大到排序

% 求解振型
W=wc(1);
p=[1,-2*W,-(wrr+wff),2*W*wrr,wrr*wff-wrf*wfr];    % 频率方程
r=roots(p);
wnF1=r(3);                                   % 一阶正进动角速度
wnB1=r(4);                                   % 一阶反进动角速度
wnF2=r(1);                                   % 二阶正进动角速度
wnB2=r(2);                                   % 二阶反进动角速度
vmF1=wrf/(wnF1^2-wrr);                       % 一阶正进动的振型
vmB1=wrf/(wnB1^2-wrr);                       % 一阶反进动的振型
vmF2=wrf/(wnF2^2-wrr);                       % 二阶正进动的振型
vmB2=wrf/(wnB2^2-wrr);                       % 二阶反进动的振型
```

附录 A.3　弹性支承单圆盘转子的临界转速与模态振型计算

```
clc;
clear;
close all;

% 设置单圆盘转子的参数
m=30;
R=0.15;
l=0.9;
d=0.05;
E=205800000000;
```

```
x=l/3;
Jp=0.5*m*R*R;
Jd=Jp/2;
I=pi*d^4/64;

% 计算柔度系数
arr=b*x*(l^2-b^2-x^2)/(6*l*E*I); % αrr
arf=b*(l^2-b^2-3*x^2)/(6*l*E*I); % αrψ
afr=-x*(l^2-3*b^2-x^2)/(6*l*E*I);% αψr
aff=-(l^2-3*b^2-3*x^2)/(6*l*E*I);% αψψ

% 设置弹性支承
kc=81*E*I/l^3;
ka=kc/10;
kb=kc/10;
% ka=kc;
% kb=kc;
% ka=10*kc;
% kb=10*kc;

% 考虑弹性支承时对柔度系数进行修正
arr=(1-x/l)^2/ka+(x/l)^2/kb+arr;
arf=(x/kb/l-(1-x/l)/ka+l*arf)/l;
afr=arf;
aff=(1/ka+1/kb+l^2*aff)/l^2;
a=[arr arf;afr aff];
k=inv(a);
wrr=k(1,1)/m;
wrf=k(1,2)/m;
wfr=k(2,1)/Jd;
wff=k(2,2)/Jd;

% 计算进动角速度
w=0:0.1:1400;
```

```
for i=1:14001
    p=[1,-2*w(i),-(wrr+wff),2*w(i)*wrr,wrr*wff-wrf*wfr];
    rt(:,i)=roots(p);
end

% 绘制进动角速度曲线，寻找临界转速
figure; hold on;
plot(w,rt(1,:),'--',' LineWidth', 2);
plot(w,rt(2,:),':',' LineWidth', 2);
plot(w,rt(3,:),'-',' LineWidth', 2);
plot(w,rt(4,:),'-.',' LineWidth', 2);
plot(w,w,'k-');
plot(w,-w,'k-');
set(gca,'linewidth',0.5,'fontsize',12,'fontname','Times New Roman');
xlabel('{\it\Omega}/s^-^1','fontname','Times New Roman','fontSize',13);
ylabel('{\it\omega}_n/s^-^1','fontname','Times New Roman','fontSize',13);
legend('{\it\omega}_n_F_1','{\it\omega}_n_F_2','{\it\omega}_n_B_1',
  '{\it\omega}_n_B_2','{\it\Omega}={\it\omega}_n',
   '{\it\Omega}=-{\it\omega}_n','FontName',
     'Times New Roman', 'fontSize',12);
```

附录 A.4　双圆盘转子的临界转速与模态振型计算

```
clc;
clear;
close all;

% 设置双圆盘转子的参数
m=102;
Jd=6.377;
Jp=Jd*2;
a=0.4;
EI=61360;
```

```
% 计算进动角速度
syms w;        % 进动角速度 ω
W=0:1:400;     % 转动角速度 Ω
for i=1:401
    F=[21*EI/(2*a^3)-m*w^2 3*EI/(2*a^2)9*EI/(2*a^3)-3*EI/(2*a^2);
        3*EI/(2*a^2)13*EI/(2*a)+Jp*W(i)*w-Jd*w^2 3*EI/(2*a^2)
        -EI/(2*a);
        9*EI/(2*a^3)3*EI/(2*a^2)15*EI/(2*a^3)-m*w^2 -9*EI/
        (2*a^2);
       -3*EI/(2*a^2)-EI/(2*a)-9*EI/(2*a^2)7*EI/(2*a)+Jp*W(i)*
        w-Jd*w^2];
   p=sym2poly(det(F));
   rt(:,i)=roots(p);
end

% 绘制进动角速度曲线
figure;hold on;
plot(W,rt(1,:),'--','LineWidth',2);
plot(W,rt(2,:),':','LineWidth',2);
plot(W,rt(3,:),'-','LineWidth',2);
plot(W,rt(4,:),'-.','LineWidth',2);
plot(W,rt(5,:),'--','LineWidth',2);
plot(W,rt(6,:),':','LineWidth',2);
plot(W,rt(7,:),'-','LineWidth',2);
plot(W,rt(8,:),'-.','LineWidth',2);
plot(W,W,'k-');         % Ω=ω
plot(W,-W,'k-');        % Ω=-ω
set(gca,'linewidth',0.5,'fontsize',12,'fontname','Times New Roman');
xlabel('{\it\Omega}(rad/s)','fontname','Times New Roman','fontSize',13);
ylabel('{\it\omega}_n(rad/s)','fontname','Times New Roman','fontSize',13);

% 求解临界角速度
syms w;
F=[21*EI/(2*a^3)-m*w^2 3*EI/(2*a^2) 9*EI/(2*a^3) -3*EI/(2*a^2);
```

```
        3*EI/(2*a^2)13*EI/(2*a)+(Jp-Jd)*w^2 3*EI/(2*a^2) -EI/(2*a);
        9*EI/(2*a^3)3*EI/(2*a^2)15*EI/(2*a^3)-m*w^2 -9*EI/(2*a^2);
        -3*EI/(2*a^2)-EI/(2*a)-9*EI/(2*a^2)7*EI/(2*a)+(Jp-Jd)*w^2];
pf=sym2poly(det(F));
rf=roots(pf);
B=[21*EI/(2*a^3)-m*w^2 3*EI/(2*a^2) 9*EI/(2*a^3) -3*EI/(2*a^2);
        3*EI/(2*a^2) 13*EI/(2*a)+(-Jp-Jd)*w^2 3*EI/(2*a^2) -EI/(2*a);
        9*EI/(2*a^3) 3*EI/(2*a^2) 15*EI/(2*a^3)-m*w^2 -9*EI/(2*a^2);
        -3*EI/(2*a^2) -EI/(2*a) -9*EI/(2*a^2) 7*EI/(2*a)+(-Jp-Jd)*w^2];
pb=sym2poly(det(B));
rb=roots(pb);

% 求解 2 个同步正向涡动的模态振型
w=rf(8);
F=[21*EI/(2*a^3)-m*w^2 3*EI/(2*a^2) -3*EI/(2*a^2);
        3*EI/(2*a^2)13*EI/(2*a)+(Jp-Jd)*w^2 -EI/(2*a);
        9*EI/(2*a^3)3*EI/(2*a^2)-9*EI/(2*a^2)];
b=[-9*EI/(2*a^3) -3*EI/(2*a^2) -15*EI/(2*a^3)+m*w^2]';
x(:,1)=F\b;
w=rf(4);
F=[21*EI/(2*a^3)-m*w^2 3*EI/(2*a^2) -3*EI/(2*a^2);
        3*EI/(2*a^2)13*EI/(2*a)+(Jp-Jd)*w^2 -EI/(2*a);
        9*EI/(2*a^3)3*EI/(2*a^2) -9*EI/(2*a^2)];
b=[-9*EI/(2*a^3)-3*EI/(2*a^2)-15*EI/(2*a^3)+m*w^2]';
x(:, 2)=F\b;

% 求解 4 个同步反向涡动的模态振型
w=rb(7);
B=[21*EI/(2*a^3)-m*w^2 3*EI/(2*a^2) -3*EI/(2*a^2);
        3*EI/(2*a^2) 13*EI/(2*a)+(-Jp-Jd)*w^2 -EI/(2*a);
        9*EI/(2*a^3) 3*EI/(2*a^2) -9*EI/(2*a^2)];
b=[-9*EI/(2*a^3) -3*EI/(2*a^2) -15*EI/(2*a^3)+m*w^2]';
x(:,3)=B\b;
w=rb(4);
```

```
B=[21*EI/(2*a^3)-m*w^2 3*EI/(2*a^2) -3*EI/(2*a^2);
        3*EI/(2*a^2)13*EI/(2*a)+(-Jp-Jd)*w^2 -EI/(2*a);
        9*EI/(2*a^3)3*EI/(2*a^2)-9*EI/(2*a^2)];
b=[-9*EI/(2*a^3)-3*EI/(2*a^2)-15*EI/(2*a^3)+m*w^2]';
x(:,4)=B\b;
w=rb(3);
B=[21*EI/(2*a^3)-m*w^2 3*EI/(2*a^2)-3*EI/(2*a^2);
        3*EI/(2*a^2) 13*EI/(2*a)+(-Jp-Jd)*w^2 -EI/(2*a);
        9*EI/(2*a^3) 3*EI/(2*a^2) -9*EI/(2*a^2)];
b=[-9*EI/(2*a^3)-3*EI/(2*a^2)-15*EI/(2*a^3)+m*w^2]';
x(:,5)=B\b;
w=rb(1);
B=[21*EI/(2*a^3)-m*w^2 3*EI/(2*a^2) -3*EI/(2*a^2);
       3*EI/(2*a^2) 13*EI/(2*a)+(-Jp-Jd)*w^2 -EI/(2*a);
       9*EI/(2*a^3) 3*EI/(2*a^2) -9*EI/(2*a^2)];
b=[-9*EI/(2*a^3) -3*EI/(2*a^2) -15*EI/(2*a^3)+m*w^2]';
x(:, 6)=B\b;
```

附录 A.5 Prohl 传递矩阵法计算转子的临界转速与模态振型

```
clc;
clear;
close all;

% 设置转子的参数
m1=2940;
m2=5880;
m3=2940;
EI=4.3933079e8;
kp=1.96e10;
kb=2.7048e9;
```

```
mb=3577;
l=1.3;
v=0;
Jp=0;
Jd=0;
m=[m1 m2 m2 m2 m2 m2 m2 m2 m2 m2 m2 m2 m3];

% 求取临界转速
delta1=0;
j=0;
for w=0:0.01:600
    K=kp*(kb-mb*w*w)/(kp+kb-mb*w*w);
    k=[K 0 0 K 0 0 K 0 0 K 0 0 K];
    T=eye(4);
    for i=1:13
        Ti=[1+l^3/(6*EI)*(1-v)*(m(i)*w^2-k(i)) l+l^2/(2*EI)*
        (Jp-Jd)*w^2 l^2/(2*EI) l^3/(6*EI)*(1-v);l^2/(2*EI)*
            (m(i)*w^2-k(i)) 1+l/EI*(Jp-Jd)*w^2 l/EI l^2/EI;
           l*(m(i)*w^2-k(i)) (Jp-Jd)*w^2 1 l;m(i)*w^2-k(i) 0 0 1];
        T=Ti*T;
    end
    delta2=(T(3,1)*T(4,2)-T(3,2)*T(4,1));
    if delta1*delta2<0
        wc(j+1)=w;
        j=j+1;
    end
    delta1=delta2;
end

% 求取各阶模态振型-挠度 y(y1=1)
T=eye(4);
A=zeros(13,2);
y=ones(j,13);
for n=1:j
```

```
    for i=1:13
        Ti=[1+l^3/(6*EI)*(1-v)*(m(i)*wc(n)^2-k(i)) l+l^2/(2*EI)*
         (Jp-Jd)*wc(n)^2
      l^2/(2*EI) l^3/(6*EI)*(1-v);l^2/(2*EI)*(m(i)*wc(n)^2-k(i)) 1+l/
      EI*(Jp-Jd)*wc(n)^2 l/EI l^2/EI;l*(m(i)*wc(n)^2-k(i))
      (Jp-Jd)*wc(n)^2 1 l;m(i)*wc(n)^2-k(i) 0 0 1];
        T=Ti*T;
        A(i,1)=T(1,1);
        A(i,2)=T(1,2);
    end
    lamda=-T(4,1)/T(4,2);
    for i=2:13
        y(n,i)=A(i,1)+lamda*A(i,2);
    end
end
```

附录B

转子动力学术语中英文对照

（按汉语拼音顺序）

B

半速涡动 half-speed whirl
边界条件 boundary condition
边频带 side band
标准正交基 standard orthogonal basis
伯德图 Bode plot
波形图 wave form
不对中 misalignment
不平衡，失衡 unbalance, imbalance
不平衡矢量 unbalance vector
不平衡响应 unbalance response

C

材料内阻 internal damping of material
残余不平衡量 residual unbalance
残余振动 residual vibration
场矩阵 field matrix
初参数 initial parameter
初始偏摆 initial runout
初始弯曲 initial bending
传递矩阵 transfer matrix
传感器 sensor

D

达朗贝尔原理 D' Alembert's principle
单圆盘转子 single disk rotor
单自由度系统 single-degree-of-freedom system
倒频谱 cepstrum
低速平衡 low speed balancing
低通滤波器 low-pass filter
点矩阵 point matrix
电荷放大器 charge amplifier
电涡流效应 eddy current effect
电压放大器 voltage amplifier
定子 stator
动不平衡 dynamic unbalance
动反力 dynamical reaction force
动静碰摩 rotor to stator rub-impact
动量矩 moment of momentum
动能 kinetic energy
动平衡 dynamic balance
动态间隙电压 dynamic gap voltage
对角阵 diagonal matrix

多圆盘转子　multiple disc rotor

多自由度系统　multiple-degree-of-freedom system

F

反进动　backward precession

非定常受迫振动　unsteady forced vibration

非奇异矩阵　nonsingular matrix

幅频响应曲线　amplitude-frequency response curve

幅值谱　amplitude spectrum

G

干摩擦　dry friction

刚度矩阵　stiffness matrix

刚度影响系数　stiffness influence coefficient

刚性支承　rigid support

刚性转子　rigid rotor

高速平衡　high speed balancing

各向同性　isotropic

各向异性　anisotropic

共振　resonance

共振放大因子　resonance magnification factor

固有频率　natural frequency

故障诊断　fault diagnosis

惯性力　inertia force

惯性力矩　inertia moment

光电效应　photoelectric effect

广义不平衡量　generalized unbalance

归一化振型　normalized shape

滚动轴承　rolling bearing

H

恒态转子　constant state rotor

滑动轴承　sliding bearing

回转矩阵　gyroscopic matrix

霍尔效应　Hall effect

J

机械振动　mechanical vibration

机械滞后角　mechanical lag angle

基频　fundamental frequency

基频检测仪　fundamental frequency detector

级联图　cascade plot

极转动惯量　polar moment of inertia

极坐标图　polar plot

集总质量模型　lump mass model

加重半径　radius of weighting

间入简谐分量　inter-harmonic component

简谐信号　harmonic signal

剪切效应　shear effect

键相传感器　phase probe

键相器　key phasor

交叉动力系数　cross dynamic coefficient

交叉刚度系数　cross stiffness coefficient

交叉阻尼系数　cross damping coefficient

角动量守恒　angular momentum conservation

校正平面　correction plane

校正质量　correction mass

结点　node

解耦　decoupling

进动角速度　precession speed

径向振动　radial vibration

静不平衡　static unbalance

静挠度　static deflection

静平衡　static balance

L

赖柴尔定理　Resal theorem

离心力　centrifugal force

临界角速度　critical angular velocity

临界转速　critical speed

M

模态	mode
模态变换	modal transformation
模态叠加原理	principle of modal superposition
模态分析	modal analysis
模态刚度	modal stiffness
模态广义力	modal generalized force
模态矩阵	modal matrix
模态频率	modal frequency
模态平衡法	modal equilibrium method
模态响应圆	modal response circle
模态振型	modal shape
模态正交性	orthogonality of modes
模态质量	modal mass
模态阻尼	modal damping
模态坐标	modal coordinates

N

*N*平面法	*N*-plane method
(*N*+2)平面法	(*N*+2)-plane method
挠性转子	flexible rotor
逆压电效应	inverse piezoelectric effect
啮合频率	meshing frequency
扭转振动	torsional vibration

O

欧拉角	Euler angle
偶不平衡	couple unbalance
耦合	coupling

P

偏位角	attitude angle
偏心距	eccentric distance
偏心率	eccentricity ratio
频率方程	frequency equation
频谱	frequency spectrum
平衡标准	standard of balancing
平衡品质	balancing quality
平衡转速	balancing speed
平均间隙电压	mean gap voltage
瀑布图	waterfall plot

Q

奇异矩阵	singular matrix
全圆轴承	plain cylindrical bearing

R

热弯曲	thermal bending
柔度矩阵	flexibility matrix
柔度影响系数	flexibility influence coefficient
软支承平衡机	soft bearing balancing machine

S

三维频谱图	3D spectrum
剩余力矩	residual moment of force
剩余量	residual
失稳	instability
失稳转速	threshold speed
实对称矩阵	real symmetric matrix
实反对称矩阵	real skew symmetric matrix
试重	trial weight
受迫振动	forced vibration
瞬态响应	transient response

T

弹性支承	elastic support
特征方程	characteristic equation
特征向量	eigen vector
特征值	eigen value
通频振动	pass frequency
通用平衡机	universal balancing machine
同步反向涡动	synchronous backward whirl
同步放大系数	synchronous magnification factor
同步正向涡动	synchronous forward whirl
同相分量	in-phase component
陀螺力矩	gyroscoopic moment

陀螺效应　gyroscopic effect

W

瓦振　bearing vibration
稳态响应　steady-state response
涡动　whirl
无穷型奇点　infinite singularities
物理坐标　physical coordinates

X

现场平衡　field balancing
相频响应曲线　phase-frequency response curve
相位差　phase difference
相位共振　phase resonance
相位谱　phase spectrum
相移　phase shift
谐分量法　harmonic component method
虚功原理　virtual work principle
虚位移　virtual displacement
旋转机械　rotating machinery

Y

压电效应　piezoelectric effect
移动坐标系　moving coordinate system
影响系数法　influence coefficient method
硬支承平衡机　hard bearing balancing machine
油膜力　oil film force
油膜涡动　oil whirl
油膜振荡　oil whip
运动微分方程　differential equation of motion

Z

振动测试　vibration test
振动系统　vibration system
振型　vibration mode
振型圆　mode circle
正定矩阵　positive definite matrix
正交分量　orthogonal component
正进动　forward precession
正压电效应　direct piezoelectric effect
正则化振型　regularized shape
直径转动惯量　transverse moment of inertia
质量偏心　mass eccentricity
重力临界　critical gravity
轴承标高　bearing elevation
轴向振动　axial vibration
轴心轨迹　orbit of shaft center
轴心位置　position of shaft center
轴振　shaft vibration
转动坐标系　rotating coordinate system
转子　rotor
转子不平衡　rotor imbalance
转子动力学　rotor dynamics
自动对心　self-aligning centering
自激振动　self-excited vibration
自由振动　free vibration
阻尼比　damping ratio
阻尼共振频率　damped resonance frequency
阻尼固有频率　damped natural frequency
最小二乘法　least-squared error method

参考文献

[1] 顾家柳，丁奎元，刘启洲，等．转子动力学［M］．北京：国防工业出版社，1985．

[2]［日］大久保信行．机械模态分析［M］．尹传家，译．上海：上海交通大学出版社，1985．

[3] 屈梁生，何正嘉．机械故障诊断学［M］．上海：上海科学技术出版社，1986．

[4] 张直明，等．滑动轴承的流体动力润滑理论［M］．北京：高等教育出版社，1986．

[5] 钟一谔，何衍宗，王正，等．转子动力学［M］．北京：清华大学出版社，1987．

[6]［德］Gasch R．转子动力学导论［M］．周仁睦，译．北京：机械工业出版社，1987．

[7] 刘希珠，雷田玉．陀螺力学基础［M］．北京：清华大学出版社，1987．

[8] 张文．转子动力学理论基础［M］．北京：科学出版社，1990．

[9] 周仁睦．转子动平衡——原理、方法和标准［M］．北京：化学工业出版社，1992．

[10] 李方泽，刘馥清，王正．工程振动测试与分析［M］．北京：高等教育出版社，1992．

[11] 晏励堂，朱梓要，李其汉．高速旋转机械振动［M］．北京：国防工业出版社，1994．

[12] 沈庆根．化工机器故障诊断技术［M］．杭州：浙江大学出版社，1994．

[13] 黄文虎，夏松波，刘瑞岩，等．设备故障诊断原理、技术及应用［M］．北京：科学出版社，1996．

[14] 闻邦椿，顾家柳，夏松波，等．高等转子动力学——理论、技术与应用［M］．北京：机械工业出版社，2000．

[15] 傅志方，华宏星．模态分析理论与应用［M］．上海：上海交通大学出版社，2000．

[16] 虞烈，刘恒．轴承-转子系统动力学［M］．西安：西安交通大学出版社，2001．

[17] 王江萍．机械设备故障诊断技术及应用［M］．西安：西北工业大学出版社，2001．

[18] 安胜得，杨黎明．转子现场动平衡技术［M］．北京：国防工业出版社，2007．

[19] 钟秉林．机械故障诊断学［M］．北京：机械工业出版社，2007．

[20] 杨将新，杨世锡，唐贵基，等．机械工程测试技术［M］．北京：高等教育出版社，2008．

[21] 李晓雷，俞德孚，孙逢春．机械振动基础［M］．北京：北京理工大学出版社，2010．

[22] 袁惠群．转子动力学基础［M］．北京：冶金工业出版社，2013．

[23] 吴天行，华宏星．机械振动［M］．北京：清华大学出版社，2014．

[24] 王正．转动机械的转子动力学设计［M］．北京：清华大学出版社，2015．

[25] 哈尔滨工业大学理论力学教研室．理论力学［M］．8 版．北京：高等教育出版社，2016．

[26] 单辉祖．材料力学［M］．4 版．北京：高等教育出版社，2016．

[27] Goodman T P．A least-squares method for computing balance correction［J］．Trans．ASME, Series B, 1964, 86(3)：273-279．

[28] Kellenberger W．Should a flexible rotor be balanced in N or (N+2) planes?［J］．Trans．ASME．Journal of Engineering for Industry．1972(5)：548-560．

[29] 王正．Riccati 传递矩阵的奇点及其消除方法［J］．振动与冲击，1987(2)：74-78．

[30] 周欣竹，戴林，郑建军．考虑剪切变形时深梁弯曲问题的初参数法［J］．山东建筑工程学院学报，1993，8(1)：6-10．

[31] 高金吉．旋转机械振动故障原因及识别特征研究［J］．振动、测试与诊断，1995，15(3)：1-8．

[32] 孟光．旋转机械转子动力学研究的回顾与展望［C］//全国第6届转子动力学学术讨论会ROTDYN 2001论文集．吉林延吉，2001：1-12．

[33] 高疃，张新江，张勇．非线性转子动力学问题研究综述［J］．东南大学学报（自然科学版），2002，32(3)：443-451．

[34] 杨永锋，任兴民，徐斌．国外转子动力学研究综述［J］．机械科学与技术，2011，30(10)：1775-1780．

[35] 朱瑜，张朋波，王雪．转子系统油膜涡动及油膜振荡故障特征分析［J］．汽轮机技术，2012，54(4)：306-308．

[36] Huang N E，Shen Z，Long S R，et al. The empirical mode decomposition and the Hilbert spectrum for nonlinear and non-stationary time series analysis［J］. Proceedings of the Royal Society of London. Series A: Mathematical, Physical and Engineering Sciences, 1998, 454(1971)：903-995．

[37] Dragomiretskiy K，Zosso D．Variational mode decomposition［J］．IEEE Transaction on Signal Processing，2014，3(62)：531-544．

[38] 李里．转子系统的动力学建模与分析［D］．北京：华北电力大学，2017．

[39] 张超，任杰，何闯进．基于VMD包络相关系数的风机齿轮故障特征提取方法［J］．煤矿机械，2020，41(10)：168-171．

[40] Zhang Chao，He Chuang Jin，Li Shuai，et al．A hybrid method to diagnose 3D rotor eccentricity faults in synchronous generators based on ALIF_PE and KFCM［J］．Mathematical Problems in Engineering，2021：1-14．https://doi.org/10.1155/2021/5513881．

[41] 机械振动 恒态（刚性）转子平衡品质要求 第1部分：规范与平衡允差的检验［S］．GB/T 9239.1—2006．

[42] 机械振动 恒态（刚性）转子平衡品质要求 第2部分：平衡误差［S］．GB/T 9239.2—2006．

[43] 挠性转子机械平衡方法与准则［S］．GB/T 65570—1999．

[44] 机械振动 在非旋转部件上测量评价机器的振动 第1部分：总则［S］．GB/T 6075.1—2012．

[45] 机械振动 在非旋转部件上测量评价机器的振动 第2部分：功率50MW以上，额定转速1500r/min、1800 r/min、3000 r/min、3600r/min陆地安装的汽轮机和发电机［S］．GB/T 6075.2—2012．

[46] 机械振动 在非旋转部件上测量和评价机器的机械振动 第3部分：额定功率大于15kW，额定转速在120r/min至15000r/min之间的在现场测量的工业机器［S］．GB/T 6075.3—2001．

[47] 机械振动 在非旋转部件上测量评价机器的振动 第4部分：具有滑动轴承的燃气轮机组［S］．GB/T 6075.4—2015．

[48] 在非旋转部件上测量和评价机器的机械振动 第5部分：水力发电厂和泵站机组［S］．GB/T 6075.5—2002．

[49] 在非旋转部件上测量和评价机器的机械振动 第6部分：功率大于100kW的往复式机器［S］．GB/T 6075.6—2002．

[50] 机械振动 在非旋转部件上测量评价机器的振动 第7部分：工业应用的旋转动力泵（包括旋转轴测量）［S］．GB/T 6075.7—2015．

[51] 旋转机械转轴径向振动的测量和评定 第1部分：总则［S］．GB/T 11348.1—2012．

[52] 机械振动 在旋转轴上测量评价机器的振动 第2部分：功率大于50MW，额定工作转速1500r/min、1800r/min、3000r/min、3600r/min陆地安装的汽轮机和发电机［S］．GB/T 11348.2—2012．

［53］机械振动 在旋转轴上测量评价机器的振动 第 3 部分：耦合的工业机器［S］. GB/T 11348.3—2011.
［54］机械振动 在旋转轴上测量评价机器的振动 第 4 部分：具有滑动轴承的燃气轮机组［S］. GB/T 11348.4—2015.
［55］旋转机械转轴径向振动的测量和评定 第 5 部分：水力发电厂和泵站机组［S］. GB/T 11348.5—2008.
［56］旋转与往复式机器的机械振动—对振动烈度测量仪的要求［S］. GB/T 13824—2015.
［57］转轴振动测量系统 第 1 部分：径向振动的相对和绝对检测［S］. GB/T 21487.1—2008.
［58］机器状态监测与诊断 振动状态监测 第 1 部分：总则［S］. GB/T 19873.1—2005.
［59］机器状态监测与诊断 振动状态监测 第 2 部分：振动数据处理、分析与描述［S］. GB/T 19873.2—2009.
［60］机械振动 机器不平衡敏感度和不平衡灵敏度［S］. GB/T 19874—2005.